食と生命を支える
ハチの
進化と現在

ハナバチがつくった美味しい食卓

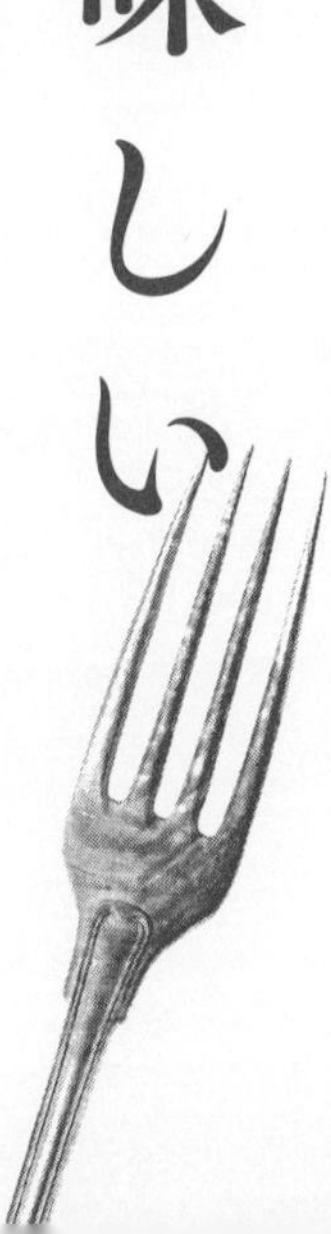

ソーア・ハンソン THOR HANSON
黒沢令子【訳】

白揚社

息子のノアへ

本書には英語でハニービーと呼ばれるミツバチがたくさん登場するが、ミツバチのことだけを書いた本ではないことを最初にお断りしておこう。ミツバチの尻振りダンスや分蜂のようなユニークで興味深い行動はこれまでにさまざまな著書で扱われてきたので、本書ではくわしく取り上げることはしない。古くは古代ローマのウェルギリウスや、少なくとも二名のノーベル賞受賞者を含め、研究者が著したミツバチに関する優れた著書は数百冊に上る。一方、本書では、通称「ビー」と呼ばれるハナバチ〔ハチのうち、カリバチを除く草食性のハチ〕を取り上げ、ハキリバチ（リーフカッタービー）やマルハナバチ（バンブルビー）から、ツツハナバチ（メーソンビー）、ヒメハナバチ（マイニングビー）、コシブトハナバチ（ディガービー）、クマバチ（カーペンタービー）、モンハナバチ（ウールカーダービー）などを紹介する。ミツバチもこうしたハナバチの仲間として登場するが、自然界と同様に本書でも、舞台を独り占めするのではない。

また、昆虫を研究している友人には叱られるかもしれないが、本書では厳密さには欠けるものの、一般的な用語も使うことにした。たとえば、「バグ」は本来、半翅目の昆虫を指す言葉だが、半翅目に属していない昆虫も「バグ」と呼んでいる場合もある。しかし、専門用語を使う必要もあったので、そうした専門用語は巻末の用語集で解説しておいた。さらに付録Aでは、ハナバチの科について挿絵入りの説明をつけておいたので、参考文献や註と共に参照していただきたい。特に註には、花蜜泥棒、デーツ・ハニー（ナツメヤシ蜜）、ファジーホーンド・バンブルビーというおもしろい名前のマルハナバチの由来など、本書で触れることができなかった興味深い話題を数多く取り上げてあるので、一読してほしい。

ハナバチがつくった美味しい食卓　目次

ハナバチと人間

ハナバチの将来

ハナバチがつくった美味しい食卓

本文中の〔　〕は訳者による註を示す。

はじめに　手の中のハナバチ

マルハナバチは、思う存分陽気に歌う
蜂蜜と針を失ってしまうまで。
ウィリアム・シェイクスピア『トロイラスとクレシダ』
（一六〇二年頃）

私たちは大木の下に立って、石弓《クロスボウ》を発射するところを見ていた。矢はバシッという鈍い音を立てて発射されると、陽の光にキラリと輝く一本の釣り糸を引いて、頭上の木の茂みの中に消えていった。野外調査の助手《フィールド・アシスタント》は石弓の照準器から目を上げると満足そうにうなずいて、ガムテープでフロントグリップに固定したリールから糸をくり出した。コスタリカの熱帯雨林で樹冠《じゅかん》にロープや調査器具を据えつける生物学者の手伝いをしている助手にとって、こうした作業はいつものことだったが、私にとっては人生の転機を告げるものだった。私と同僚は数分のうちに昆虫採集用のトラップを樹上の所定の位置に吊り上げた。こうして、私は生まれて初めて正式にハナバチの研究を始めた。いや、始めようとしたというのが正しいかもしれない。

調査は計画通りにいっているとはお世辞にも言えなかった。毎日のように樹冠に矢を放ってさまざまな昆虫採集用の仕掛けを設置したが、採集できたハナバチはごくわずかで、しかもそのほとんどが、揺れ動くトラップが巣にぶち当たり、中にいたハナバチが総がかりで攻撃してくるというスリル満点の事態が生じたときに採れたものなのだ。実に腹立たしい状況だった。手間と時間が無駄になったからだけでなく、ハナバチがそこにいるのがわかっていながら採れないからだ。これまでに収集してきた木々の遺伝子データによれば、このトラップを仕掛けた木にハナバチが来ているのは確かなのだ。親木とその種子のDNAを比較したところ、親木の花粉は周辺の樹木だけでなく、二、三キロも離れた樹木にまで飛散していたのである。DNAの比較をした樹木はマメ科なので、その紫色の房状の花は、ソラマメ、ツメクサ（クローバー）、スイートピーなどのアメリカで普通に見られる種類と同様に、ハチが送粉《そうふん》〔花粉を媒介すること〕しやすいようにできているのがわかっていた。結局、この研究はうまくいかず、失敗を認めざるを得なかったのだが、私はこの経験によってハナバチに対し、やむことのない興味を抱くようになった。すぐさまハナバチの分類と行動に関する講座を探し出し、それ以来、仕事でも日常生活でもハナバチを追いかける機会を探し求めている。時には捕獲することもある。

ハナバチ好きの例に漏れず、私も最近の傾向が気がかりでならない。二〇〇六年に初めて「蜂群崩壊症候群（ＣＣＤ）」の兆候が養蜂家によって報告されてからというもの、何百万に上るミツバチの巣が次々に消滅していった。調査が行なわれたところ、殺虫剤から寄生者までさまざまな原因が指摘され、さらに野生の種も激減しているものが多いことが明らかになった。ニュースやドキュメンタリー番組に加えて、大統領の特別調査団も警鐘を鳴らしたので、この問題に関する一般市民の意識はこれまでになく高まっているだろう。しかし、私たちはハナバチのことをどれくらい知っているのだろうか？　専門家でさえも、細かい点については間違えることがよくある。以前、運転中に聞いていたカーラジオで、著名な科学史家が、ジェームズタウンとプリマスに到着した初期の入植者がヨーロッパからミツバチを連れてきたことについて語っていた。その歴史家は、入植者がミツバチを連れてこなかったら、栽培した作物に送粉する昆虫は存在しなかっただろうと述べた。「えっ？」と思った私は危うくハンドルを切り損ねそうになった。北米を元気に飛び回っている四〇〇〇種に上る在来のハナバチはどうなるのだ？　しかし、こんなことで呆れるのはまだ早い。私の書斎の本棚には、ノンフィクション専門の由緒ある出版社から刊行された著名な昆虫学者の『世界のハナバチ』というハードカバーの本があるが、その表紙を飾っている可愛らしい昆虫の拡大写真は、なんとハエなのだ……。

ハナバチは人間が口にする食物の三分の一ほどを供給しているとよく言われるが、人間が依存している多くの「自然の驚異」と同じく、ハナバチの行動は今でもほとんどわかっていない。一九一二年にフレデリック・ランバート・スレイダンというイギリスの昆虫学者が「たくましくて気立てのよいマルハナバチを誰でも知っている」と述べた。当時のイギリスの田舎ではそうだったかもしれないが、それから一世紀経った現在は、ハナバチそのものよりもハナバチが陥っている苦境の方がよく知られているのだ。自宅の前の道を下ったところにある海辺に草原が広がっており、私はそこで調査をしたことがある。ささやかながら助成金をもらうことができたので、「そこに何がいるのか？」という生物学で最も基本的な疑問の一つに答えることにしたのだ。自宅から日帰りできる範囲に二ヵ国の研究大学が六校もあるが、地元に生息するハナバチの種類はあまりわかっていなかった。調査を始めた年に四五種のハナバチを採集したが、それはほんの手始めだった。幸運なことに、ハナバチとのつながりを取り戻すのはとても簡単だ。どこに住んでいても、夏の日に自宅の玄関から屋外に出るだけでよい。現代生活にありがちな喧騒から離れて耳を澄ませば、彼らの羽音を聞くことができる。人目を引くことはないが、開けた土地なら果樹園や農地、森から、都市の公園や空き地、高速道路の中央分離帯や裏庭まで、どこへでもやってくる訪問者だ。また、幸いなことに、ハナバチについて知っていることをまとめると、たまらなくおもしろい物語ができあがる。そのストーリーは琥珀に閉じ込められた太古のハナバチの標本を皮切りに、蜂蜜《はちみつ》が大好物の鳥から花の起源、擬態、クックービーと呼ばれる托卵するハナバチ、空気中を漂う匂いの流れ（プルーム）、空気力学上の謎、それから人類進化の大きな一歩へと進むことだろう。

今日、ハナバチに人の援助が必要なのは確かだが、それに劣らず必要なのは、人の好奇心だ。この必要不可欠な生き物の歴史や生態を学び始めれば、誰でもハナバチのファンになるだろうし、それが本書の狙いである。しかし、本書を読むだけでなく、晴れた日にさっそく外へ出かけて、花を訪れたハナバチを見つけ、じっくり観察したいと思うようになってもらえれば幸いだ。観察し始めれば、いつの間にか手を伸ばして、うちの息子が三歳のときからやっているように、素手でそっとハナバチを捕まえようとするのではないだろうか。試しにやってみてほしい。そうすれば、手の中で小さな脚が動くこそばゆい感じや、かすかな羽音を感じられるだろう。それから指をそっと開いて手を上げ、ハナバチを逃がしてやるのだ。

序章

今、ハナバチが熱い

横たわって耳を澄ましてみよ
通りがかりのハナバチの
ささやかで密かな囁きが
眠気を催した意識に染み通る
ウィリアム・ワーズワース『春の頌歌』（一八一七年）

人は外骨格の生き物に心を許さないものだ。昆虫やその他の節足動物を見ただけで、脳にかなり強い恐怖反応が生じる。[1] また、嫌悪感に関連したシナプスも活性化する。[2] 心理学者によれば、こうした感情は生来のもので、噛みついたり、刺したり、病気を伝染させるかもしれない相手に対する進化的反応であるという。節足動物の体は堅くてもろい分節でできており、異質性を強く感じさせる。十分離れているときでさえ、踏みつけたときにカシャというあの嫌な感じの音がするのがわかる。私たちを含めた哺乳類は脊椎動物であり、骨という形の構造物を外から見えない体の中にしまい込むという上品な特徴を共有している。構造的に見れば、体の外側を硬いもので覆う方が進化戦略として優れているのかもしれない。節足動物の種数は脊椎動物の二〇倍以上に上るからだ。しかし、人間が外骨格の生き物を気持ち悪く感じるという事実に変わりはない。とりわけ、複眼を備え、触角を揺り動かし、たくさんある足をもがくように動かして歩き回るところが気味悪いのだ。映画の製作者はこうしたことをよく知っているので、リドリー・スコットは『エイリアン』に登場する恐ろしい怪物を、子犬ではなく昆虫や海生無脊椎動物をもとにして作ったし、『ロード・オブ・ザ・リング』に登場するおぞましい生き物は、ブタに似たオークや洞穴に住むトロルではなくて、シェロブという巨大なクモなのである。訓練を積んだプロでさえも、時にはこうした気味悪さに屈服することがある。ジェフリー・ロックウッドという昆虫学者は自著の『The Infested Mind』で、研究していたバッタが突然大群になって向かってくるのを体験したあと、昆虫の研究をやめて哲学科に転向したと告白している。

節足動物と出会ったら、たいていはピシャリと叩きつぶすか、あるいは地元の駆除業者を呼ぶのが落ちだ。例外があるとすれば、目を奪わんばかりに鮮やかな彩りの羽を持つチョウ、黒と茶の縞模様のモコモコの毛をまとって元気に道を這っているヒトリガの毛虫、可愛いとしか言いようのないテントウムシなど、あまり虫らしくない虫ぐらいのものだ。コオロギも人に好まれるが、それは夏の宵に遠くから姿を見ずに、美しい調べの鳴き声を楽しめるからだろう。[3] 経済的な観点から見れば、貴重な繊維を生産してくれるカイコガや、世界全体でセラック（天然樹脂）の生産を担っているアジア産の小さなカイガラムシは大切にされているが、世界中で殺虫剤に費やされている金額は年に六五〇億ドルを超えている。人間の昆虫観はこの状況に如実に表れているだろう。

このように人間は昆虫に対して一般的に不快感を持っているが、ハナバチとの関係性はまったく異なる。ハナバチは大きな飛び出した眼、膜のような二対の羽、目立つ触角を持っていて、いかにも虫

図I.1　節足動物に対する恐怖心は物語に強く表れている。聖書のイナゴからカフカの甲虫、さらに1920年代のパルプマガジンのカバーに描かれたようなホラー小説にも登場する。Wikimedia Commons

らしい異質な姿をしている。幼虫はクネクネ動いてウジみたいだし、成虫になると刺されれば痛い毒針を備え、種によってはそうした個体が何万匹も集まって大きな群れになる。つまり、まさに人が怖がる虫の姿を具現しているのだ。しかし、人間は歴史を通じて世界中の文化で、こうした恐怖を克服したり抑えたりしてハナバチと絆を築いてきた。ハナバチを観察したり、追いかけたり、飼いならしたり、研究したり、詩や物語を作ったり、崇拝さえもしたりしたのだ。ハナバチ以外に、これほど人間に身近で欠かせない存在になり、畏敬の念を抱かせる昆虫はいない。

　人類は有史以前からハナバチに魅了され、初期人類は機会さえあれば甘い蜂蜜を探し求めた。世界各地に進出した古代の人類は、甘い蜜を探し続け、ミツバチや無名の多くのハナバチから蜂蜜をぶんどってきた。アフリカからヨーロッパやオーストラリアまで、石器時代の洞窟の壁画には、梯子《はしご》をかけたり、危険な場所へよじ登ったり、松明を使ったりして蜂蜜を採る様子が描かれている。刺されるのは厄介だが、私たちの祖先にとって蜂蜜にはそうした危険を冒してもあり余るだけの価値があったのだ。

　私たちの祖先は最初は野生のハナバチの巣から蜂蜜を強奪していたが、定住して農耕を始めるようになると、当然の成り行きとして、組織的にハナバチを飼育するようになった。ヨーロッパや中近東、北アフリカの数十ヵ所に上る新石器時代の農耕民の遺跡からは、蜜蝋《みつろう》が残存した陶器の破片が出土しており、なかには八五〇〇年以上前のものもある。[4] 初めてハナバチの飼育が行なわれた年代や場所ははっきりとはわかっていないが、紀元前三〇〇〇年頃までにエジプト人が養蜂術を確立していたのは確かである。ミツバチを長い陶製の筒で飼育して、作物の栽培や野生の植物の開花期に合わせてナイ

図I.2　何千年もの間、岩絵にはハナバチやハチの巣と人間が一緒に描かれてきた。蜂蜜採りをそのまま描いたものもあるが、南アフリカ東ケープ州のサン人の岩絵のように、象徴的に描かれることもあった。この一連の岩絵では、ハチの群飛と熱狂する人の踊りのシークエンスが描かれている。画：©African Rock Art Digital Archive

ル川を上り下りしていたのだ。ハナバチの飼育の歴史は古く、ウマ、ラクダ、カモ、シチメンチョウが家畜化されるずっと以前から行なわれていた。リンゴ、オオムギ、ナシ、モモ、マメ、キュウリ、スイカ、セロリ、タマネギ、コーヒー豆といった身近な作物が栽培される前から飼われていたのだ。(5) ハナバチの飼育はインドやインドネシア、ユカタン半島など、遠く離れた各地で独自に始まった。マヤ族は、熱帯雨林に生息し、毒針がないという好ましい形質を持つ「ロイヤルレディー」と呼ばれるハチをうまく飼育していた。ヒッタイト族が西アジアを支配した頃までに、養蜂は法によって規制され、ハチの巣を盗んだ者には六シェケルの銀という重い罰金が科せられていた。古代ギリシャでは蜂蜜税が法律で定められ、養蜂場と養蜂場の間には約九〇メートル幅の緩衝地帯を設けることが義務づけられていた。一方、蜂蜜の取引は大きな利益をもたらしたので、質の高い偽物も出回るようになった。歴史家のヘロドトスは「小麦とタマリスクの実」から作られた蜂蜜そっくりの甘いシロップのことを記している。(6) 数世紀にわたり、ナツメヤシ（デーツ）、イチジク、ブドウやさまざまな樹液を煮詰めて作った粘り気のある液体が安価な代用品として出回っていたが、精製糖が出現するまで、世界で最も甘いものは蜂蜜だった。

養蜂が始まったのは太古の人類が甘いもの好きだったためだが、ミツバチの生産物には他の用途もあるのがわかると、それに対する嗜好はさらに強まった。蜂蜜は水を加えて発酵させればすぐに、確実に酩酊させてくれる美味しい飲料になり、さらに魅力が増した。研究者によれば、蜂蜜酒（ミード）は最古のアルコール飲料の一つであり、少なくとも九〇〇〇年か、あるいはそれ以上古くから世界各地でさまざまに醸造され、飲用されてきたという。(7) 古代中国の酒豪は米とサンザシの実を加えた蜂蜜酒を痛飲し、ケルト人はヘーゼルナッツで味つけをし、フィンランド人はレモン風味を好んだ。エチオピアでは、今でもクロウメモドキの苦い葉を入れた蜂蜜酒が好まれている。しかし、最も強い蜂蜜酒は中南米の熱帯雨林で作られたものだろう。マヤ族やさまざまな部族のシャーマンは、麻薬の原料として利用された根や樹皮を加えて、幻覚作用のある蜂蜜酒を作った。(8) 実際、あらゆる類の治療者は昔からハナバチの利点に気づいていて、蜂蜜、蜂蜜酒、蜜蝋の膏薬、プロポリス（数種のハナバチが巣造りの素材として植物の芽から集めてくる樹脂を含んだ膠状の物質）、さらに針から採れる毒さえも、あらゆる種類の病気の治療に推奨していた。一二世紀にシリア語で著された『医術の書』には一〇〇〇種類に上る古代の治療薬がまとめられているが、ハナバチの生産品を必要とする薬は三五〇種類を超えている。(9) その著者（名は不詳）は、蜂蜜水（にアニスの実と砕いた胡椒の種子を一ドラ

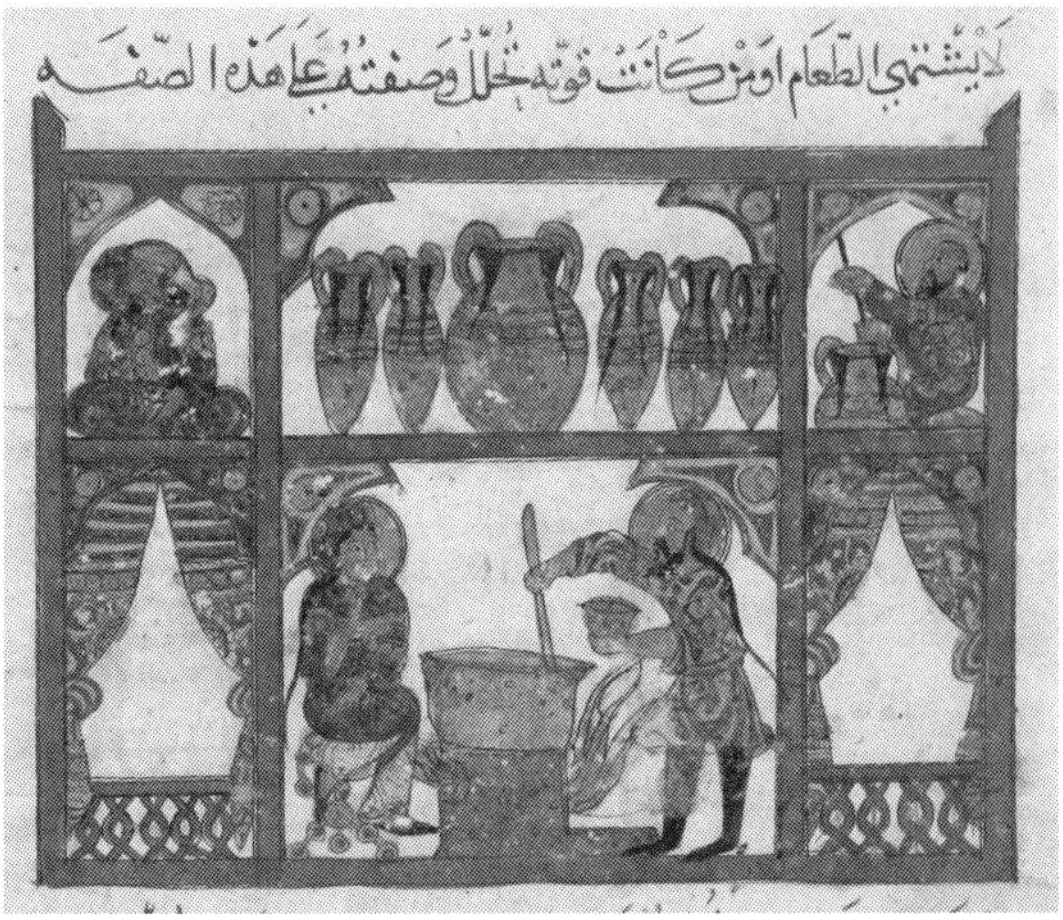

図I.3　13世紀のアラビア語の本に描かれた薬屋は、蜂蜜、蜜蝋と人間の涙を混ぜ合せるという処方で、病弱や食欲不振などに使える万能薬を作っている。アブドゥラー・イブン・アル＝ファドル『蜂蜜から薬を作る』（1224年）。画：©The Metropolitan Museum of Art

ムずつ、さらにワインを適量加えたもの）は日々の生活に欠かせない強壮剤であるとまで述べている。

歴史家のヒルダ・ランサムはハナバチについて、「昔は人間にとって、ハナバチの価値は計り知れなかった[10]」と述べているが、それは誇張ではない。甘味料、蜂蜜酒、治療薬に留まらず、なんと照明ももたらしたのだ。有史以前から産業化時代の黎明期まで、暗闇に対抗する手段のほとんどは焚火、松明、イグサ芯の単純なランプなどで、多量の煙と火の粉をまき散らしたし、魚油や動物の脂肪を使っていたので臭かった。そうしたなかで蜜蝋だけが無煙で、芳しい香りのする安定した灯を提供してくれたのだ。寺院や教会、裕福な家庭は数千年の間、蜜蝋を毎晩灯してきた。防水加工から死体防腐処置や冶金まで、蜜蝋はさまざまな用途に利用されていたが、ロウソクの製造で天井知らずの需要が生まれたので、養蜂生産物のなかで最も高価なものになった。紀元前二世紀にコルシカ島を征服した古代ローマが貢物として要求したのは、有名だった島の蜂蜜ではなく、毎年二〇万ポンド〔約九一トン〕という大量の蜜蝋だった。(11)また、税の徴収を監督する書記官や官吏が、ハナバチに由来するもう一つの画期的な品物を使っていたのはまず間違いない。それは文字を消すことができる世界初の書き物板である。黒板が発明されたのはそれよりずっとあとのことで、それまでは蝋を塗った小さなタブレットが使われていた。蝋板にはスタイラス（尖筆）で書き込むことができ、保管や運搬が容易だった上に、温めて表面を消して滑らかにすれば再び使うこともできた。(12)

ハナバチは初めから人間と共存してきた。豪華な贅沢品を含め、これほど多くの品々を生み出す源であるハナバチが、民話や神話、さらには宗教にまで姿を見せるのは少しも不思議ではない。神の使いとして伝説に登場することが多いのは、ハナバチがもたらす恵みが神の御業だと感じられたからだろう。古代エジプト人はハナバチを太陽神ラーの涙だと考え、フランスには、キリストがヨルダン川で水浴したときに手から滴り落ちた雫がハナバチになったという古い民話が残っている。ディオニュソスから聖バレンタインまで、ハナバチとその飼育人の守護者となった神や聖人は多く、インドではハナバチは愛の神カーマの弓の弦《つる》の唸る音を出していると言われている。古代世界ではハナバチの分蜂は戦争や旱魃《かんばつ》、洪水などの大きな厄災の前触れと見なされ、中国では幸運、インドやローマでは不運を象徴していた。キケロによれば、乳飲み子だったプラトンの唇にハナバチの分蜂群が集まってとまり、その雄弁さと知恵を予言したという。古代ギリシャでは、アルテミス、アフロディーテ、ディミテルなどを祀る神殿には「メリッサ」と呼ばれる「ハチの巫女」が仕えており、(13)デルフォイでも同

図I.4　古代ギリシャ・ローマ神話によれば、ディオニュソス（バッカス）が木の洞で最初にハナバチの群れを捕まえ、そこからすべてが始まったとされる。ピエロ・ディ・コジモ『バッカスによる蜂蜜の発見』（1499年頃）。Wikimedia Commons

様の役割を果たしていた。この地の有名な神託は「デルフォイのハチ」と呼ばれることもあった。

この世のものとも思えないほど甘味があるので、ハナバチの蜜も神聖なものと考えられ、ハナバチ自身と同様に伝説に登場する。たとえば、母親によって洞窟に隠された幼いゼウスは、野生のハナバチから花蜜と蜂蜜を口移しに与えられて育ったと伝えられている。ヒンズー教のヴィシュヌ神、クリシュナ神、インドラ神も同じ食物で育ち、この三神は「花蜜で育った者たち」と総称されている。一方、北欧神話に登場する最高神オーディンは幼い頃、聖なるヤギのミルクを入れた蜂蜜を好んだ。ハナバチが集めた甘い蜜は、聖なるベビー用カップに入れられたか、天上のケーキに入れて焼き上げられたかはさておき、オーディンのヴァルハラ宮殿からオリュンポス山に至る神々の食卓の主役であり、蜂蜜は世界中の伝承で神々の食べ物に結びつけられてきた。また、さまざまな宗教の信者にとっては、与えられるのを夢見る褒美でもあった。コーラン、聖書、ケルトの伝説、コプト教の写本などでは、楽園は蜂蜜の川が流れる場所と記されている。

ハナバチは象徴としても日常生活においても人間にとって貴重な存在であり、その価値は生態に深く根ざしている。工学的に見れば、現生のハナバチは驚異的だ。たとえば、柔軟な四枚の翅《はね》は前後連結して左右二対として動かせるし、紫外線が見える広角の視覚と、バラの花から爆弾やガン細胞まであらゆる匂いを嗅ぎ分けられる超高感度の触角を備えている。顕花《けんか》植物と共進化を遂げてきたので、ハナバチの驚くべき形質はいずれも花と関係して発達したものだ。花は蜂蜜や蜜蝋の材料になるだけでなく、さまざまな行動を誘発する刺激も与える。そうした刺激に誘われて、ハナバチはそこを目指して飛んだり、意思伝達をしたり、協力したり、時には翅を振り動かしたりするのだ。その見返りに、ハナバチは最も基本的で欠かせないサービスを花に提供している。しかし、不思議なことに一七世紀になるまで、この役割は理解されるどころか、気づかれもしなかったのだ。

ルドルフ・ヤコブ・カメラリウスというドイツ人の植物学者が一六九四年に初めて、花粉媒介〔花粉がやり取りされること〕に関する観察結果を発表したとき、ほとんどの科学者は植物が生殖を行なうという概念をばかげているか、卑猥か、またはその両方だと思った。それから数十年後に出版されてベストセラーになったフィリップ・ミラーの『園芸辞典』にはチューリップの花を訪れるハナバチの記述があったが、そのときもまだ淫《みだ》らだと見なされて出版社に苦情が殺到したので、第三、四、五版ではその記述がすべて削除された。しかし、農園や庭、植木鉢を利用できる人なら誰でも、花粉媒介（送紛）という概念を検証することはできる。やがて、生物学の偉大な思想家のなかに、ハナバチと花が織りなす共進化のダンスに魅了される者が出てきた。そこには、チャールズ・ダーウィンやグレゴール・メンデルのような先覚者（や養蜂家）も含まれる。今日でも花粉媒介は重要な研究分野である。啓発的な研究テーマであるだけでなく、かけがえのないものだとわかっているからだ。二一世紀の今日では、甘味は精製糖から得られるし、蝋も石油の副産物として手に入る。スイッチ一つで照明もつく。しかし、風の力を借りて花粉媒介するものを除けば、ほとんどすべての作物や野生の植物は今でもハナバチに全面的に頼っているのだ。ハナバチが弱体化すれば、その影響は大きく報道される。

近年、ハチの羽音そのものよりもハナバチをめぐる話題の方がやかましくなることが多い。野生のハナバチだけでなく、飼育されているハナバチにも大量死が起きて、これまで当たり前と思われていた花粉と花のきわめて重要な関係が脅かされているからだ。しかし、ハナバチの話はその窮状や危機に関するものだけではない。恐竜の時代から、ダーウィンが「忌まわしい謎」と呼んだ顕花植物の多様性の爆発的な拡大に至るまで、ハナバチの話題は広い範囲に及ぶのだ。ハナバチは自然界を形作るのに一役買ってきたが、人類もそのなかで進化してきたので、ハナバチの物語は人間の物語とも重なり合うことが多い。本書は、ハナバチがまさにその性質によって、なくてはならない存在になった過程を探る物語である。ハナバチを理解し、ハナバチに力を貸すためには、その進化の過程や生態だけでなく、昆虫のなかで人間に恐れよりも愛着を感じさせる数少ない存在になった理由を知ることも必要だ。この物語はハナバチの生態から始まるが、私たち自身についても多くを語っている。人間がこれほど長い年月にわたってハナバチを身近で飼育してきた理由や、広告業者がビールから朝食用シリアルまで、あらゆるものを売り込むためにハナバチに頼る理由、詩人がなぜ「ハナバチが群がる」花や、「ハナバチの羽音が響く」森の中の草地、「(ハチに刺されたように)ぷっくりした赤い」女性の唇を好むのか、その理由を明らかにしていく。ハナバチの研究は、集団の意思決定から、依存症や建築、効率的な公共交通機関まで、あらゆることの理解を深めるために行なわれている。私たちは大きな集団で生活することに適応したばかりの社会的動物なので、何百万年にもわたって集団生活を営んできた生き物から(少なくともある程度は)学ぶことがたくさんあるのだ。

ハナバチの羽音は、霊界から伝わってくる死者のささやきだと、かつては世界中で考えられていた。この俗信の由来を探ると、古代エジプトや古代ギリシャの文化まで遡《さかのぼ》ることができる。霊魂が肉体を離れてあの世へ旅立つときにハナバチの形をとるので、ほんの束の間、その姿を見ること(と羽音を聞くこと)ができると信じられていたのだ。現代人のハナバチの羽音への解釈はもっと散文的だが、それでもその音はいまだに強い力を持ち続けている。その力は長年にわたる親密な絆が培った無意識の切迫感で増幅されているのだ。しかし、ハナバチの心躍る物語を語る本書の最初の話題は、殺虫剤や生息地の喪失など、人間がハナバチに押しつけた難題ではない。ハナバチの興隆に至る進化や、飢餓や革新のなかで得た太古の教訓から、この物語は始まる。ハナバチが生まれるまでにどのような一連のできごとがあったのか、はっきりとはわかっていない。だが、一つだけ皆の意見が一致していることがある。それは、誰でもその音を知っているということだ。

ハナバチになるまで

進化はゼロから新たなものを作り出しはしない。進化はすでに存在しているものに作用する……。

フランソワ・ジャコブ『進化とブリコラージュ』（一九七七年）

第1章　菜食主義のカリバチ

情熱にあふれた毛深いおしゃべり野郎よ、
飛びながらチェロを奏でている
うちのジギタリスから出ておいで、
バラからも出ておいで、
体《てい》の良い
ビロードの鼻面をもつハナバチよ
ノーマン・ローランド・ゲイル『ハナバチ』（一八九五年）

そのとき私は広い砂利採取場の向こう側へ向かっていたのだが、その羽音を耳にすると無視するわけにはいかなかった。珍しいチョウの採集を頼まれていたので、本来ならば捕虫網とメモ帳を手にして、その白いチョウが飛んでいるのが見えたところへ走っていくべきだった。しかし、足元の地面でブンブンという羽音が聞こえると、チョウどころではなくなってしまった。これが自然研究の問題点なのだ。自然界は驚異に満ちあふれているので、特定の課題に集中して取り組むのがきわめて難しいのである。私は「目標に集中しろ」と自分に言い聞かせた。この助言は『スター・ウォーズ』のエピソードからもらった。大混戦となった最後の戦闘に出たルーク・スカイウォーカーたちが、デス・スターを爆破するために小さな排気口に狙いを定めようと苦心していた場面の言葉だ。しかし、私にはジェダイの騎士のような集中力はなかった。依頼主には申し訳なかったが、チョウはまたの機会ということにした。

かがんでよく見ると、何千匹にも上るカリバチに囲まれているのに気づいた。黒と金色のツルリとした体が、焚火から飛び散る火の粉のように、四方八方へせわしく動き回っている。しかし、火の粉と違って、カリバチたちは最終的には地面に開いている小さな巣穴のそばに必ず降りてきた。これほど大きな集団営巣地《えいそう》（コロニー）は見たことがなかった。私はアドレナリンがほとばしり出るのを感じた。カリバチに刺される危険に直面したからではなく、巣を見つけて胸が高鳴ったからだ。ハナバチに興味のある人にとっては、適切なカリバチの巣を発見するのは時を遡るようなものだと言えるかもしれない。私が間違っていなければ、足元の地面にある小さな巣穴から、ハナバチがなぜ、どのように進化したのかを解明するのに役立つ、きわめて重要な手がかりが得られるはずだからだ。私は捕虫網もメモ帳もチョウのことも忘れて地面に腹ばいになると、間近から観察し始めた。

すると一匹のカリバチが一〇センチほど離れた砂利混じりの土の上に降りると、目で追えないほどすばやくジグザグに行ったり来たりし始めた。そして、特定の砂場に的を絞ると突然とまり、前脚を前に突き出して地面を掘り始めた。掘った土を後脚の間から後ろの方へ飛ばす様子は、ちょうどイヌか、股の間からボールを投げるショットガンスナップを練習している小さなアメフト選手のようだ。他のハチも皆この行動をくり返しているので、私のまわりの地面は跳ね上がる砂で振動しているように見えた。古い巣穴の修理をしているものもいれば、新しい巣穴を作っているものもいたが、どの個体も別々に作業をしていた。イエロージャケットやホーネットと呼ばれるスズメバチ科の身近なカリバチとは異なり、一心不乱に地中に巣穴を掘るこの小さなハチは、洗練された紙製の巣も造らないし、キャンプ場で人を脅かすようなこともしない。また、女王に率いられた巨大な組織集団で暮らすわけでもない。このハチは単独性で、営巣に適した生息環境を利用するために集まっているだけなのだ。(1)このハチはアナバチの仲間だとわかった。アナバチ科という名は今日でも広く知られているものの、一八〇二年に命名されたあとで、実際には多様な種を含んでいることがわかってきた。* アナバチ科の学名(Sphecidae)はカリバチを意味するギリシャ語(sphex)に由来する。このことからわかるように、当時の昆虫学者はこのハチがカリバチの生態を完璧に体現しているので、「カリバチ」という学名がふさわしいと考えたのだ。しかし、私が顔を地面に近づけてまで見たいと思ったこのハチの生態は、リンネ式分類法ができるよりもはるかに古い時代にできあがったのだ。恐竜が全盛期を迎えようとしていた白亜紀の中頃に、アナバチの勇敢な仲間が最もカリバチらしい習性の一つを捨てて、その後まもなくハナバチに進化したのだ。

私が観察していた個体は突然穴を掘るのをやめると、目の前から飛び去ってしまった。よく見ると、そのアナバチは巣穴の一部を掘りだしてしまっていた。それが自分の巣穴なのか、他の個体の巣穴なのかは知る由もない。少し待ってみたが、そのハチは戻ってこなかった。そこで、手で砂を払いのけ

＊最近、アナバチ科は三つの科に分けられ、ハナバチに最も近い仲間はギングチバチ科(Crabronidae)と呼ばれるグループに分類されている。さらに分類の見直しが行なわれるかもしれないが、ここで使った従来の包括的な名前は今後も広く利用されるだろう。

てみると、とても細いトンネルがやや下向きに掘られているのがわかった。さらに掘り進めると、トンネルの壁が内側に崩れ始めたので、長い枯草の茎を差し込んでトンネルの奥を探ってみた。地面から一〇センチほど下で、トンネルは小さな部屋に突き当たって行き止まりになっていたが、そこには私が見たいと思っていたもの、つまりハエの死体が入っていた。それは夏の日に窓辺から追い払うようなごく普通の黒いハエだった。この死んだハエは、昔の昆虫学者が「カリバチらしいカリバチ」と命名したこのアナバチの特徴を示していた。このハチは、自分の子供に与える餌を常に探し回っているハンターなのである。私のまわりで巣穴を掘っていたハチは、ハエを専門に狩る「スナバチ（サンドワスプ）」と呼ばれているアナバチ科の一種である。同じアナバチ科でも、他の種はアブラムシからチョウやクモまで何でも狩る。針で刺し殺したり麻痺させたりした獲物を巣穴に蓄えておき、幼虫はそれを（生きていようと死んでいようとお構いなしに）貪り食って成長するのだ。身の毛もよだつやり方だが、非常に効果的で、一億五〇〇〇万年以上にわたってカリバチがとってきた基本的な戦略である。しかし、それを変更すると、さらに大きな成功を収めることになった。

レフ・トルストイからポール・マッカートニーまで、著名な菜食主義者は屠殺場に反対し、肉を食べないライフスタイルは健康にも環境にも有益だと訴えてきた。菜食主義の活動家は、ハナバチの歴史に目をつければ、より説得力のある根拠を手に入れられるだろう。菜食主義はハナバチの生き方を変えただけでなく、まったく新しい生き方を創り出したからだ。ハナバチの遠い祖先は、食物を動物質から花がもたらす栄養に切り替えることで、ほとんど手つかずで増え続けていた資源を発見したのだ。その資源はきわめて便利でもあった。通常、カリバチの成虫は、自分用の食物とはまったく異なる食物を幼虫のために捕えなければならない[2]。だが、ハナバチには一ヵ所で食料がすべて手に入るという利点がある。質の高い花が与えてくれる甘い蜜は成虫自身の食料になり、タンパク質たっぷりの花粉は、巣に持ち帰って幼虫を養うことができるからだ。ハエやクモのような狡猾な獲物は捕まえるのが難しかったり、危険を伴うことがあるが、花はその場を動かないだけでなく、やがて魅力的な色彩や香りで場所を知らせるようになった。カリバチからハナバチに移行した時期やくわしい過程については まだ結論が出ていないが、それがうまくいったことは誰もが認めている。今ではハナバチの種数はアナバチの三倍近くに上っているのだ[3]。

図 1.1　一般にサンドワスプと呼ばれるアナバチのコロニー。それぞれのメスが自分の巣穴を掘り、中で育つ子供のために獲物を運んでくる。
画：James H. Emerton（George and Elizabeth Peckham, *Wasps: Solitary and Social*, 1905）

巣穴を慎重に塞ぐと、私はアナバチの集団営巣地をあとにしてチョウの調査に戻り、その日の午後はアブラナの黄金色、ムラサキツメクサ（レッドクローバー）の赤、ルピナスやアルファルファの紫色の花が咲き乱れる斜面で過ごした。これほどたくさんの花が咲き乱れている中にいると、花に栄養を頼るという考えは当たり前のように思われる。しかし、ハナバチが進化した世界では、一か八かの先駆的な適応以外の何ものでもなかったのだ。白亜紀と言えば恐竜を思い浮かべるかもしれないが、当時と現代の違いは爬虫類がたくさんいたことだけではない。幼虫を花粉で育てた最初のハナバチは、私たちが知っているような野の花が咲き乱れる草地のある環境で子育てをしたのではないのだ。当時は花自体が花弁や色彩といった花らしい形質を進化させている最中だったのである。初期の花は目立たない小さなもので、ソテツシダやソテツの仲間、それに針葉樹が優占していた当時の植物相の中では端役に過ぎなかったことが化石記録からわかっている。ハナバチが進化した理由を考えるためには、当時の世界を明確に理解することが必要なのだが、たいていの復元作業で重視されるのは大型爬虫類で、植生ではない。恐竜の本を調べたが、唸り声を上げている恐竜の背景には、ハナバチは言うまでもなく、花らしいものすらほとんど見当たらなかった。

　ハナバチが進化した場所を思い描くのに苦心していると、どのようにして進化したのかという疑問がすぐに浮かんできた。当時は花が小さくてめったにないものだったのなら、ハナバチの祖先はなぜわざわざ花を探し求めたのだろうか？　何がきっかけとなって食性が大転換し、ハナバチは菜食主義者になったのだろうか？　最初のハナバチはどのような姿をしていたのだろうか？　カリバチからハナバチに進化するまで、どのくらい時間がかかったのだろうか？　このような昆虫の進化に関する疑

図1.2　戦う恐竜の向こう側に見えるのは典型的な白亜紀中期の景観で、シダ植物とコケに覆われた森には、ハナバチも花も見当たらない。
画：Édouard Riou（*The World Before the Deluge*, 1865）

問に行き当たったときは、昆虫進化の本を著した当人に聞いてみるのが一番だ。

著者のマイケル・エンゲルは、私がハナバチの進化について問い合わせると、「それは驚くべきできごとだが、データの裏付けがあまりなくて謎だらけなんだ」と述べ、「下品な言い方をすれば、ションベンをチビッた程度の化石記録しかないのさ」と続けた。

マイケルは、カンザス大学が所有している倉庫にある研究室から私の問い合わせに答えてくれた。五〇〇万点に上る大学の昆虫標本コレクションは、二〇〇六年に主任学芸員ともどもこの倉庫に移された。それまではキャンパス内にある豪壮な古い建物の一つに保管されていたが、それでは場所を取りすぎると大学側が考えたからだ。電話をしたとき、マイケルは「エンゲルだ」とぶっきらぼうに答えた。仕事中にかかってくる電話にうんざりしているようだった。それも無理はない。学芸員の仕事の他に、二つの大学で教授を務め、アメリカ自然史博物館の研究員と九誌に及ぶ科学誌の編集者も兼ねている。これまでに発表した論文は査読を経たものだけでも六五〇本を超え、さらに『昆虫の進化』という専門書を共著で出版している。私がマイケルにハナバチの進化について問い合わせてみようと思ったのは、この権威ある本の共著者だったからだ。研究対象は多方面にわたるが、そのなかでもハナバチが専門だった。教授がハナバチの権威なので問い合わせの電話をしたと伝えると、マイケルの声は急に明るくなり、他の仕事のことはすっかり忘れてしまったように、二時間近くも長電話で話し込んでしまった。

「最初の原ハナバチ《プロトビー》を探すためには、一億二五〇〇万年ほど時代を遡る必要がある」とマイケルは語った。しかし、残念なことに、紛れもなくハナバチと特定できる最古の化石が出現するのはその五五〇〇万年後なので、進化過程の真ん中に大きな空白があるのだそうだ。[4] この状況をよい方向に捉えるなら、これほど化石記録がないことは、少なくともハナバチが進化した生息場所を示唆しているのかもしれない。化石が特に少ない場合は、たいていもっともな理由があるからだ。

「原ハナバチに適した生息地は、おそらく化石が最も残りにくい場所だったのだろう」とマイケルは述べた。初期の花の多くと同様に、ハナバチも乾燥した暑い環境で進化したことを示す証拠がいくつか挙がっている。今日でもハナバチの群集が最も豊かなところは、生物の多様性がきわめて高い湿潤な熱帯ではなく、地中海沿岸やアメリカ南西部のような乾燥地域である。白亜紀の陸地の大部分は似たような環境だったと思われるが、そうした場所やそこに生息していた生物のことはほとんどわかっていない。化石ができあがるためには、そうした環境に欠けているもの、つまり水が必要になるからだ。植物を含め生き物が化石として残るためには、できれば酸素が欠乏して腐敗が進みにくい場所で、短時間のうちに堆積物に覆われる必要がある。こうした条件を備えた場所は湖沼や河川、浅海の底のような水の中だ。したがって、私たちが思い描く遠い過去のイメージやその研究は、古生物学が「保存の偏り《バイアス》」と呼ぶものの影響を受けていることになる。つまり、最も湿潤な環境の生物相が、古生物に関する知見を支配しているのだ。そうした環境では、動植物が化石として残りやすいからである。もちろん、例外もある。突発的な洪水や火山の噴火後に、乾燥した地域で形成された化石だ。しかし、こうした化石もハナバチの起源を特定する手がかりにはほとんどなっていない。

「実に難題だよ。ハナバチの特徴を備えた化石を見つけようとすると、行き詰まってしまう。見つかったとしても、もうすっかりハナバチになってしまっているんだ！ カリバチからの進化過程について何一つわからない。八方ふさがりなのさ」とマイケルは述べた。

問題は菜食主義というハナバチを特徴づける性質そのものにある。花粉を食べることは行動であって身体的特徴ではないし、行動によって特に質のよい化石ができるわけでもない。食性が変わったという確かな証拠が化石から得られるのは、花粉の収集や運搬に役立つ独特な毛などの形質が進化したあとになってからなのだ（長髪で花が好きな菜食主義者と言えばヒッピーが思い起こされるので、ハナバチは冗談交じりに「ヒッピー・ワスプ」と呼ばれている。ハナバチの重要な進化形質を覚えておくのにこのあだ名は意外と役に立つ！）。原ハナバチの外見はカリバチの親戚のようだったに違いないし、その後もしばらくの間はその状態が続いたのではないか。そして、今でもハナバチの仲間の一部が行なっているように、胃の中に花粉を入れて巣に持ち帰り、吐き戻していたと思われる。[5] そうなると、実際に「原ハナバチ」の化石を発見する可能性はきわめて低く、偶然見つけたとしても、それだと気づく可能性はきわめて低いだろう。

「確証を得るには、巣の化石が必要になるだろう」と、マイケルはつぶやくように言った。その巣には花粉が入っていなければならない。さらに欲を言えば、餌を与えている最中に化石化したメスバチも一緒にいれば言うことはない。「もしそんな化石が見つかったら、どこだろうが貯金をはたいて航空券を買って見に行くね！」とマイケルは笑いながら付け加えた。

科学者としてデータを求めるマイケルの熱い思いと、証拠に裏付けられた仮説と単なる推測を峻別しようとする熱意が、電話での会話を通してはっきり伝わってきた。ハナバチは白亜紀中期にいたアナバチ科の祖先から進化した菜食主義者である。これまでにわかっていることはこれだけだ。そのことを私が了解すると、マイケルはその一線を越えて「もしかしたら」「こうだったら」「おそらく」という推測や憶測、仮定の領域に快く踏み込んでくれた。ハナバチがたどったかもしれない初期の進化の可能性を教えてもらう相手として、彼以上の適任者は見つからないだろう。「こんなことに貴重な時間を無駄遣いする人間はめったにいないからね」とマイケルは皮肉っぽく言ったが、彼がこれまで精力的に発表してきた幾多の研究結果は無駄などではない。二〇〇九年にはリンネ協会からバイセンテナリーメダルを授与された。これは四〇歳以下の生物学者を対象とした最も権威ある賞である。しかし、大学四年生のときに出会った偶然の機会がなければ、マイケル・エンゲルは一生涯ハナバチに関わることがなかったかもしれない。

「私は昆虫少年ではなかったんだ」とマイケルは昔を振り返る。だが、いつも細かいところによく気がついた。小さなものを描くのが好きだったので、細部まで正確に原寸大で描けるように、高価な極細のペンを欲しがって母親を困らせたそうだ。のちにカンザス大学の医学部進学課程で真剣に学んでいたときに、化学の教授に卒業研究には違うことをやってみてはどうかと言われた。「まわりと違った方が医学部の出願に有利になるのではないかと言われたんだ」。マイケルは先生の助言に従って、著名なハナバチ専門家のチャールズ・ミッシュナー*の研究室を訪ねた。それ以来、そこに居続けているると言えるだろう。ハナバチの分類学は細かなことをきちんと扱うのが好きなマイケルの性に合い、難解な進化の謎解きも楽しかった。研究の取り組み方について尋ねると、「誰もやっていない研究ならば、やってみたくなる」と話してくれた。このようなへそ曲がりの性質だったので、偉い昆虫学者が昆虫の化石記録を十把一絡げに「何の役にも立たない」と一蹴したと聞くと、マイケルはすぐに初期のハナバチと昆虫の進化全般に興味を持った。コーネル大学の大学院を修了し、アメリカ自然史博物館で研究員をしたあと、ミッシュナー教授の後任に抜擢されてカンザス大学に戻り、一九四〇年代に遡るハナバチ研究の伝統を受け継いだ。これまでに発表した論文は、トビムシやアリからシロアリやクモ、チャタテムシまで多岐にわたるが、専門はハナバチとその進化である。マイケルほど数多く

*チャールズ・ダンカン・ミッシュナーの名前とその研究は、本書にくり返し登場する。「ミッチ」という愛称で知られたミッシュナーは、八〇年に及ぶ研究生活の間にハナバチ研究の開祖という地位を確立した。著作の『世界のハナバチ』や『ハナバチの社会行動』は今でも最も権威のある教科書である。ミッシュナーの研究室からは、マイケル・エンゲルをはじめとするハナバチの専門家や、著名な個体群生態学者のポール・エーリックなど、一流の研究者が大勢輩出した。

のハナバチの化石を調べた（そして、それについて考察した）人物はまずいないと言っても間違いはないだろう。

「カリバチの仲間の一部が花蜜を食べ始め、そのときに偶然、体についた花粉を巣に持ち帰るようになったというのが私のお気に入りの仮説なんだ」と、まだ憶測気分のついでに話してくれた。花の上にいたハエなどの昆虫を捕らえるようになり、その獲物の体に花粉がついていたり、獲物自身も花粉を食べていたという可能性もある。いずれにしても、巣の中に頻繁に花粉が運ばれてくるようになると、幼虫が肉と一緒に花粉も食べる機会が生じた。そして、最初は偶発的に運ばれていた花粉が、やがて意図的に集められるようになると、花粉だけを利用する花粉食へと（マイケルの言葉を借りれば）「一気に移行する」。

「花の上で過ごす時間が長くなったとたんに、メスは大きな危険を避けられるようになった」とマイケルは述べ、狩りに比べると花粉集めの方が危険が少ないと指摘した。「狩りは危険を伴うからね。獲物は自己防衛するだろうし、ハチの羽がやぶれたり、口器が損なわれたりすれば、命すら危うくなる」。自然選択は花粉食のハチにすぐに有利に働いただろう。花粉を集める平和な生き方で、個体の寿命は延び、子孫の数も増えることにつながるからだ。そして「気がついたら、もうハナバチになっていたのさ」とマイケルは締めくくった。

マイケルが描き出すカリバチからハナバチへの移行のシナリオは直感的で説得力があるが、その後に起きたことについてはもう少し慎重だった。現生のハナバチの解剖学的特徴については、専門家の意見が一致している。最もハナバチらしくない種でも、翅脈《しみゃく》の細かいところまで共通点が見られ、花粉の運搬に便利な枝分かれした毛が少なくとも数本は生えている。しかし、現在知られている最古のハナバチの化石にはすでにこうした特徴が見られるので、それ以前の化石記録がないと、こうした形質が進化した時期や理由を知ることはできない。花粉を運んだことを示す枝分かれした毛の起源さえも明らかではないと、マイケルは指摘した。枝分かれした毛は、最初は飛翔筋《ひしょうきん》の保温などの体温調節のために進化したのかもしれないし、ハナバチが砂漠のような乾燥地で進化を遂げたのならば、気門の周辺から水分が失われるのを防ぐために進化したのかもしれない。マイケルが夢見ているような完璧な巣の化石や、進化過程の空白を埋めてくれる太古のハナバチの化石が見つかるまでは、こうした疑問の多くは解明されないだろう。幸い、ハナバチの進化の概要を知るために、各形質の起源を突き止める必要はない。ハナバチの化石が現れ始める年代までに、ハナバチは祖先のカリバチから分かれて、別個の多様性豊かなグループを形成し、繁栄を極めていた。さらに、初期に毛が少なくて不便だったのを補うかのように、ハナバチはとても美しい姿になったので、人間がアクセサリーとして身につけることもあった。

マイケルと共に『昆虫の進化』を執筆したデイヴィッド・グリマルディは以前、自分の研究には、生きている昆虫を捕まえる繊細な捕虫網と、昆虫化石を取り出す鋼鉄のロックハンマーという二つのまったく異なる道具を使いこなす必要がある、と述べていた。とはいえ、ハンマーの扱いも細心の注意を要する。特に化石が琥珀の中に取り込まれている場合にはなおさらだ。琥珀は針葉樹のようなヤニの多い樹木の樹脂が化石化したもので、太古の森林が洪水に見舞われたり、短時間のうちに堆積物に覆われたりしたときに、琥珀を含む堆積層ができる。琥珀には、琥珀色という名のもとになった暖かみのある赤みを帯びた黄色からバタースコッチのような黄褐色や黄色、さらに緑や青色までさまざまな色が見られるので、琥珀の発掘作業を行なっていると、ステンドグラスを発掘しているような気になる。ガラスは向こう側を見るために作られたが、琥珀がすばらしいのは中に入っているものが見られる点だ。普通の化石では生物が平たく押しつぶされてその輪郭だけしかわからないが、琥珀はもともとはべたついた樹脂なので、その中に閉じ込められた生き物は、立体的に細部まで完璧に保存されているのだ。[6] 顕微鏡で見るような微細な特徴さえも明確に見える。有名な事例では、琥珀の中で見つかった白亜紀のサンドフライと呼ばれる吸血性のハエ類の保存状態が非常によかったので、その腹の中に爬虫類の血球と、既知の病原体が含まれているのがわかったほどだ。この化石記録から、人間やその他の現生動物と同様に、恐竜も昆虫が媒介する病気に悩まされていたことが明らかになった。[7]

琥珀は完璧な媒体で、花粉を集める生活様式に即したハナバチの身体的特徴を細部まで（時には花粉そのものまで）保存している。写真でも、琥珀に保存されているハナバチはまるで生きているように見え、透明な墓の中でバックライトで照らされて輝くその姿はとても美しい。最古のハナバチの化石標本はニュージャージーで発見された六五〇〇万年から七〇〇〇万年前のもので、その堆積層には顕花植物も豊富に含まれている。そのハナバチは淡い黄色の琥珀の中に単独で保存されていたメスの働きバチ（ワーカー）で、現在の熱帯地方で普通に見られる針のない種にそっくりだ。たった一つの標本が示すこうした基本的な事実からだけでも、ハナバチがどれだけ古い時代から生きていたかということがわかる。より原始的で単独生活をする種が確立したあとから、スティングレスビーと呼ばれるハリナシバチは、集団で巣を造り、蜜を生産して複雑な社会生活を営むハチとして進化を遂げた。

図 1.3　琥珀に閉じ込められて化石化した絶滅種のハナバチは、詳細な点までよく観察できる。（上）コハナバチの一種（*Oligochlora semirugosa*）。翅脈、脚の毛、触角を明確に見ることができる。（下）ハリナシバチの一種（*Proplebeia doinicana*）。集めてきた小さな樹脂の玉が後脚についているのがわかる。この樹脂は造巣に利用するものだ。標本はいずれもドミニカ共和国で採集された、およそ 1500 万年～ 2500 万年ほど前のもの。
写真：（上）Michael Engel via Wikimedia Commons,（下）オレゴン州立大学の厚意により掲載

数百から数千匹の働きバチがいるコロニーを支えられるだけの花粉や花蜜を見つけるためには、ハナバチに十分に適応した植物相が必要だ。もっと古い年代の森林に生えていた植物の化石が近くで見つかったことが、それを裏付けている。こうした植物の化石には、顕花植物のクルシア属の近縁で、花が樹脂を生成していたと思われるものや、毛の生えた昆虫に分散してもらうのに適した花粉塊を作る太古のヒース類も含まれている。こうしたものは、巣材に樹脂を使用する高度に特殊化したハナバチのためだけの報酬として生じたと考えられている(8)。これらを総合すると、ニュージャージーで見つかったハナバチの化石が示しているのは、最初のハナバチの出現からこの最古の化石種が生息していた時代までに、多くのできごとが起きたということだ。

「パーティーに遅れて来たようなもんだね」とマイケルは上手いことを言ったが、遅れて来ても役に立つことがある。この化石が発見されるまで、研究者はハナバチが進化し始めた時期については推測することしかできなかった。しかし、今では形態的特徴から社会的行動に至るまで、主要な変化はすべて早い時期に起きたに違いないということが明らかになった。ハナバチはカリバチから進化したかもしれないが、恐竜がまだ地上を歩き回っていた時代に、すでに今日のハナバチと姿も行動もほとんど同じになっていたのだ。恐竜たちと異なり、ハナバチは白亜紀を終わらせた小惑星の衝突の影響をうまくかわしたようである。化石ハナバチ類の多様化が最も進んだのは白亜紀末の大量絶滅の直後だったことが、琥珀に保存された化石からわかった。そうした琥珀が漁網でごっそり掬《すく》えるほど大量に産出している。

バルト海沿岸で産出する琥珀は、四四〇〇万年前のマツの大森林で形成されたものだ。現在はマツの森林はドイツ北部からロシアにかけて散在するだけだが、当時はヨーロッパ一帯に広がっていた。最大の堆積層が存在するのは沿岸地帯で、冬期には海底の琥珀層が嵐で浸食されて、琥珀が岸辺に打ち上げられるので、地元では「琥珀シーズン」と呼ばれている。この琥珀は「北の金」と呼ばれ、古くから採集されて取引されており、かつてはオオヤマネコの尿やゾウの精液、神々の涙が石になったものと考えられていた。アリストテレスは琥珀とその中にときおり含まれている小さな生き物を調べたりして、ようやくその正体を突き止めた。バルト海の琥珀に注目したマイケル・エンゲルは、琥珀の中から三六種を超えるハチの種を発見して記載した。そのなかには、現生のコハナバチ科、ツツハナバチ属、ハキリバチ属、クマバチ属などに近縁の種もいた。こうしたハチの外見と多様性は、ハナバチが早い時期に進化して多様化したという仮説とぴったり合うし、顕花植物が急速に広まった時期とも一致する。マイケルの論文はそれを科学的に明解に示している。そして、読んでいるうちに私自身もむしょうにバルト海の琥珀を手に入れたくなった。原石《ジェムストーン》の中から太古の生き物を探し出すなんて、考えただけでもわくわくするではないか？　まもなく、私はラトビア人のビーチコーマーと連絡をとることができ、送料と少しばかりの手間賃で一日分の収穫物を送ってもらえることになった。

私は太平洋側北西部の森林に恵まれた島に住んでいるので、木の樹脂の中に閉じ込められてしまった生き物を見つけるのはたやすいことだ。書斎の裏にある森の小道の脇にはダグラスモミが生えていて、幹から樹脂が染み出ている。私はこれまでに、その樹脂にはまり込んで出られなくなったアリ、ハエ、甲虫、芋虫、クモ、ムカデ（三匹）を見たことがある。しかし、浜辺に打ち上げられた琥珀のかけらの中に昆虫か何かを見つけるのは、それとは次元がまったく違う。

「ハナバチはもう見つかった?」と妻が微笑みながら尋ねた。私はラトビアから届いた小包の中身を台所のテーブルの上に並べて、幼い息子のノアと一緒に、さまざまな大きさの琥珀のかけらに紙やすりをかけたり磨いたりして汚れを取り除き、一心に中を覗き込んでいたのだ。窓にかざして見ると、琥珀は日の光を通してブランデー色の宝石のように輝いていた。見つかったのは小さな木の破片や種子の一部かもしれない小片だけだったが、息子の興味が薄れかけてきた頃までには、台所は太古の樹脂の香りに満ちていた。太古の昔に枯死した森林が四四〇〇万年の間地下に眠っていたあとに放つ芳香を嗅いでいるなんて、考えてみれば驚くべきことかもしれない[9]。

琥珀のコレクションは、石炭紀の葉と種子の化石やシソチョウの化石のレプリカと一緒に、書斎の窓際にある棚の上に並べてある。しかし、特にマイケルの科学論文の図版に添えられていた目盛に気づいてからは、何度も琥珀を取り出しては磨いて、内部を丹念に探すようになった。私と息子のノアはマルハナバチのように大きくてすぐ目につくようなものを期待していたのだが、バルト海の琥珀の中に閉じ込められていたハチの標本は、ほとんどが六ミリメートルにも満たない、とても小さくて目立たないものだったのだ。現生のハナバチでさえ、花にとまっていても気づかないかもしれないほど小さいので、琥珀の中に閉じ込められた太古のハナバチはなおさら見つけられないだろう。ハナバチの大きさや形態、色彩の多様性を本当に理解するためには、捕虫網と大量の本だけでは間に合わないので、ガイドつきツアーが必要だった。奇しくも、そのようなツアーが人里離れた野外調査用の施設《フィールド・ステーション》で毎年開催されているのがわかった。その場所は、(マイケル・エンゲルの直感が正しいならば)ハナバチの進化の物語が始まった場所によく似ているところだった。

第2章　羽音は響くよ

名前を知らない者はその主体を知らない[1]。
カロルス・リンネウス『クリティカ・ボタニカ』（一七三七年）

ハチが相手じゃ、なんともわかりませんさ。
A・A・ミルン『クマのプーさん』（一九二六年）

真っ黒いSUV車が二台、砂埃をもうもうと巻き上げながら、轟音を立てて砂漠の乾いたダートロードをこちらへ近づいてくると、ゆっくりと停まった。エンジンはかけたままで、暗いスモークガラス越しにこちらを見つめている視線が感じられた。

ジェリー・ローゼンは「あいつらを気にすることはない」と明るい声で言うと、車内の姿の見えない相手に手を振った。アリゾナ州の南部で数十年間フィールドワークをしてきたので、米国国境警備隊がやってくるのがわかっていたのだ。八月の炎天下で陽炎の立つ砂漠をほんの数百メートル南へ行くと、メキシコとの国境に出る。しかし、今日このあたりを動き回っている人たちは、国境を越えることなどまったく眼中になかった。低木やサボテンの間を駆け回って捕虫網を振り回しては、大物を見つけると互いに声を掛け合っている。私もすぐにでも参加したかったが、まずは大事なことを先にしなくてはならない。ハナバチ捕りの名人から捕獲技術を習うのだ。

ジェリーは「花のすぐ上で網を振るうんだ」と言いながら、実際に網を左右に滑らかに動かして、正しいやり方を見せてくれた。じきに、目の細かい捕虫網は怒ってブンブンと唸りながら飛び交う昆虫でいっぱいになった。「そしたら、何が捕れたか見る」と言うと、網を頭の上から被った。

あのとき、車の中でどんな会話が交わされたのか知る由もなかったが、二台の車は急にエンジンをふかすと走り去った。国境警備隊は、私たちが脅かすのは国家の安全ではなく、自分の身の安全だと判断したらしい。

「ハチはいつも明るい方へ行こうとするものだ」と、網の中から少し大きな声で続けたジェリーは、すぐあとで「いつも」を「たいていは」と訂正し、目の間を刺されたことがあると認めた。しかし、今日は昆虫たちが協力的で、捕虫網の端を太陽の方へ持ち上げると、顔から離れて上の方へ這い上がっていった。そのおかげで、網の中にガラス瓶を入れ、自分が欲しいハチをゆっくり掬い取ることができた。その後、彼は頭から捕虫網を外し、手首を返して一振りすると、他の虫を放してやった。

「何か質問はあるかね?」

それからの数日間は、誰もがジェリーを質問攻めにすることになった。はるばる日本やイスラエル、スウェーデン、ギリシャ、エジプトからハチの研修を受けにやってきたのはそのためだからだ。この研修会はハナバチの生態を勉強し直すだけでなく、北米きっての専門家たちと顔見知りになり、つながりを築くまたとない機会になる。ジェリー・ローゼンはスミソニアン博物館で学芸員を務めたあと、現在まで半世紀にもわたり、アメリカ自然史博物館で頼れるハナバチ担当の学芸員を務めている。八〇代とはとても思えない機敏な身のこなしで、フィールドワークに出るときも、夜に研究施設のポーチでジントニックを傾けるときにも垢抜けた身なりをして、立ち振る舞いからは古き良き時代のナチュラリストらしい気品が感じられた。ジェリーは見つけるのが難しい単独性のハナバチの営巣習性を専門にしていたが、他の講師は送粉生態、遺伝学、分類学の専門家だった。しかし、この研修会の目玉はなんと言っても、ハナバチの見分け方という基本的な事柄を学ぶことだった。世界広しといえども、アメリカ南西部の砂漠地帯ほど、その目的に適った場所はないだろう。

申込書を読んだときは、印刷ミスではないかと思った。八月にアリゾナで？ 一年で一番暑い時期に砂漠へ出かける物好きなどいるのだろうか？ しかし、ハナバチ研修会の実施予定に人間の都合などは関係ない。夏の後半は毎年雨が降って地が潤され、サボテンや野草が咲き乱れる時期なので、ハナバチにとって真夏の酷暑は「飛ぶのに最適な天候」なのである。こうした乾燥地には、営巣場所としてコシブトハナバチ（ディガービーと呼ばれる、穴を掘るハナバチ）が利用する開けた地面や切り立った土手から、その他のハチが利用できる中空の木の幹や岩の裂け目、齧歯類の巣穴まで豊富にある。さらに、この季節にだけ降る雨が、乾ききっている地域に豊富な花粉と花蜜をもたらし、理想的な生息地に変えるのだ。他の時期にはほとんど雨が降らないので、湿潤な地域のハナバチを苦しめる巣の水没や蓄えた花粉の腐敗、菌類の感染などの危険にさらされることはほとんどない。その結果、この地に暮らすハナバチの数はたいへん多くなったので、捕虫網を一振りするだけで世界のハナバチの大半の種類を捕獲できる。世界で七科のハナバチが認められているが、ここではそのうち六科に属

図2.1　クマバチ属の一種の巨大な黒い頭にとまっている小さな黄金色のペルディタ属（ヒメハナバチ科）の一種の写真。両者ともアリゾナ州に生息し、アメリカ南西部の砂漠地帯に驚くほど多様なハナバチ類が生息していることを示している（写真の目盛は1mm）。
写真：©Stephen Buchmann

する六〇属以上を採れるかもしれない（図解入りの付録Aを参照してほしい）。これまでにアリゾナ州では、北米大陸のどの地域よりも多い一三〇〇種を超えるハナバチが確認されている。まもなく、講義を受けて採集に出かけ、それから研修室に戻って標本の作成と識別に長い時間を費やす、という効率のよい日課が始まった。ジェリーや他の講師の指導を受けながら、私も主要なグループのいくつか、たとえば、滑らかで黒光りしているクマバチと毛深いマルハナバチ、細身のヒメハナバチと虹色に輝くアオスジハナバチやがっしりしたハキリバチの区別がつくようになった。とはいえ、初日の夕方に講義を受けたときには、このように識別できるようになるとは夢にも考えられなかった。

「違う！　ハナバチじゃないぞ！」と、ローレンス・パッカーは上機嫌で大声をとどろかせ、スライドを進めた。長いこと小さな目立たない種を研究してきた経験に基づいて、一見したところではカリバチに見えるハナバチやハナバチに見えるカリバチなど、見間違えやすい擬態種の写真を集めたスライドを作り、手始めにそれを見せて、一堂に会した参加者の識別能力を試していたのだ。彼は私たちのやる気を削ぐつもりだったわけではなく、ハナバチを識別する広い視野を養おうとしていた。ハナバチのなかには、高倍率の顕微鏡下でわざわざ解剖する手間暇をかけ、それもかなりの年季を積まないと種を特定できないものもいる。しかし今回は、科や属という大まかな分類群の識別が一〇日間でできるようになると言って安心させてくれた。近縁種同士は外見だけでなく、行動にも共通している部分があるので、こうした識別技術を身につければ、場所を問わずハナバチの生態と多様性の両方を理解する役に立つだろう。しかし、このように私たちを励ましておきながら、パッカーは私たちがスライドに映されたハナバチの識別に窮するととてもうれしそうだった。同僚の講師がだまされたときにはなおのことだ。

　そうした反応は彼に似合っていた。ジェリー・ローゼンがハナバチ研修会の長老だとすれば、ローレンス・パッカーは煽り役といった風体なのだ。二メートル近い背丈の大男で、中東への調査旅行で手に入れたゆったりした綿のローブを着ると、その姿は講義室でもフィールドでも威風堂々たるものだった。大風呂敷を広げているように思えることもあったが、その大仰な意見と同じくらい大きな忍耐力を持ち合わせていて、ハナバチに対してだけでなく、ハナバチのことを懸命に学ぼうとしている私たちに対しても、忍耐強く接してくれた。翌日、パッカーに同行してハチの採集に出かけたとき、私たちは彼の話し方と同じスピード（つまり、全速力）で田舎道を突進することになった。しかし、足を止めて花の咲いている藪を調べるときにはいつも、私が捕まえたハチを本当に熱心に見てくれた。

そうして立ち寄ったある場所で、ローレンスは「そうだな、こいつらは要らないだろう」と言うと、私が捕まえたハチのなかからミツバチを三匹摘み上げて放り出した。彼はカナダのトロントにあるヨーク大学で教鞭をとっていたが、イギリス出身なのできびきびした話し方をした。講義や著書、数多くの論文をものしており、綿密な研究で高く評価されているだけでなく、在来種のハナバチに対する熱心な保全活動も行なっている。私に「ハナバチの研究者」を意味するメリトロジストというギリシャ語を教えてくれたのもローレンスだった。しかし、彼は飼育ミツバチの研究者と野生のハナバチの研究者を区別していた。「私はアピス・メリフェラを嫌っているわけではない」と、ミツバチの学名を用いて大学のウェブサイトで釈明している。だが、ミツバチについて質問されると、それは「鳥類学者にニワトリについて尋ねるようなものだ」と指摘する。(2)

ハナバチ研修会で出会った人は、誰もがローレンスと同じ複雑な感情を抱いているようだった。ミツバチのことは必ず話題に出るのだが、そんなときはいつも、映画スターのような名声はかなわぬ夢だとわかっている舞台俳優が、ハリウッドスターのことを話題にしなければならないというような様子だった。野生のハナバチたちは実に多様で重要であるにもかかわらず、たった一種の名高い従姉妹の影に隠れた目立たない存在なのだ。野生のハナバチの研究者はそうした状況に不満を覚えることもある。なにしろ、ミツバチはアフリカ、ヨーロッパ、西アジアの本来の分布域以外では、在来種を駆逐したり新たな病気を持ち込んだりして、侵入者のように振る舞うからだ。しかし、舞台俳優が映画を見て楽しめるように、ハナバチの研究者もミツバチを正当に評価することはできる。野生のハナバチの専門家のなかにも養蜂家は大勢いるし、どの花の蜜が一番美味しい蜂蜜を作るのに適しているかについて延々と議論しているのを聞いたこともある（ちなみに、人気のある花は、マジョラムやタイム、ローズマリーのような香りのよいハーブ、コーヒーノキやヤグルマギクなどだった）。さらに、ミツバチは実験動物としてもよく利用されている。ハナバチの解剖学的構造、生理、認知、記憶、飛行力学、高度な社会的行動に関する知見はミツバチに負うところが多い。したがって、ミツバチはハナバチ界のニワトリかもしれないが、勤勉な小さな家畜たちが特別な地位を築いたのは間違いない。ローレンス・パッカーのような野生ハナバチの熱心な研究者は、ミツバチを多様なハナバチの世界の案内役と見なすのはよいが、その代替にして欲しくないだけなのだ。

個人的には、私はハナバチの研修期間中にアピス・メリフェラを捕まえるとうれしくなった。網の中に入ったミツバチを眺めるのが楽しいのは、目玉に毛が生えているからだ(3)。専門家の間でも、この毛の機能に関して（それどころか機能があるかどうかについてさえ）意見が一致していないが、アピス属は眼球に毛が生えている数少ないハナバチだし、北米に生息するアピス属はミツバチだけなのだ。私は一見するだけでこの毛の有無がわかるようになり、ブンブン羽音を立てているのが目玉の毛の持ち主なら何も考えずにすぐさま放してやった。そうすれば、研修施設に持ち帰って選別すべき標本の数が減るし、無駄な殺生をしないでも済むからだ。どれほど研究対象を好きだろうと、ハナバチの研究は、たいていローストアーモンドのような匂いのする青酸カリや、目にしみる煙を立てる酢酸エチルを使うことから始まる。ハナバチ研究者はこの皮肉な事態に耐えなければならないのだ。[4] こうした薬品を入れた毒瓶の中にはじきに死んだハナバチが溜まる。その後、正確な識別に必要な特徴がすべてわかるように、翅や脚を丁寧に広げて虫ピンで固定し、乾燥させる作業をしなくてはならない。

こうした作業をすることはすべて知っていたし、科学的な採集の必要性や重要性も理解していた。多少の個体が失われても、大多数の昆虫の個体群はすぐに回復することも知っていた。それでも、こうした作業は好きにはなれない。たとえ植物でも、研究のために採集しなくてはならない生き物に対してはいつも心が痛む。もっと昔だったら、こうした感情のせいで私のキャリアの展望は暗かったはずだ。チャールズ・ダーウィンはビーグル号で航海していた間、ウチワサボテンから塩漬けのハチドリまで、八〇〇〇点を超える標本を自国へ送っていた。[5] さらに、アルフレッド・ラッセル・ウォレスがマレーシア、インドネシア、ニューギニアで採集した「博物学の標本」の総数はダーウィンよりも多く、一二万五〇〇〇点以上に上った。[6] 現代の生物学者は研究対象の生き物にかかる負担を軽減するように努めている。そこで、データの収集にあたっては、「非侵襲的」〔体を傷つけない〕とか、さらには「亜致死的」〔死亡に至らない〕などという大げさな用語で表される方法を使っていると述べたりする。とはいえ、識別が難しいものは、今でも研究室に持ち帰るのが基本である。私は釣りに出かけるのだと自分に言い聞かせ、特定の採集対象を決めて採集に出かけると、気が楽になることがわかった。そして研修会の期間が半ば過ぎたある日の午後、私は空飛ぶ真珠のように見えるものを捕まえようとした。

そのハナバチに気がついたのは、コーラルピンクのサボテンの花の上でホバリングしているときだった。しかし、私は捕虫網を振り損ねて、サボテンの棘に引っ掛けてしまった。そのサボテンは曲がった鋭い棘があるタマサボテンだったので、網を外すのにかなり時間がかかった。だがそのおかげで、そのハナバチ（か、よく似た別の個体）が近くの花に少しとまったのをまた目にすることができた。そのハナバチは動きが機敏で、黒い頭に細長い眼を持ち、先細りした腹部には色の特定ができない光沢のある縞模様がついているのがわかった。それから一時間ほどその付近で捕獲しようとしたが、網を振るごとに失敗した。他のハチは捕まえられたが、お目当てのハナバチはいつもほんの少し届かないところにいたのだ。結局、日陰で一休みすることにして、捕虫網を下に置き、水筒の水をたっぷり飲んだ。頭をそらせたとき、見慣れた姿が視野の隅に入った。なんと、あのハナバチが捕虫網の縁にとまって休んでいるではないか！　捕獲させてくれた運命の女神に感謝しながら、ハナバチを直に毒瓶にさっと入れると蓋を閉めた。

その晩、実習室のテーブルの上に並べられた捕獲物のなかでも、私が捕まえたハナバチは抜きん出ていた。間近で見ると腹部の縞模様は単なる真珠色ではなく、オパールのような光彩を放っていた。虹色に輝くその色合いは、光の当たり方によって変わったり揺れ動いたりした。縞模様が宝石のように見えたのは、オパールと同じように、色素ではなく構造によって色を発していたからだ。オパールの表面に光が当たると、シリカ分子がガラス質の格子構造をしているために、光が回折散乱して、私たちの眼が色として認識する波長に分かれる。私たちが波長を見る角度を変えると色が変わるので、商売上手な宝石商はさまざまに角度を変えてオパールを見せ、変化に富んだ輝きを余すところなく客に見せつける。驚くことに、そのハナバチもオパールとよく似た原理で体の色を作り出していたのだ。

ハナバチの場合はシリカではなく、外骨格の主成分である半透明のキチン質の格子構造によって光を散乱させている。それゆえ、体色は菫色から青、ターコイズ、緑、黄色、オレンジ色までに変化し、輝きを放つ全体からどれか一つの色を区切ることはできない[7]。顕微鏡で見ても、縞模様の部分は霧がかかったように輝いているだけで、表面ははっきりせず、まるでそのハナバチは光でできているかのようだった。

幸いなことに、オパールのような光彩を放つキチン質が進化するのは、毛の生えた眼球と同じくらい稀なことなので、私が捕らえたハナバチを同定するのは簡単だった。この特性が見られるのはアルカリビーと呼ばれるアオスジハナバチのグループだけである。塩田や干上がった湖沼の底の無機化したアルカリ性の土壌に集団で営巣する習性があり、そこから英語名がつけられた。属名の「ノミア」は、ギリシャ神話で羊飼いを誘惑するという美しい山のニンフから来ていて、なるほどとうなずける。私はどんなハナバチも大好きだが、初恋のハナバチはこのアオスジハナバチだった。その後、緑や青に輝くハナバチ、燃えるような赤いハナバチ、真っ白でフワフワな毛の生えたハナバチにも出会ったが、アオスジハナバチの美しさには敵わないと思う（私が心移りしなかったのは、幸いだったのかもしれない。伝説によると、ニンフのノミアは目移りや心移りをした羊飼いを失明させたと伝えられているからだ[8]）。ハナバチ研修会に行っていたときには、将来、何百万匹にも上るアオスジハナバチが飛び交う中にたたずむことになろうとは思ってもいなかった（第5章でくわしく述べる）。私はこのハナバチを大事に家へ持ち帰り、その後も数年の間、始終眺めて楽しんでいたので、とうとう頭が取れてしまい、接着剤で緊急修理をするはめになった。ハナバチと聞いて私が思い浮かべる典型は、こ

図 2.2　可愛らしいアオスジハナバチ（*Nomia melanderi*）。私にとってハナバチの典型といえば、この種に行きつく。写真：©Jim Cane

のハナバチである。論文や書物からハナバチの生態に関する知見を得るたびに、それを付け加える基準となる存在なのだ。これから読者の皆さんをハナバチの体の驚くべき構造を見る旅にお連れするが、その際にこのハナバチに勝る事例は他にないだろう。

足が四本あり、体内に骨格がある動物を見慣れている人にとって、ハナバチの体はまったく異質なものに思えるかもしれない。しかし、その構造は無駄がなく、見事なまでに合理的だ。ハナバチが自然界でこれほど成功しているのも納得がいく。他の昆虫と同様に、ハナバチの体も頭部と胸部と腹部の三つの部分からできている[9]。頭部は外界を感知して相互作用をするための部分である。そこには眼、触角、口器など、ハナバチが見たり、匂いを嗅いだり、航行したり、採食したり、花粉や巣材などを手に入れたりするために必要な器官がすべて揃っている。頭部の後ろには胸部があり、移動するための器官が集まっている。胸部は鎧に覆われた大きな筋肉で、そこに飛行と歩行に必要な翅と脚の付着点が備わっていると思えばよい。ハナバチの体は胸部から細くくびれたウェストを経て、腹部に至る。腹部は私が捕まえたアオスジハナバチの美しい縞模様が見られる部位で、消化、呼吸、生殖、血液の循環に必要なすべての臓器と管組織が詰まっている。少なくともアリストテレスの時代から、科学者はハナバチの体のさまざまな部位をつつきまわして調べ上げてきた。ちなみにアリストテレスは、「ハナバチの翅をむしり取ると、再び生えてはこない」[10]と述べている。このテーマに丸々一冊割いた専門書もあるが、以下に述べるような簡単な記述や逸話でも、ハナバチの生活や働き方、外界の認識の仕方がよくわかる。

私のアオスジハナバチの頭部は、小さくて平たく、一見黒いヒラマメ（レンズマメ）のように見える。ただし、眼の間に触角が二本、後方へ弓なりに反って生えている。古代ギリシャの牧歌的なたとえを続けるなら、この触角は一対のミニチュアの羊飼いの杖のように見える。瘤のある滑らかな黒檀の枝をつなぎ合わせて作ったような形だ。ハナバチの体のうちでも触角は特になじみのない部分かもしれないが、それは人間に触角がないからだ。触角は感覚だけを司る器官なので、子供たちが触角のことを「フィーラー」と呼ぶのはなかなかいい命名だと思う。ハナバチの触角をイメージするには、敏捷に動く長い竿の先に、鼻や味蕾、鼓膜、指先よりも感度の高い皮膚がすべて載っていると想像すればよい。つまり、ハナバチの触角には七種類の感覚器が備わっていて、それぞれが特定の環境の手がかりに反応している。ハナバチは触角にある微細な孔から常に周囲の空気のサンプルを取り込み、ある昆虫学者が「匂いの嵐」[11]と呼ぶほど多様な周囲の匂いを嗅ぎ分けることができる。ハナバチの世界では、食べ物かもしれないものから交尾相手の候補まで、化学物質があらゆることを教えてくれて、そよ風を情報の織物に変えるのだ。複雑な芳香がわかるワイン通と同様に、ハナバチはフェロモンの微妙な違いや、葉、樹木、土壌、水の香りを識別する一方で、常に捕食者や遠くにある花の香りにも注意を怠らない。また、触角は音や振動を知覚したり、味の識別で重要な役割を果たしたりもしている。触角の表面は気温や湿度、空気の流れの変化に反応する超微細な毛や突起に覆われているので、触覚のある先端でバラやノギクからヒエンソウまでさまざまな花弁に特有の毛羽を識別することができる。ハナバチが営巣する暗い場所で意のままに進んだり、情報を伝達するために触角は重要である。触角を使って通路やお互いを確認したり、巣内での仕事についての情報を匂いで伝え合ったりするのだ。

アリストテレスがハナバチの翅ではなく触角をむしり取っていたら、哀れなハチが同様に正常な機能を失うことに気づいただろう。やがて、似たような実験をする科学者の仲間が大勢出てくるのを見ることにもなっただろう。ハナバチの触角を短く切る、除去する、またはさまざまにいじるという実験はよく行なわれており、それによって、新しい知覚能力が発見され続けている。近年の研究によると、触角は飛行中の姿勢に影響を与えたり、地球の磁場に反応したり、花が放つかすかな静電気を感知したりするようだ。左右の触角はほんのわずかしか離れていないが、その程度の間隔（私のアオスジハナバチでは二ミリ以下）でも、左右間の微小な密度の差、つまり、匂いの方角を示す小さい感覚勾配を察知するのに十分なようだ。左右どちらかの側の空中に数個の匂い分子を放出するだけで、ハナバチはそちらの方向へ向かう。[12] 一キロ先にある花から漂ってくる香りを追跡できる能力だ。[13] 触角を除去すると方向感覚が失われるようで、傾いた表面（つまり、花）にとまるといった基本的な動作がうまくできなくなる。[14] ハナバチの経験がどのようなものか正確にはわからないが、その多くを触角で感じていることはわかっている。博物学者のC・J・ポーターは一八八三年にマルハナバチの触角を除去したあとで、このことを知って良心の呵責を覚えたようだ。明らかに衝撃を受け、うまく動けず混乱しているハチを見て、「角を強打された」牡牛を思い出したと述べ、「ハチは……苦痛のあまり気絶したのだと思う」と締めくくっている。[15]

私のアオスジハナバチは死んでから長いこと経つので、頭部が落ちてしまったときに痛みは感じなかっただろう。そこで、ハナバチの眼を通して世界を垣間見たいと思って、頭の後ろ側から中を覗き込んでみた。しかし、頭の中には乾燥した組織やキチン質の筋交いがぎっしり詰まっていて光が遮られていたので、大きな楕円形の眼を通して見える景色がどのようなものかはまったくわからなかった。ハナバチには眼が五つあるとよく言われるが、その言い方は誤解を招く恐れが多分にある。大きな普通の眼の他に「単眼」と呼ばれる眼が三つ、頭頂部からビー玉のように突き出ているが、単眼は光を感知できる突起に過ぎないのだ。像を形成する機能がないので、光の強度や偏光のパターンを探知し、特に薄暗い時間帯に航行を助けるという役割に限定されているようだ。[16] ものを見る役割は、頭部の大半を占めている二つの大きな複眼が担っている。一つの複眼は六〇〇〇個を超える個眼から成っていて、それぞれの個眼は常に外界の像を脳へ送っている。脳は送られてきた個々の像を合成して一つの広角の像を作り上げる。しかし、眼が固定されていて動かないので、焦点距離は変更できない上にきわめて短い。そのため、遠くのものは低解像度の粗い画像のようにぼやけて見える。花や巣穴、仲間のハナバチなど、興味の対象は十数センチまで近づかないと鮮明に見えない。これほどひどい近視だと行動に支障をきたすように思われるかもしれないが、ハナバチは動きを感知する並外れた能力でそれを補っている。個眼はそれぞれレンズから脳へと接続されているので、ハナバチの視野の中で何かが動くと、ちょうど指先でハープの弦をなぞったときのように、一つの視神経だけでなく、すべてが次々と連鎖反応をする。ごくわずかな動きでも、数十ないし数百個の個眼が刺激を受け、それぞれの個眼は動体をわずかに異なる角度から捉える。したがって、動体に対する認識力が並外れて高くなり、無意識のうちに速度や距離、軌道を計算することができるのである。[17] 道理で、何度も捕虫網を振り回したのに、捕まえられなかったわけだ（オスのハナバチの眼の方がはるかに大きい理由もこれで納得できる。オスにとって人生最大の目標は、婚姻飛行のときに瞬間的にそばを飛び過ぎるお目当てのメスの動きを見極めることだからだ）。

私でも他の人でも、人間の目には、アオスジハナバチのオパールのような光彩を放つ腹部の縞模様は虹色に輝いて見える。ハナバチにもその虹色は見えているが、色合いは異なっている。ハナバチに見える光のスペクトルは黄色みがかったオレンジ色から始まり、明るい青色を経て、紫外線として知られている短い波長まで続く。ということは、赤色やエビ茶色はハナバチには見えないことになるが、それとは別の可能性を秘めた世界が広がっているのだ。[18] 人にとっては、紫外線は主に日焼けのもとであり、長袖シャツやサンバイザーつき帽子、ローションで防がなければならないものだ。人間は紫外線を見ることができないので、それがどのように見えるのかわからない。しかし、特殊なフィルター

図2.3　ハナバチが見ている紫外線領域の色で見ると、見慣れた花の概念が変わる。フィルターをかけて撮ったアラゲハンゴンソウの写真を見ると、鮮やかな「ハチの紫色」が中央の「標的（ブルズアイ）」模様を強調しているのがわかる。
（左）人間の目に見える様子。（右）ハナバチの目に見える様子。写真：©Klaus Schmitt

をつけたカメラを通せば、紫外線のありかがわかる。さらに、人間の目には見えないが、花弁にはハナバチを惹きつける言葉がはっきり書かれていることも明らかになる。たとえば、私たちにはタンポポの花は均一な黄色に見えるが、ハナバチには違うふうに見える。花の中心部は黄色い色素と紫外線が組み合わさって「ハチの紫色」と呼ばれている色になり、鮮やかに輝いて見えるのだ。このような色素と紫外線領域の組み合わせは、今日までに研究された顕花植物の四分の一を超える花で見られるが、ハナバチが訪れる花ではその割合が高い[19]。タンポポの花弁だけでなく他の花でも、紫外線色がブルズアイと呼ばれる標的模様や、輝く矢印のように花蜜や花粉のありかを示す「蜜標《ネクターガイド》」と呼ばれる放射状の縞模様を作り出している。こうした模様は偶然にできたものではない。ハナバチの世界観は、生命の支えである花を常に探し求める行動が原動力となってできあがっているからだ。しかし、花を見つけたときにハナバチが使うのは、体の別の部位である。まずは口器から見ていこう。

ハナバチの大顎と舌のような口吻《こうふん》は、筋肉ではなく歯車や

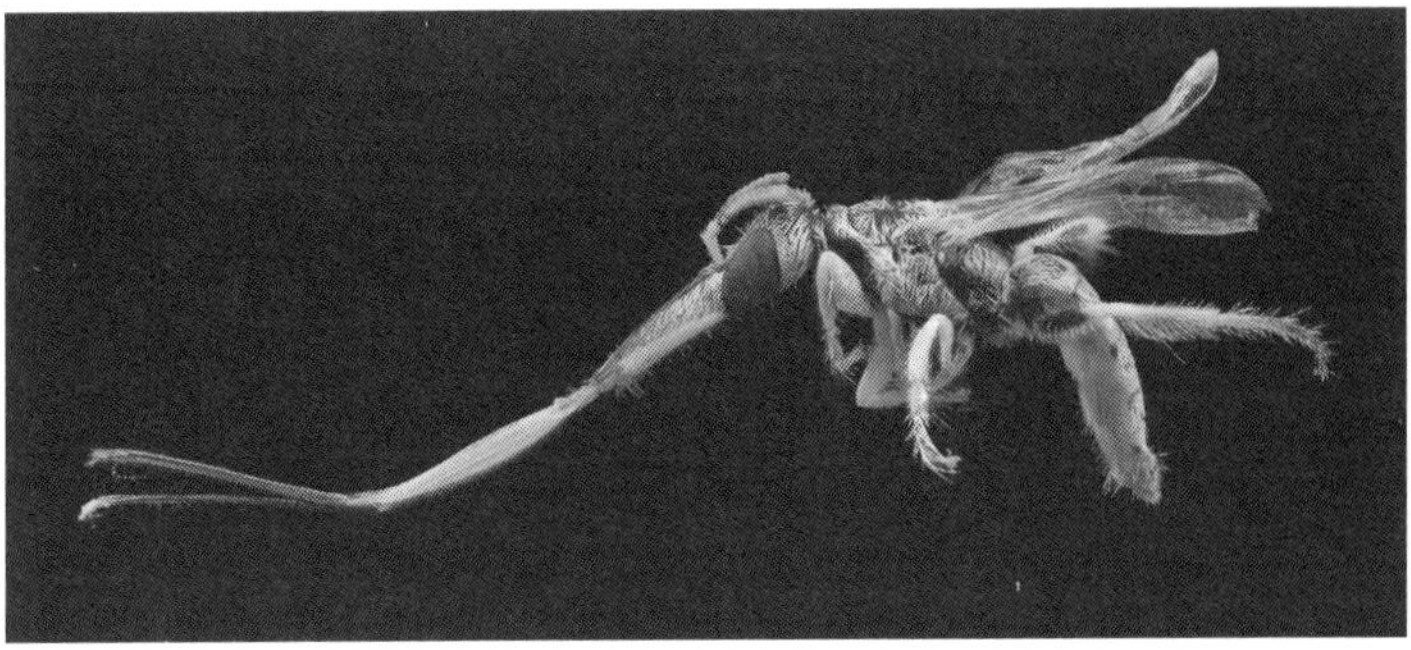

図 2.4　チリの砂漠に住むゲオディスケリス属（ムカシハナバチ科）のハナバチ。深い花の奥にある花蜜を見つけて採りやすいように進化した奇妙なほど長い頭と舌を持っている。
写真：USGS Bee Inventory and Monitoring Lab の厚意により掲載

ケーブルで動く機械のように見える。必要性に応じて、大きさや形は著しく異なる。たとえば、ハキリバチの大顎には葉を切り取るのに適した細かく鋭い歯がついているが、クマバチは木材を噛み砕くためにがっしりした幅広のグラインダーのような顎を備えている。一方、ミツバチの大顎は、蜜蝋を整形しやすいように尖端が広く平らになり、しゃもじのような形をしている。私のアオスジハナバチは地面に穴を掘って営巣するので、大顎はシャベルの役目も兼ねている。顎はおおむね滑らかで丸い形をしているが、硬い土を掘り起こしたり削ったりするために、先端付近に丸みを帯びた歯が一つだけついている。手になじんだ道具のように使い込まれて縁が研ぎ上げられた大顎は、顎の下に重ねて収められている。大顎の下には薄い銅管のような舌（口吻）が、腕金のように飛び出している。舌は基部が光沢のある黒色で、長さは頭部の一・五倍ある。ハナバチの舌は中が詰まっているように見えるが、実は中央に溝のある毛に覆われた軸であり、その外側は鞘で保護されている。ハナバチが採食するときは、舌の基部の筋肉が中空の球状部を収縮させ、ポンプの働きによって蜜が花から胃へすばやく送り込まれる。この舌は全体が節でつながっていて、口腔内でアコーディオンの蛇腹や多関節型クレーンの腕のように折りたたまれる（私のアオスジハナバチのようにピン留めした標本では、舌が見えるように意図的に外へ伸ばしてある）。花の内部のどこまで届くかは舌の長さで決まるので、ハナバチのなかにはろくろ首のように並外れて長い舌を備えた仲間がいる。ローレンス・パッカーは識別が難しいカリバチのスライドの他にも、チリのアタカマ砂漠で発見したばかりでまだ命名していない新種の写真を見せてくれた。その舌と長い頭はゾウの鼻のように伸びていて、体の他の部分よりもずっと長い。ルリジサの花の奥深くに隠された蜜腺から蜜を吸うためには、それだけの長さが必要なのだ[20]。

ハナバチの頭部の後ろ側にあるのが胸部で、そこには驚異が詰まっている。一九三〇年代に、フランス人昆虫学者のアントワーヌ・マニャンは、昆虫の飛行は空気力学の法則に反していると（おどけて）述べて有名になった。マニャンと同時代のドイツ人の物理学者やスイス人の技術者も同じ主張をしたと言われている[21]。時が経つうちに、この考えは特に一種類の昆虫、マルハナバチと密接に結びつけられることになった。マルハナバチの毛深い体はその翅には大きすぎるように見えるからだ。「不可能なはずのマルハナバチの飛行」は今では文化的ミームとなり、「不可能なことを成し遂げる」ことの象徴《アレゴリー》として広く知られ、説教からハウツー本や政治家の演説までどこにでも登場する。メアリー・ケイ・コスメティクス社の創業者のメアリー・ケイはマルハナバチを会社のマスコットに採用して、「飛べることを知らない女性たち」である販売部員を鼓舞するために、ダイヤをちりばめたマルハナバチのブローチを贈ったほどだ[22]。確かに、ハナバチは固定翼の航空機のように空に舞い上がるこ

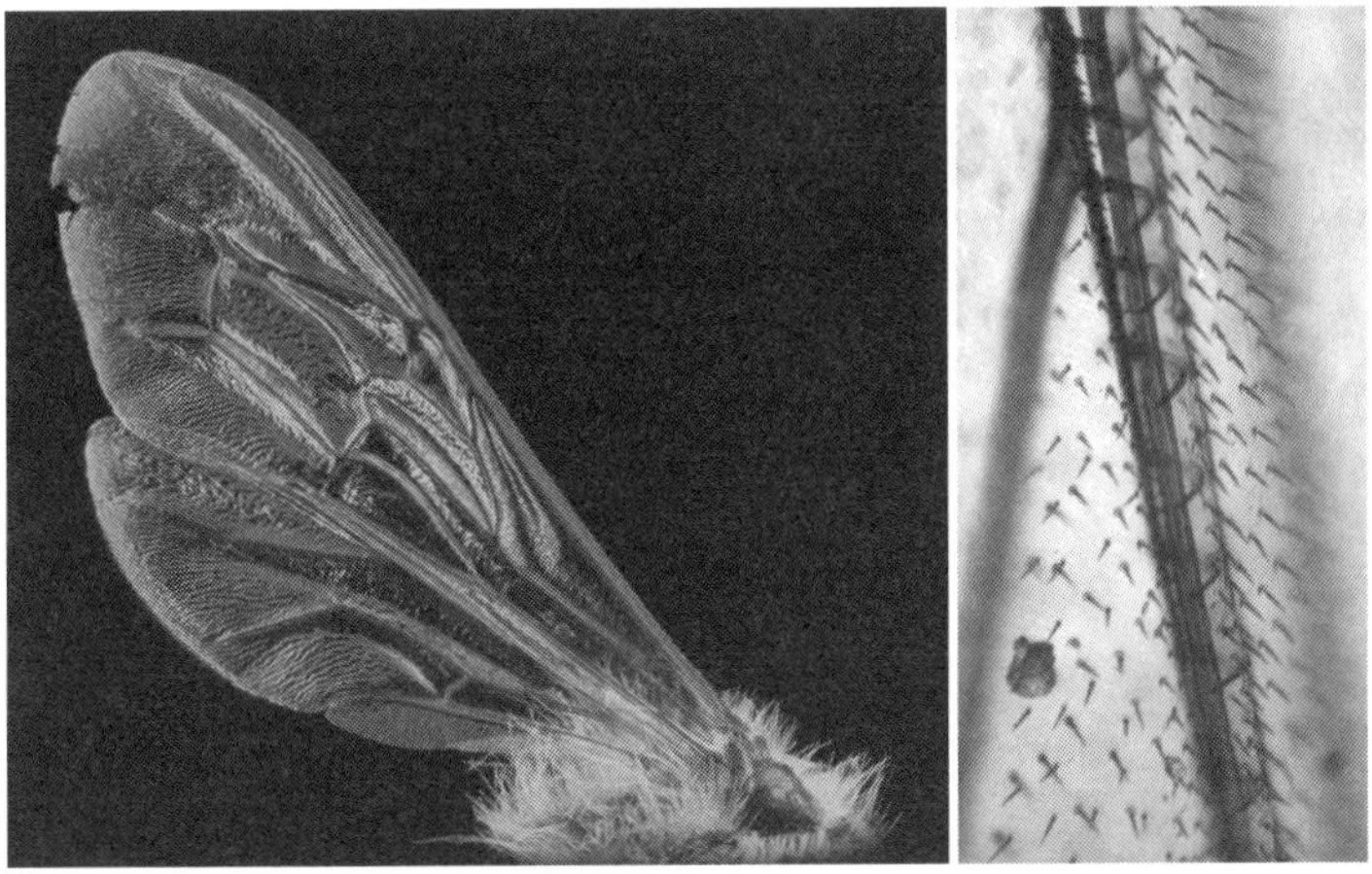

図2.5　ハナバチの翅は左右に一対ずつついており、鉤でつないで一枚の翅として動かすことも、離して別々にすることもできる。（左）ミツバチの左側の大きな前翅と小さな後翅。後翅の前縁に一列に鉤が並んでおり、前翅の後縁の襞とぴったり噛み合うようになっている。（右）鉤の部分の拡大写真。
写真：（左）USGS Bee Inventory and Monitoring Labの厚意により掲載。（右）©Anne Bruce

とはできないが、その翅は固定されているわけではなく、羽ばたくようになっているのも明らかだ。マニャンや当時の昆虫の飛行の研究者は、両者の飛行が空気力学的に異なっていることは十分に承知していたが、ハナバチの翅が揚力を生み出すメカニズムはつい最近まで謎のままだったのだ。

私のアオスジハナバチの標本はピンで固定されているので、空中で止まったままのように翅を持ち上げている。間近で見ると、セロファンのように薄い翅は格子状の黒い翅脈で補強され、着色する前のステンドグラスの窓のようだ。翅は胸部の右側と左側に二枚ずつついているが、小さな鉤を襞にかけて前後の翅を連結する精巧な仕組みで一緒にまとめられているので、一枚ずつのように見える。ハナバチの翅の形は上面がカーブした航空機の固定翼とまったく異ななるが、同じである必要もない。固定翼は形と角度と対気速度によって揚力を得るが、ハナバチはまるで敏捷さだけで飛んでいるかのようだ。その翅はたいてい一秒間に二〇〇回以上羽ばたきし、しかもその羽ばたきを調節して、風や空気圧、飛翔で生じる不規則な渦もうまく利用する。ハナバチの羽ばたく速度自体も当時の研究者を戸惑わせた。そのような高速で収縮するのは不可能に思われたからだ。ハナバチの脳が神経に信号を送る速度よりも速いのだ。しかし、ハナバチを含め、数種類の昆虫は、胸部にある対立筋間に生じる弾性と自然な張力を用いて、この問題に対処しているのである。インパルスが伝わるたびに、この筋肉はギターの弦をつま弾くときのように振動して、次のインパルスが来るまでに翅を五回から多いときには二〇〇回も羽ばたかせる。[23] こうした高速の羽ばたきが揚力を生み出すメカニズムがわかったのは、一秒間に数千枚の画像を撮影することができる高速度ビデオカメラが開発されたおかげである。画像ごとに解析したところ、翅は予想に反して上下ではなく、一対のオールのように前後に動いていることが明らかになったのだ。空気の流れがわかるように煙を加えてみると、翅を非常に速く動かして角度を調整することによって、ヘリコプターのローターのように常に下向きの圧力が生じ、さらに翅の上面から螺旋状に離れていく低圧の渦も生み出され、揚力を増大させているのがわかった。[24] ハナバチの飛行が空気力学的に理解されるようになったおかげで、その印象は「異常なもの」から「最高傑作」に変わり、ドローンから風力発電機のタービンに至るあらゆるもののモデルになった。不格好なマルハナバチでさえ名誉を回復し、今では空気の薄い高山でも飛べる並外れた能力を持つことで名を得ている。ヒマラヤ原産のマルハナバチの一種はエベレストの山頂より高いところでもホバリングすることができ、世界で最も標高の高いところを飛翔している昆虫だと考えられている。[25]

ハナバチの翅が空中移動の器官なら、地上の移動に使うのは胸部の下部から突き出てぶら下がる六本の敏捷な脚である。おそらく翅ほど謎は多くないだろうが、やはり特筆に値する。私のアオスジハナバチの脚はとても小さくてペーパークリップのように細いが、顕微鏡で拡大すると、スチームパンクに登場する関節のある機械のように見える。しかし、機械が格好良さのための見せかけでしかないスチームパンクと異なり、ハナバチの脚にある房毛や突起、関節はそれぞれが役目を果たしているのだ。たとえば、前脚を曲げると小さな突起が向かい側のくぼみにはまり、触角の掃除をするのにぴったりの直径の円い穴、つまり触角のクリーナーができる。ハナバチが花から飛び立つ前の行動を観察すれば、前脚を頭の上に上げて曲げ、そこにできたクリーナーの穴に触角を何度も通して、巣へ戻る飛行中に触角の働きを損なう恐れがある花粉や汚れをきれいに落としているのがわかる。それぞれの脚の爪先部分には先の曲がった棘のような爪が二本ついており、その間に褥盤《じょくばん》と呼ばれる肉球のようなものがあり、吸盤の働きをする。ハナバチはこの爪と褥盤による摩擦力を使ってヤモリのようにツルツルの面を上がったり、取りつくこともできるのだ（セーターにとまったハナバチを振り払うのが難しいのは爪のためで、眼鏡の縁にとまったハナバチを吹き飛ばすのが難しいのは褥盤のせいなのだ）。私の標本はコーラスラインのダンサーのように、一本の後脚を高く上げたまま固まってしまった。昆虫学者には私が標本作りに不慣れなことがばれてしまうが、ハナバチの生活で特に重要な後脚の特徴をはっきり示している。標本にしてから何年も経つのに、その後脚には黄金色に輝く花粉の塊がついているのだ。おそらく、最初にそのハチを見つけたサボテンの花のものだろう。花粉が取れないでいるのは、花粉刷毛《はけ》と呼ばれている細かく枝分かれした毛がびっしり生えている房の中に閉じ込められているからである（毛足の長い絨毯に入り込んでしまった粉砂糖をブラシで払い出そうとすることを考えてもらえば、想像がつくだろう）。他の脚にも櫛や刷毛状の毛が生えていて、それを使って体毛についた花粉を梳いたり集めたりして後脚の花粉刷毛に蓄え、花粉を巣に持ち帰る。マルハナバチやミツバチの仲間はこの仕組みを一歩発展させて、花粉を花蜜で濡らして粘り気のある団子にし、後脚にある籠のようなくぼみに収め、脚と一体化させる。一度にさまざまな種類の花を訪れて花粉を集めてくると、昔のサーカスの道化師が履いていた派手なズボンのように、色の異なる花粉で後脚が縞模様になる。

花粉でついた色は別として、ほとんどのハナバチの体色の中心となるのは脚ではなく、その後ろ側でちらりと見える腹部の縞模様の色だ。こうした縞模様の色はアオスジハナバチのようにクチクラに組み込まれていることもあれば、オレンジや黄色、黒、白の毛の房が生えていることもあり、熱帯やオーストラリアのハナバチの数種では鮮やかな青い毛も見られる。こうした色は、針で刺すぞ、という警戒色の場合が多いが、種の識別の役に立ったり、雌雄の模様が異なる種では配偶者の識別の役に立っていることもある。派手な縞模様が一般的だが、けばけばしいものばかりとは限らない。腹部の色が単なる黒や茶色の種も多いし、私たちには見えない紫外線色で輝いている種もおそらくいるだろう。色彩はさておき、腹部の本来の働きは内部にある。ハナバチの生命活動を維持するさまざまな臓器や器官を支えているのだ。ハナバチの臓器はほとんど、標準的な昆虫の構造と同じだ。つまり、血液を脳や筋肉へ送る単純な心臓や、クチクラに開いた小さな孔を通して空気を出し入れする嚢や管の

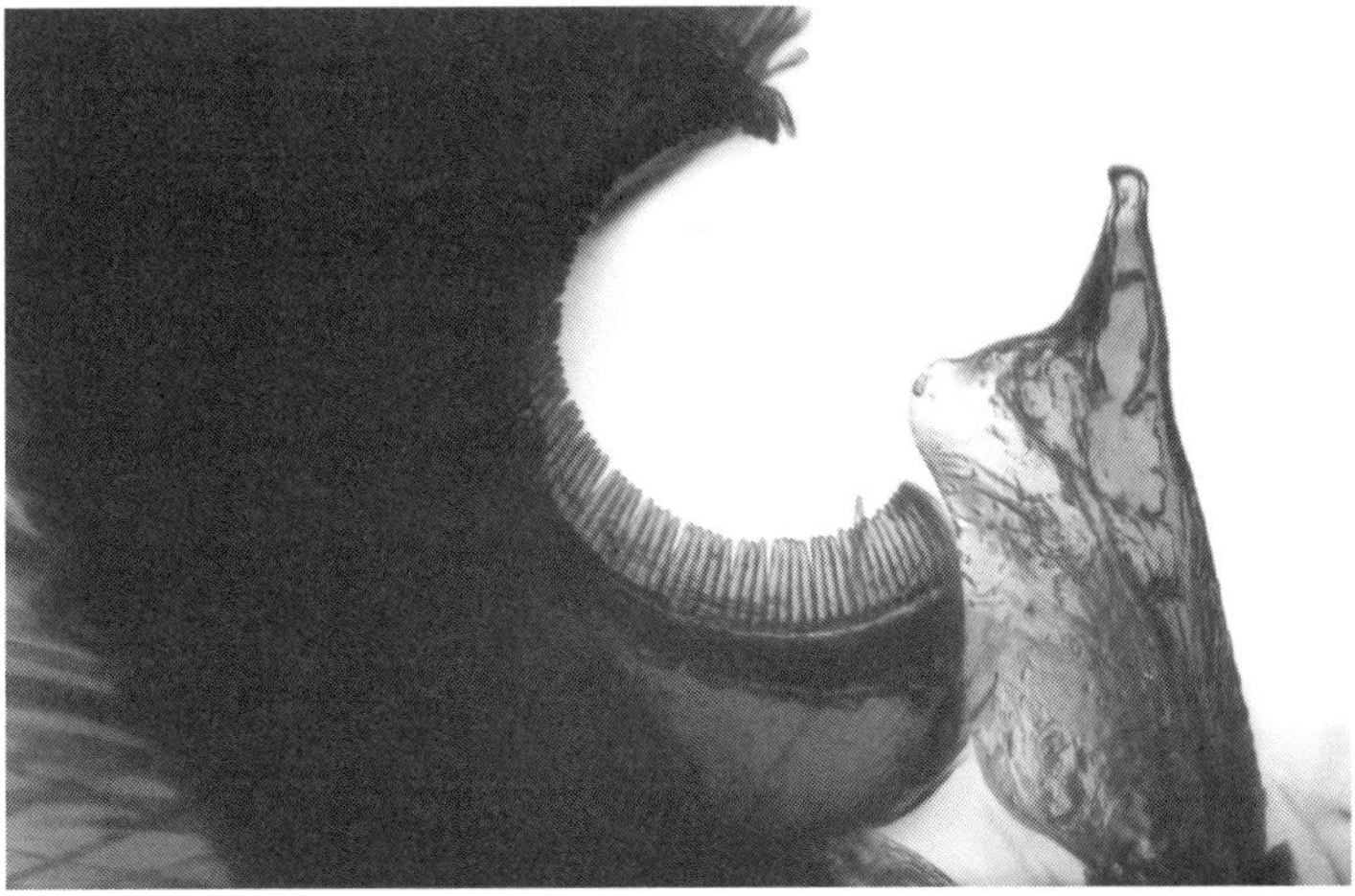

図 2.6　ミツバチの前脚の詳細。前脚を曲げてできる円形の穴は、触角の掃除をするのにぴったりのサイズだ。写真：©Anne Bruce

図 2.7　メスバチの後脚には、たいてい枝分かれした毛がびっしりと生えており、それで花粉を運んでいる。メリッソデス属のヒゲナガハナバチの脚は毛足の長いフリースのように見える。写真：USGS Bee Inventory and Monitoring Lab の厚意により掲載

システムがある。(26) 呼吸はふだんは受動的に行なわれているが、ハナバチ自らが頑張れば、腹部を目に見えるほど膨らませたり収縮させたりして、呼吸を速めることもできる（人間があえぐのに相当する）。ハナバチの消化管は「蜜胃《みつい》」や「蜜嚢《みつのう》」という趣のある名で呼ばれる袋状の組織で、花蜜を大量に入れる必要があるときには他の器官を押しのけて驚くほど膨張できる。腹部にあるその他の目ぼしい器官は、フェロモンや造巣用の物質を分泌する数種類の腺と生殖器ぐらいだ。しかし、最後尾にはもう一つ、忘れられない印象を与える器官が備わっている。それは毒針である。

本格的にハナバチを研究したり、本を書いたりしていると、一番よく聞かれるのは何度くらい刺されたことがあるかという質問だ。そんなとき、ほとんどのハナバチはめったに刺さないし、刺せないものもいると答えると誰もが驚く。(27) 刺せないものというのは主にオスバチで、まったく針を持っていないのだ。この針は、ハナバチの祖先であるカリバチで進化し、メスの生殖器系を拡張させたもので、もともとは産卵に使われていた尖った管だった。針を持っているのはメスだけなので、刺すことができるのもメスだけだ。太古のカリバチはこの便利な道具を二つの目的に使っていた。まず獲物を刺して麻痺させ、それから獲物の体表や体内に直接卵を産みつけるのだ。そうすれば、肉食性の幼虫は食物に困らない理想的な場所で孵化することができる。今でもこの行動を行なっているカリバチの仲間は多いが、いくつかのグループやハナバチはいずれもこの二つの機能を分離して、産卵機能は腹部の先端にある小孔に移し、管のような針は防衛と攻撃専用の武器として使用している。その結果、まったく針を持たない種から、集団防衛に適した恐ろしい自動ポンプ式の針を備えた種まで、それぞれの種の生活スタイルに応じて針の専門化が起きた。

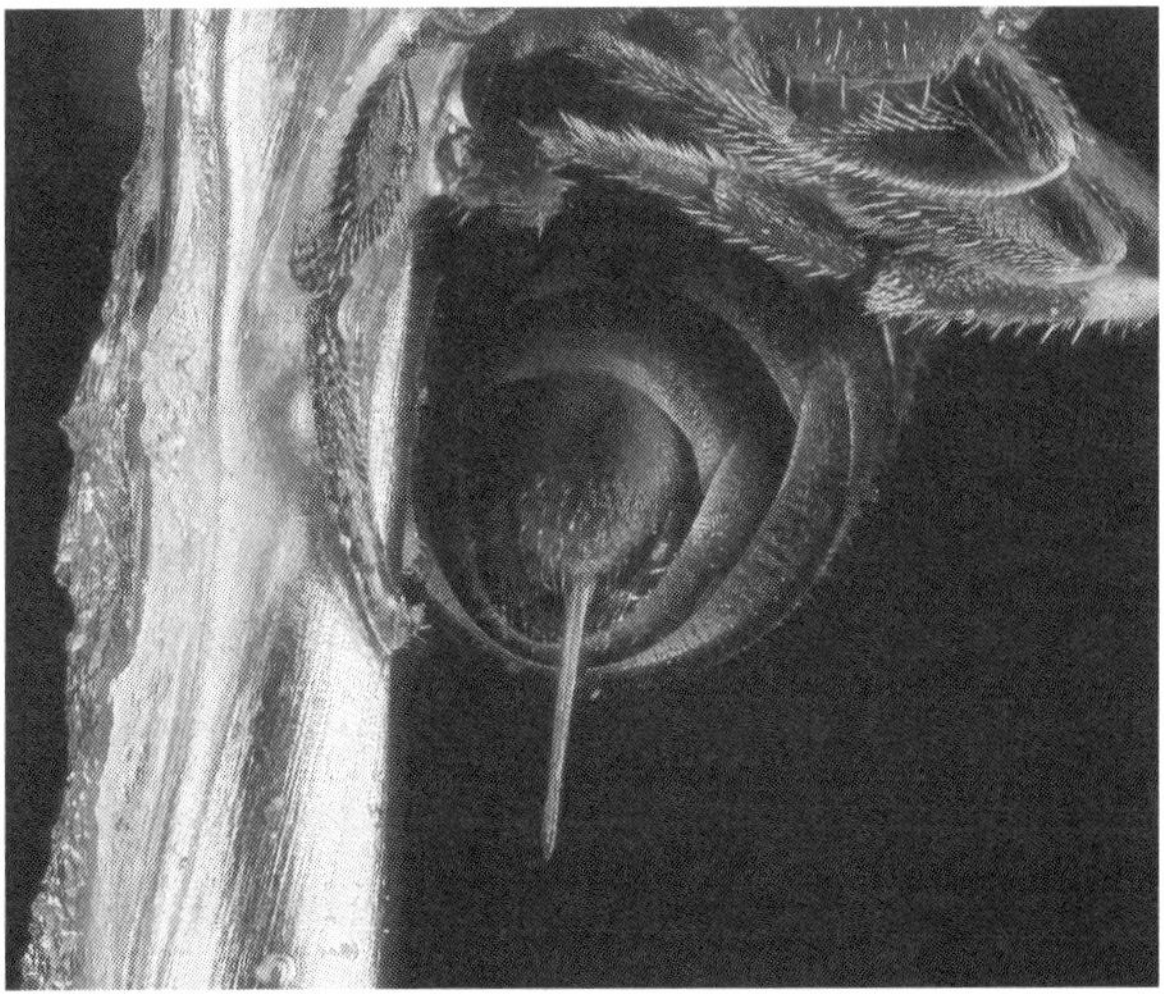

図 2.8　ハナバチの針はたいてい返し（逆棘）がなく、針のように鋭い。マスクトビーと呼ばれる小型のメンハナバチの拡大写真。左側の柱のように見えるのは虫ピンで、大きさを示すために入れてある。
写真：USGS Bee Inventory and Monitoring Lab の厚意により掲載

私のアオスジハナバチは最後の防衛行動を試みたのだろう、針を伸ばした状態で死んでいた。針は腹部から突き出した小さな棘《とげ》のように見えるが、拡大して見ると、ぴったり組み合ったいくつかの部分で構成されていることがわかった。毒を注入するための溝がついたシャフトと呼ばれる軸と、その両脇にあって獲物に突き刺して保持するためのランセットと呼ばれる二本の鋭い尖針である。ほとんどの種と同様に、アオスジハナバチのランセットは琥珀色の短剣のように縁が滑らかで、引っ掛けるための浅いギザギザが先端近くにいくつかついている。アオスジハナバチに一度くらい刺されても大した痛みは感じなかっただろうから、私を何度か刺すために針を引っ込めておいた方がよかったかもしれない。針を引っ込めるのは簡単にできたはずだ。昆虫に刺されたときの痛みのランクづけをしたジャスティン・シュミットという昆虫学者は、この有名な痛みの評価スケールにアオスジハナバチ属を入れていないが、その近縁のハナバチに刺されたときの痛みを「小さな火の粉で腕の毛が一本焦げた程度」とたとえている。ほとんどのハナバチは防衛すべき大きな巣を造らないので、ときおり出会う競争相手を退けたり、空腹なクモの攻撃をかわしたりすることができれば十分なのである。ハナバチの仲間で刺されると本当に痛いのは、社会生活を営む大型種だ。そうしたハチの巣には、美味しい幼虫や蜂蜜がたっぷり詰まっていて、クマや鳥から霊長類まであらゆる動物を惹きつけるからである。こうした社会性のハナバチは、働きバチが集団で巣を防衛する行動をとる。[28] こうした防衛戦では、毒の量だけでなく成分も重要になる。針の毒に含まれるタンパク質やペプチドなどの化合物の種類を増やすと、潜在的な捕食者に対する毒性が強まるからだ。たとえば、メリチンという細胞を破壊する心臓毒は私たちのような哺乳類に焼けるような痛みをもたらすが、ハナバチを含む昆虫にはヒスタミンの方が強い影響を及ぼす。

さらに、ミツバチの尖針（ランセット）には鉤状に曲がった厄介な返し棘がついているので、刺されると針が皮膚の中に固定されて抜けなくなる。ミツバチともめごとを起こして刺されると、ハチが飛び去ったり、手で払い除けたとしても、針は毒嚢や筋肉組織と一緒に腹部から離れて刺した部位に残り、毒を注入し続けるのだ。この機構には関連する神経中枢も組み込まれていて、針はミツバチの体から分離したあと、一分間以上も「生きて」いることができる。毒液を全部注入するのに十分な時間だ。[29] ミツバチは一度刺すと腹部に致命傷を負うが、一つの巣には何千という働きバチがいるので、一部の働きバチの死より、捨て身の防衛行動がもたらす利益の方が大きいのだ。シュミットはミツバチに刺された痛みを典型と考えている。つまり、これを痛みの基準として覚えておけば、他の昆虫に刺されたときに比較ができると考えているのだ。しかし、最も印象的な痛みの記述は、ノーベル賞を受賞した詩人でアマチュア昆虫学者のベルギー人、モーリス・メーテルリンクによるものだろう。メーテルリンクはハチに刺された痛みを「刺された腕に砂漠の炎が走るような破壊的な乾き。太陽の娘たちが父親の怒りの光線を蒸留して、目もくらむ毒を作り出したかのようだ[30]」と表現している。ハナバチを太陽と結びつけるのは、さまざまな観点から見て的を射ているだけでなく、メーテルリンクの比喩は、ハナバチの体をめぐる私たちの旅を、その出発点となった砂漠で締めくくってくれる。

私はハナバチ研修会で採集したアオスジハナバチとその他のハナバチを一〇〇匹以上も標本にして段ボール箱に入れて持ち帰り、今でもハナバチを識別をするときの参考にしている。ハナバチ研修会のスタッフは実用的な科学技術を現場で教えることを誇りにしている。だが、それだけではなく、研究対象に対する愛着心を伝えることも忘れない。ハナバチが愛すべき存在だとわかると、その研究も無味乾燥でなくなり、観察者が問いかけようと思う疑問も変わってくる。ハナバチを識別することができるようになると、私たちが見ているのとは異なる色があふれる世界を飛び回るのはどんな感じだろうかと考えずにはいられない。彼らを取り巻く世界では、視覚が記憶や嗅覚、電荷、磁力などの感覚と相互作用して、鮮やかな景観が生み出されている。私は花にとまっているハナバチを見ると、どうやってそこへ来たのか想像してみる。ハナバチは微かな香りが酩酊しそうに強くなるまで空気中の匂いの流れをたどり、ぼやけていた花がはっきり見えるまで近づくと、花弁が示す「ハチの紫色」や蜜標や、ぞくぞくする静電気に導かれ、確実に花の奥にある蜜源にたどりつけるのだ。ハナバチの体は花粉や花蜜を見つけて運ぶのに適した精巧な機械のようだが、その生活について考えれば考えるほど何かが足りない気がした。

私がアオスジハナバチを採集したのは花の咲いているサボテンの茂みだったし、その他のハナバチもほとんどが花やそのまわりで捕まえたものだ。ハナバチの採集にもっと適した場所はどんなところなのだろうか？　花を訪れることがハナバチの生活にとって重要なのは確かだが、あくまでその営みの一部に過ぎない。蜜胃を花蜜で満たし、両脚の花粉刷毛を花粉で覆ったら、どこへ行くのだろうか？　ミツバチが何千もの仲間と一緒に巣で暮らすことは知っているが、ミツバチは例外なのだ。私の標本箱に収まっているハナバチのほとんどはミツバチとはまったく異なる暮らし方をしている。私がまったく知らなかった方法で、単独で巣を作り、子育てをするのだ。ハナバチ研修会の期間がもっと長かったら、ジェリー・ローゼンやローレンス・パッカーをはじめとする講師に質問することができただろう。とはいえ、話を聞きたくなったときには、話上手な人に尋ねるのが一番だ。たまたま私はある人物を知っていた。かつて単独性のハナバチの物語を解き明かしてまとめ上げ、それを売って生計を立てていた人物だ。

第3章　孤独な集団生活

孤独は確かにすばらしいものだが、話しかけると答えてくれる誰かがいるのは楽しいものだ。ときおり「孤独はすばらしい」と語りかけることができるから。(1)

ジャン＝ルイ・ゲ・ド・バルザック『引退について』（一六五七年）

ブライアン・グリフィンは、それがハナバチだと最初は気づきもしなかった。庭の新しい門扉を設置する作業に熱中していたとき、支柱を立てるために掘ったばかりの穴の周囲を小さな黒い昆虫が数匹飛び回っていたのだ。ほんの少しの間、虫たちは何をしているのだろうと考えたが、すぐに虫のことは忘れてしまった。保険業界で三五年間働いて退職したばかりのブライアンはやる気満々で、長年先延ばしにしてきた計画や趣味（木工や水彩画、郷土史の研究、ガーデニング）に取りかかろうとしていた。昆虫の研究をやってみたいと思ったことはなかったのだが、この小さな黒い虫はすぐに彼の庭から作業場へ入り込み、ブライアンは保険の仕事と同じくらい骨の折れる第二のキャリアを歩み出すことになった。その旅が送粉から始まったのは、驚くまでもない。

「うちの果実はまったくダメだったんだ」とブライアンは語る。裏庭のフェンスに沿わせてナシとリンゴの木を四〇本ほど植えていたが、毎年よく花を咲かせたものの、ほとんど実をつけなかった。地元の農業誌で花粉を運ぶ在来の昆虫（送粉者）のことを知り、ピンと来たそうだ。「あの小さな黒い虫がハナバチだと突然気づいたのさ」。急いで外へ出てみると、果樹や花の咲いている灌木の中を動き回っているアオツツハナバチが数匹見つかった。近くで見ると、小さな黒い体は青みを帯びて輝き、黄褐色の房毛が顔を覆い、透明な翅の根元を縁どっていた。ハチのあとを追うと、庭の物置小屋へ飛んでいき、屋根板の隙間がちょうどいい小さな巣穴になっているのがわかった。ハナバチたちはそれぞれの自分の隙間にせわしなく出入りして、花粉でその隙間をゆっくりと詰めると、泥でこしらえた栓で丁寧に蓋をした。ブライアンが角材にドリルでいくつも穴を開けてやると、ハナバチたちはそこにも花粉を詰めた。その作業を続けたところ、二年後にはツツハナバチ（と果実）が手に余るほどに増えたのだ。ブライアンはふと思いついて、ハナバチたちをクリスマスのプレゼントとして人にあげることにした。

「誰もが喜んだよ！」とブライアンは言うと、最初に作った巣箱の試作品を見せてくれた。可愛らしい三角屋根のついた小さな角材に空っぽの穴が一二個並んでいる。一番下には、ハナバチが花粉を詰めて栓をした巣穴が三つ、糊づけされていた。翌年の春に、ブライアンの友人や家族がこの風変わりなクリスマスプレゼントを野外に吊るしておくと、休眠から覚めたハナバチたちが泥を掻き分けて這い出してきて、近くに花蜜と花粉のありかを見つけ、巣箱の空っぽの穴にせっせと詰めて、新しい巣穴にした。「完璧だったよ、思っていたよりうまくいったのさ」とブライアンは当時のことを思い出

図 3.1　メーソンビーと呼ばれるツツハナバチ属は 300 種以上いる。その一種（*Osmia bicornis*）のオスが巣穴から外を覗いているところ。
写真：Orangaurochs via Wikimedia Commons

しながら言った。

普通の人なら、思い出に残るクリスマスの朝と裏庭で花粉を運ぶハナバチを眺める楽しい春のレッスンということで、この話は終わっていたかもしれない。しかし、ブライアンはこの生物の営みに持ち前のビジネスセンスを働かせ、商機を嗅ぎ取った。そして、このハナバチハウスを車いっぱいに積み込んで、地元の園芸用品展示即売会に出品したところ、完売したのだ。まもなく、ブライアンは北米中の個人や小売業者にツツハナバチを販売するようになった。ハナバチの講座に通い、ハナバチの本を執筆し、園芸クラブでハナバチについて講演をするようになった。共同経営者を見つけ、人を雇って製造も開始した。従来のハナバチハウスの他にも、しゃれた山小屋風のものやボール紙でできた筒型のタイプも製造し、さらに熱心なハナバチ飼育家が増えるにつれて、ストック用に特注の中敷きや交換用の巣穴なども生産した。

今日ではツツハナバチはホームセンターからアマゾンまでどこでも販売されているが、三〇年前はブライアンがパイオニアだったのだ。彼は「情報はたっぷりあったのさ」と言って、参考にした専門家や文献の名前をスラスラと挙げた。それから笑って首を振ると、「でも、それをまとめ上げるのには、年寄りの保険屋が必要だったのかもしれないな！」と付け加えた。

ある意味では、ブライアンがハナバチの事業で成功したのは驚くに当たらないのかもしれない。自然界で一億二〇〇〇万年以上にわたり繁栄してきた生活様式をフルに活用したからだ。アオツツハナバチは祖先であるアナバチと同様に、群居しない単独性のハチである。メスの成虫は仲間と協力して営巣するのではなく、春の開花に合わせて単独で巣造りと子育てを行ない、その短い一生をあわただしく終える。その戦略を理解し、手を加えて製品化したおかげで、ブライアンの事業は家内工業の域を超え、大きく発展できたのだ。そして、はるか昔に確立したハナバチの行動様式が現在でもほとんど変わることなく、世界で二万種を数えるハナバチの大多数に受け継がれているということを、彼と顧客は目の当たりにしたのである。私たちは、カリバチからハナバチへの移行や、蜂蜜や巣の発明など、進化がもたらしたイノベーションについ感心しがちだが、その過程はきわめてゆっくりと進む保守的なものでもある。うまくいっている特性や習性は長期にわたって変わらないままなのだ。進化には、イノベーションと同じくらい重要だがあまり知られていない原則がある。「壊れてないところはいじるべからず」というのがそれだ。単独性のハナバチは、まさにその原則を体現しているのである。

私たちが見ているツツハナバチが身を翻して巣穴に戻ったとき、「このメスバチは卵を産むぞ！」とブライアンは興奮して言った。何十四ものツツハナバチが人に危害を与えることもなく、私たちの頭のまわりをブンブン羽音を立てながら飛び回り、裏庭の塀に固定してあるボール紙の筒束や角材でできたハナバチハウスに行き来していた。中は見えないが、巣穴ではメスバチが一日かけて集めてきた花粉と花蜜を丸めて粘り気のある「ハチパン」を作り、そこに小さな卵を一つだけ産みつけているのだろう。メスバチは今度は泥を探しに行き、泥の壁で部屋を仕切って卵を封じ込める。そしてまったく同じ作業に取りかかる。細長い巣穴がいっぱいになるまで、花粉と花蜜集め、産卵、泥の壁という作業をくり返すのだ。「やつらは実に腕の立つ左官屋《メーソン》だよ」とグリフィンは言うと、ツツハナバチが大顎と前脚と腹部を巧みに使って土や粘土を適切な粘度になるように混ぜ、形を整え、壁を滑らかに仕上げる過程を説明してくれた。「巣を分解して、顕微鏡で見たことがあるけど、巣の壁面は鏡のように滑らかだったよ」と感心していた。

ブライアンはもう八〇歳を超え、第二の引退生活に入っているが、まだまだ元気で、オーダーメイドのウクレレを作るという新しい道楽にほぼすべてのエネルギーを注いでいる(その商才は衰えず、ウクレレを世界中の演奏家やコレクターに八〇台以上売りさばいたそうだ)。しかし、今でもハナバチを少し飼っており、一緒に春の陽光を浴びながら庭に座ってハナバチの活動を見ていると、彼の情熱はまったく衰えていないと思った。しっかりした低い声と澄んだ眼差しをしているブライアンは、もじゃもじゃ頭の白髪がなければ、とても八〇代には思えなかった。そして一緒に午後を過ごすうちに、その若さの秘訣は好奇心を失わないことだと気づいた。「ハナバチのママが赤ん坊を見つけられるかどうか見てみよう」と言うと、彼は巣箱のうち二つを並べ替えた。数秒のうちに、数匹のハナバチがそれまで自分の巣穴があった棚の上を戸惑った様子で歩き回った。ハナバチは個体ごとに異なるフェロモンの匂いで自分の巣穴を特定することができるが、営巣場所までは視覚的な目印や空間的な手がかりに頼って飛んでくる。この習性もアナバチ科の祖先から受け継いだものだ。位置の変更が数センチメートル程度だと、しばらくすれば巣場所を見つけ出せることがあるが、それ以上になると無理なようだ。

ブライアンが巣穴のある角材をどこへ動かしたところで、ママバチがわが子をその目で見ることは決してない。そのことを知ってはいたが、当惑したママバチを目の当たりにすると、かわいそうになった。ツツハナバチのような単独性の種では、親の役割は食べ物を供給すれば終了する。卵をハチパンというご馳走と共に壁の中に閉じ込めれば、ママバチは躊躇することなくその場を立ち去り、新たな巣造りと餌集めに取りかかり、一ヵ月にわたって目の回るような忙しい日々を送る。天候と花に恵まれれば、一匹のツツハナバチは力尽きるまでに、三〇個以上の卵に食物を供給することができる。以前、うちの果樹園で疲れ果てた様子のメスバチを一匹見つけ、新しい営巣用の角材の上に乗せてやったことがある。それがあれば、繁殖期が終わる前に新しい巣を作れるだろうと思ったのだ。果樹に囲まれ、すぐそばには泥がある上に、日当たりもよく、ハナバチにとっては理想的な環境だった。そのメスバチは角材の端まで歩いていくと、少しの間ためらい、空の巣穴の列をげんなりして見ているかのようだったが、そのまま息を引き取り、下の草むらへ落ちた。

ツツハナバチが飛び回っている期間は数週間だと知ると、短くてあわただしい一生のように思えるかもしれないが、ハナバチの一生は飛び回っている間だけではないのだ。私たちの目に触れない小さな粘土造りのアパートの静かな暗闇の中では、羽化に向けて長く快適な休眠に入るようになる数ヵ月前から、興味をそそる活動が始まっている。ブライアンの庭の塀に取りつけてある角材の巣穴の中では、卵はすでに孵化し始めていた。順調にいけば、孵化した小さな幼虫は春から夏にかけてハチパンを食べて成長し、絹のような糸を吐いて層状の繭を作る。芋虫がチョウやガに変態するのはよく知られているが、ハナバチも完全変態する。[2] 丈夫で水を通さない繭の中で、ずんぐりした白い幼虫は綿毛に覆われ翅の生えた大人のハナバチに変身する。だが、秋と冬の間はそのまま繭の中で休眠し、翌年の春に気温が上がると目覚める。[3] この過程はツツハナバチだけではなく、何千という他の種でも何百万年もの間くり返されてきたことである。つまり、単独性のハナバチたちは季節や場所に関わりなく、私たちのそばにいる。もし飛び回っていなければ、人目につかない穴や隙間の中に潜んでいるのだ。そう考えるとハナバチ好きは楽しくなるが、だからといって、巣穴の中の暮らしが必ずしも平穏でバラ色とは限らない。

「君が来てくれたおかげで、これを片付ける気になったよ。今年はサボっていたんだ」とブライアンはきまり悪そうに言った。庭はハナバチが活発に飛び交っているように見えたが、彼は首を振って、「出てこられなかったこいつらを見てくれ」と言うと、泥の栓がされたままになっているボール紙の巣筒を取り出し始めた。この時期には、正常に成長したハナバチは栓を食い破って外へ出てきている。私たちの頭のまわりを飛び回っているハナバチたちだ。泥の栓に抜け出した跡が見られない巣には、ダニや菌類、さらにもっと恐ろしい相手の犠牲になったハチが詰まっていた。

「これだ」とブライアンは言って、巣筒の側面に開いている真ん丸い小さな穴を指し示した。正面玄関から出てこなかったやつがいたのだ。「モノドントメルスを知っているかね?」と言うと、取り出して捨てた筒をひっくり返して一分ほど捜していた。そして手を伸ばすと、金属光沢のある青い小さなものを私の掌の上に落とした。ルーペで見ると、それは昆虫だということがはっきりとわかった。米粒よりも小さいが、正真正銘のカリバチで、体の表面はどこも虹色に輝いていた。陽の光にかざして角度を変えて見ると、体の色が青から緑や金色へ変わるのがわかった。このカリバチは宝石商の夢見る逸品、つまり、ファベルジェの卵の昆虫版のように見えた。しかし、ツツハナバチにとって、このピカピカ光る小さなカリバチやその仲間は恐ろしい相手なのだ。

「こいつは繁殖期の遅い時期に現れるのだ」と、グリフィンは営巣用の角材を片付けながら、肩越しに言った。略して「モノ」とも呼ばれているオナガコバチ（モノドントメルス）にとっては、早く出現する理由はない。実際、モノのメスバチは、巣内の幼虫が大きくなった確かな証拠である糞の堆積や繭の匂いを嗅ぎつけてやってくるのだ。その後は、ホラー映画のような恐ろしい展開になる。有望な巣を嗅ぎつけると、メスバチは長い針のような産卵管を、泥の壁を（時には周囲の木材をも）貫いて繭に突き刺し、中にいるツツハナバチの幼虫に卵を産みつけるのだ。産みつけられた卵はすぐに孵化して、宿主を生きたまま食べ始め、実質的にツツハナバチの巣はオナガコバチの巣に変えられてしまう。満腹になると、オナガコバチの幼虫はハナバチの幼虫に代わって繭を休眠や変態の場所として利用し、羽化の時期になると繭を食い破って出てくるのだ。

このカリバチの寄生で、マイケル・エンゲル教授が話してくれたことを思い出した。教授はハナバチ、カリバチ、アリが属するハチ目（膜翅目《まくしもく》）に言及して、「寄生はハチ目全体で見られる習性だ」と語った。(4) この習性は早いうちから何度も進化し、特にカリバチの仲間では現在でも有力な生活様式なのだという。オナガコバチ科のカリバチのように、宿主を捕食したり殺したりする寄生者は昆虫学では「捕食寄生者」と呼ばれ、ほぼすべてのハナバチは少なくとも一種（あるいはそれ以上）の捕食寄生者に対抗しなくてはならない。たとえば、ブライアンの庭にいるツツハナバチは、オナガコバチ科の四種のカリバチだけでなく、少なくともセイボウ科の一種のカリバチと、寄生性のハエにも襲われている（宿主にとって慰めにもならないだろうが、捕食寄生者はさらに他の捕食寄生者の犠牲になることが多く、巣の中では命を食い物にする身の毛のよだつような寄生の世界がもう一層加わるのだ）。さらに、それだけでは足りないかのように、ハナバチは仲間の裏切りにも直面している。

「たぶん、クックービー（寄生性ハナバチ）もいるだろうな」と、ブライアンは頭の上をブンブン飛び回っている虫の群れを見上げながら言った。営巣用の角材を片付け終わったので、私たちは近くの花壇の縁に腰を下ろして観察することにした。下から見上げると、ツツハナバチに独特な可愛らしい特徴が目についた。ツツハナバチはハキリバチという大きな科の仲間である。ハキリバチ科には、青葉の切れはしで巣の内側を覆うリーフカッタービーと呼ばれるハキリバチ属や、植物の綿毛のような繊維をフェルト状にして利用することからウールカーダービーと呼ばれるモンハナバチ属も含まれる。巣の作り方はそれぞれ違うが、この科のハチはいずれも腹部に花粉をつけて運ぶ。その結果、メスバチは色鮮やかな小さなエプロンをつけているように見えるのだ。エプロンの色は訪れた花の種類によって、黄色、オレンジ色、ピンク、赤、紫色と異なる。この科以外のほとんどのハナバチは、まるでハイソックスのように後脚の上の方まで花粉をつけて運ぶので、ツツハナバチと区別がつく。一方、クックービーと呼ばれる托卵する寄生性ハナバチを見つけるためには、花粉をまったくつけていないハナバチを探す必要があった。

「クックー」、すなわちカッコウという言葉は自然界に由来する。これは中世フランスの単語で、カッコウの二音節のさえずりを表す擬音語だった。鳩時計〔英語ではカッコウ時計という〕を持っている人なら、あのイラつく鳴き声をよくご存じだろう。また、カッコウは他の鳥の巣に卵を産むことでも有名である。[5] この托卵戦略によって、カッコウは子育ての苦労を免れているのだ。宿主の鳥がカッコウの子供を代わりに育ててくれるからである。托卵性の寄生ハナバチもカッコウと同じことをするが、ほとんどのハナバチの仲間はツツハナバチと同様に、直接に子供の世話をするわけではないので、寄生ハナバチが免れているのは骨の折れる花粉や花蜜を集める作業である。寄生ハナバチは長い時間をかけて適した花を探し回る代わりに、巣穴を見つけたら、主がいない間にそこへ飛んでいって卵を産みつけるだけである。この托卵が気づかれずにすめば（寄生ハナバチの卵はたいてい見事に偽装されている）、巣の主はまったく疑いもせずに、自分の卵と一緒に托卵された卵も巣房の中に入れたまま入り口を塞いでしまう。寄生ハナバチの幼虫は孵化するとすぐに、特殊な鎌形の大顎[6]で正当な家主の幼虫を噛み殺して、親バチが蓄えておいてくれたハチパンのご馳走にあずかる。こうした生物は「盗み寄生者《クレプトパラサイト》」と呼ばれている。他人の食物を盗んで暮らす者というギリシャ語だ。友人と同居している大学生にはこの名称がピッタリの者が大勢いそうだが、驚くほど多くのハナバチにも当てはまるのである。

托卵性の寄生ハナバチは世界に何種類くらいいるかと尋ねたとき、マイケル・エンゲル教授は「少なくとも二〇%……いや、もっと多いかもしれない」と言っていた。盗み寄生は褒めそやされはしないものの、その進化が生じた回数で評価するなら、単独で暮らす習性と同じようにハナバチの進化の成功例と考えられる。現在認められている七科のハナバチ類のうち少なくとも四科では、花粉収集よりも盗み寄生を行なう種の方がはるかに多いのだが、正確な数を知るのは難しい。盗み寄生種は花粉を集める必要がないので、毛などのハナバチらしい特徴を備えていないために、識別がきわめて難しいからだ。外見はカリバチに似ているが、密かに行動するので目立たない。宿主をだまして暮らす生き方には役立つ習性だ。しかし、托卵性の寄生ハナバチは近縁の数種に宿主を限定しており、そのすぐそばで暮らしている。新しいハナバチの種が生じると、新たな寄生ハナバチも際限なく生み出され、ハナバチの進化の物語に多様性と複雑さの興味深い階層を加えていく。

ブライアン・グリフィンと私はツツハナバチの中に寄生ハナバチを見つけることはできなかった。頭の上を飛び交っていたハナバチはいずれも黄色い花粉のエプロンをつけていたし、時には口に滑らかな泥の団子をくわえている個体もいた。しかし、一日の午後だけでなくシーズンを通して見ていたなら、寄生ハナバチは宿主のハチパンと乾いた巣穴に惹きつけられて、きっと現れたに違いない。寄生ハナバチはオナガコバチなどの寄生者と共に、単純に見える単独性のハナバチの巣を弱肉強食の危険な場所に変えるのだ。ツツハナバチは活発に採食していないときは巣穴を守り、こうした脅威に対抗している（巣穴の中を覗き込むと、毛の生えたメスバチの顔がこちらを睨んでいることが多い）。また、ファラオの墓室の入り口のように、入り口を特別に厚い泥の栓でふさぐ。そこから続くのは空っぽの控えの間で、本当の巣房はその奥にある。古代エジプト人のように、ツツハナバチも一番大事な宝物は巣穴の一番奥に隠しておくのだ。

ブライアンは私を作業場に案内して、これまでに試してみたさまざまな大きさの試作品を手に取りながら、「六インチ（約一五センチ）の長さの筒が一番うまくいくことがわかった。それより短いと、オスが多くなりすぎてしまうのだ」と言った。

この不可解な表現はハナバチの生態の基本を示している。すなわち、オスは消耗品だということだ。アリやカリバチをはじめとする多くの昆虫と同様に、ハナバチのメスも子供の性別をあらかじめ決めることができる。受精卵はメスに、未受精卵はオスになるのである。メスバチは婚姻飛行のときに卵巣の基部近くにある特殊な嚢に貯めておいた精子を少しずつ使い、オスとメスを産み分けている。こうした産み分けによって、ツツハナバチは賭けに出ることができるのだ。メスになる貴重な受精卵を、巣穴の一定の長さを越えた奥の方に産むのである。そうすると、寄生者やキツツキのような捕食者は途中にある巣房をすべて突き破らなければメスの巣房に行きつけない。ブライアンが持っているガラス張りの巣房を見ると、こうした繁殖戦略がはっきりとわかる。奥の方にあるメスの巣房は、入り口に近いオスの巣房の一・五倍ほどの広さがあり、オスの巣房にあるよりも大きなハチパンが詰め込まれ、手厚く扱われているように見えた。[7] ハナバチ用の人工巣を製作する人は、この繁殖戦略を知っておけば、巣穴の適切な長さを知るのに役立つ。一方、この戦略はオスバチに対して、冷酷な現実を突きつける。繁殖に必要な数だけ生き残りさえすれば、残りのオスが全滅しても個体群はやっていけるのだ。せめてもの慰めは、春まで生き延びたオスバチは比較的気楽な生活を送れることだ。オスバチの巣房は巣穴の入り口に近いので、最初に出てくる。ぐずぐずしているオスは後ろから出てくる個体にせっつかれる。外へ出ると、多少場所の取り合いはするかもしれないが、巣の近くでぶらぶらして

図 3.2　アオツツハナバチの巣穴の断面図。安全な奥の方には餌をたっぷり入れたメス用の巣房があり、入り口近くには消耗品扱いのオス用の小さめの巣房がある。画：©Chris Shields

いる。そしてメスを見つけると——巣穴から這い出してきた直後のメスのことが多いが——飛びかかって交尾する。交尾さえ済ませてしまえば、次世代のために花粉を集めるという重要な仕事をしなければならないメスバチと異なり、オスバチは残された数日の生涯を悠々自適に過ごせるのだ。

巣の構造やその他の習性は種によって異なるが、アオツツハナバチの生活史を構成する基本的なできごとは、世界中のほとんどの単独性ハナバチと共通している。硬く固まった土や砂に穴を掘る種や、中空の小枝や松かさ、樹皮の溝を利用する種もいる。私はこれまでにハナバチの巣を、堆肥の山、歩道の隙間、薪、石積み、閉じた雨傘、サーフボード用のワックスの塊にできた割れ目で見つけたことがある。インドネシアには使用中のシロアリの塚の中に営巣するハナバチがいるし、イランにはピンク色や紫色の花弁を巧みに貼り合わせて壺状の巣を作るハナバチもいる。ヨーロッパとアフリカには放棄された巻貝の殻だけに営巣するハナバチが二四種以上いる。一方、北米には乾燥したウシの糞に営巣するハナバチが少なくとも二種はいる。[8] 営巣場所は異なるが、こうしたハナバチはいずれも太古の昔から続いている羽化、交尾、造巣、食物の備蓄、産卵という生活環をたどっている。そして、ツツハナバチと同じように、みな寄生ハナバチなどの寄生者の宿主となるので、いずれの巣も何種類ものハナバチ、カリバチ、ハエ、さらには甲虫にまで寄生されている可能性があるのだ。単独で暮らす生き方が成功しているのは明らかだが、危険が伴うのも事実である。寄生や捕食の脅威に常にさらされていることが原因となって、群居というハナバチのもう一つの大きな特徴が進化したのかもしれない。

私がそろそろお暇《いとま》しようかなと思っていると、ブライアン・グリフィンは「以前から疑問に思っていたんだが、このハナバチたちが単独性だとしたら、なぜこんなに集まって暮らすのだろうか？」と言って、数匹のハナバチが別々に営巣している玄関近くの石壁の亀裂を見せてくれた。ブライアンの庭にいるツツハナバチは、営巣用の角材をどのように配置しても、ほとんどが一ヵ所に集まるのだそうだ。「一緒にいたがっているように見えるんだが、なぜだろう？」と、グリフィンは考え込むように言った。

一部のハナバチにとっては、営巣環境が限られるせいで群居せざるを得ない結果になる。営巣に適した崖や裸地、樹皮や小枝、木材の穴は慢性的に不足しているからだ。しかし、群居の理由の少なくとも一部は、生物の世界で古くから伝わる格言、「大勢でいれば安全」というものだろう。たとえば、シマウマが一頭だけいて、草むらに潜んでいる空腹のライオンのそばを通り過ぎれば、そのシマウマは食われてしまうだろう。しかし、群れと一緒ならば、そのシマウマが助かる確率は大幅に高まる。群れでいれば、個々のメンバーの危険は確率論的に減るからだ。さらに、集団で防衛行動をとったり、縞模様のような精妙な形質を進化させたりする機会も生じる（縞模様は接近した捕食者を視覚的に混乱させる効果があると考えている研究者もいる(9)）。単独性のハナバチにとっても、理屈は同じである。集団で営巣すれば、寄生ハナバチやその他の寄生者の犠牲になる危険を分散させることができる。しかし、真に興味深いのは小さなきっかけだ。単独性の種が何世代にもわたって群居すると、近くにい

図3.3　単独性のハナバチが集団で営巣すれば、群れで生活する動物が享受している利点を多少は得られるかもしれない。たとえば、捕食率の低下、集団防衛、新たな進化をもたらす状況で生活できるという魅力的な可能性が得られるだろう。
Elbridge Brooks, *Animals in Action* (1901). Wikimedia Commons

るということ自体が新しい行動を進化させる要因になるのだ。アオツツハナバチのように単独性（一巣にメスバチ一個体）を貫いている種もいるが、協力行動を試している種もいる。その協力は、ときたま巣を共同使用する程度から、共同で食物の備蓄や子育て、防衛をするものまでさまざまだ。こうした進化の過程を経て、専門家が「真社会性」と呼ぶ高度に分化した社会性が、少なくとも別々に四回生じた。私たちが最もよく知っているハナバチであるミツバチは、高度に組織化された造巣の習性からわかるように、真社会性である。しかし、この分野の最も著名な思想家の一人の意見が正しければ、私たちはもっと根深いところでこの生活様式を熟知しているのだ。

ハーバード大学の生物学者E・O・ウィルソンは二〇一二年に出版された『人類はどこから来て、どこへ行くのか』で、真社会性の必要条件として、何世代にもわたって一緒に暮らすこと、分業、利他行動を挙げている。カリバチやハナバチの一部だけでなく、アリ（ウィルソンの専門）やシロアリも含め、この組み合わせを達成したごく少数の生き物は自然界で繁栄を極めている。ウィルソンはこうした数少ない真社会性生物のリストに型破りな追加を行なった。人類を付け加えたのである。あるインタビューでウィルソンはこう語っている。真社会性のすべての基準を最終的に満たした数少ない種の一つ（で唯一の大型動物）は、「アフリカで誕生した大型の霊長類だった」[10]。

驚くまでもなく、ウィルソンは昆虫、数種のエビ、ハダカデバネズミが大多数を占めるグループと人間を一緒くたにしたせいで、すぐに非難を浴びた。しかし、ミツバチのような生物の習性と人間社会の類似性を指摘したのはウィルソンが最初というわけでない。少なくとも古代ローマ時代から、ミツバチの巣は人間社会のモデルとして学者に取り上げられていた。ウェルギリウスはミツバチについて、「共同で子育てをし、一つ屋根の下で暮らし、法の権威に従って生活するのはミツバチだけである」[11]と述べている。ウィルソンの主張をめぐる論争はおおむね、真社会性の進化過程に関するその仮説に集中していた。ウィルソンは、真社会性の進化には個体の相対生存率（伝統的な見方）だけでなく、集団全体に働く自然選択も関わっていると考えたのである。このように考えれば、利他行動を直感的に理解できる。戦闘で命知らずの行動をしたり、繁殖の機会を譲るといった自己犠牲を伴う形質は「適者生存」の理論と相容れないように見えるが、それでも消滅してはいないし、集団全体の利益になる場合は広まることさえある。しかし、ウィルソンのモデルは血縁度を示す数式に基づいて行なわれた何十年にもわたる研究（遺伝子プールに利他行動が消えずに残るのは、その行動が近親者にもたらす利益が個体のコストを上回る場合だけである）を否定するものだ。この問題はまったく解決の兆しも見えていないが、研究者全員の意見が一致している点がある。社会性の進化の研究に、ハナバチの生態ほど適したものはないということだ。

ハナバチ以外の有名なグループでは、真社会性への移行は遠い昔に一度だけ生じ、その子孫は今でもおおむね真社会性を維持している。たとえば、シロアリは一億四〇〇〇万年前にゴキブリに似た単独性の祖先から進化したし、アリもシロアリにそれほど遅れることなく単独性のカリバチから進化した。社会性を高度に進化させたシロアリとアリを合わせると、およそ二万五〇〇〇種に上る。ウィルソンの前提を認めるとすると、ヒト属は三〇〇万年前に真社会性の敷居を越えてから、ひたすら真社会性を進化させてきたことになる（なかには一人で小屋にこもって本を書いたりするような人間もいるが）。しかし、カリバチの一部やハナバチはそうではない。偉大な昆虫学者のチャールズ・ミッシュナーは生涯にわたる研究に基づいて、この問題については慎重を期した方がいいと考えている。ハナバチが真社会性を進化させた回数をまとめようとしていたミッシュナーは、「簡単に出せる答えがないことは明らかだ[12]」と述べている。ミツバチの仲間が社会性であることは明らかだが、その習性を進化させたが途中でやめてしまったようなグループもいれば、社会性の入り口で逡巡しているものもいるので、分類するのが難しいのだ。それどころか、同一の個体群内だけでなく、同一の個体でも、一シーズンの間に社会性の度合いが変わることがある。ミッシュナーは「問いかけ自体が間違っている」と結論し、当面の最も興味深い問題は、そもそもハナバチの社会的行動はなぜ果てしなく幅広いのかという、もっと根本的なことだと述べている。

本書の執筆に取りかかるのが数年早かったら、ミッシュナーに直接その理由を聞くことができたかもしれない。気さくな人柄で知られていて、二〇一五年に九七歳で亡くなる直前まで研究に余念のない日々を過ごしていた。その代わりに、私はハナバチに興味を持つ人がみなくり返してきたであろうことをした。それは「ケヴィン・ベーコンと六次の隔たり」という遊びにちょっと似ている。ハリウッド俳優を誰か一人選んで、その共演者をたどっていき、六人以内にケヴィン・ベーコンの映画の出演者にたどりつけるかどうかを試す映画ファンのゲームだ。ただ、ハナバチの世界では、チャールズ・ミッシュナーにたどりつくまでそんなにはかからない。私はすでに、ミッシュナーの大学院生だった二人と話をしていた。ジェリー・ローゼンとマイケル・エンゲルがそれぞれ一九五〇年代と一九九〇年代に博士論文の審査を受けたとき、ミッシュナーは審査委員会の委員を務めていたのだ。私はもう一歩広げて、ミッシュナーの教え子の教え子の一人で、昆虫の研究を始めるずっと前から社会性の進化について考察していた著名な昆虫学者のもとを訪れた。

「最初に取った学位は歴史と言語学だったんだ」とショーン・ブレイディは言って、初めは人間社会の発展に興味を持っていたと話した。アリに関する本を読んで、その複雑な社会性の起源や進化がほとんどわかっていないことを知るまでは、昆虫には関心がなかったそうだ。『自分ならもっとうまくできる！』と思ったんだ」と当時のことを振り返る。そのとき昆虫学者の道を歩むことに決め、研究対象をアリからハナバチへ変更し、ミッシュナーの教え子でコーネル大学教授のブライアン・ダンフォースのところでポスドク研究者の地位を得た。現在は、ワシントンＤＣにあるスミソニアン博物館の一つ、国立自然史博物館の部長を務め、ミッシュナーが生涯にわたり情熱を注いできた一風変わった社会的習性を持つコハナバチ（スウェットビー）類の研究に携わっている。これはほぼ必然的な流れだろう。

「ここの標本はミッチ先生が集めたんじゃないかな」と、ショーンは小さな黒いハナバチが詰まっている箱を覗き込みながら言った。私たちは床のレールの上を動かせるようになっている大きな白いキャビネットの列の間に立っていた。この方式では一度に一列のキャビネットを見ることしかできないが、部屋の収納力を二倍にすることができるので、三五〇〇万点を超える標本を整理して場所を取らずに収蔵するために必要な工夫なのだ。ここの昆虫標本は世界最大級と言えるが、問題のハナバチは小さすぎて虫ピンで刺すことができないので、ピンの側面に丁寧に糊づけされて、見分けのつかない個体が何列も並べられていた。ミッシュナー自身もこれらのハナバチが「形態的な変化に乏しい[13]」と認めていたように、こうしたハナバチを分けているのは見た目ではなく、その生活スタイルなのである。

「気候がハナバチの社会性に影響を与えることはわかっているんだ」とショーンは言って、私たちが見ている種は寒冷な地域では単独性だが、南方では真社会性であると説明した。南方では温暖な天候のおかげで営巣シーズンが長くなり、母親と娘たちが相互作用できるようになるのだそうだ。それから、ある熱帯に生息する種の写真を見せてくれた。その種の母バチは、ヘルパーとしてこき使う小さい娘バチと、分散して繁殖する太った大きい娘バチの両方を産むのだという。一方、母バチが繁殖期の初めに社会性の娘バチだけを産んで死んでしまい、残された娘バチたちがオスを産み、繁殖し、分散して新しい巣を造るという種もいる。コハナバチの仲間には、ミツバチのように複雑化した巣で暮らすという社会性に達した種はいないが、真社会性の特徴である利他行動や世代の重複などが見られる種は何百にも上る。一般的にハナバチの社会的行動は、他の昆虫を全部合わせたものよりも多様性が高く、より頻繁に進化してきた。コハナバチの進化が、その理由を解き明かす鍵を握っている。

コハナバチがこれほど社会性を得やすい理由を尋ねると、「営巣行動の何かが関係していることはわかっているんだ」とショーンは答えた。「まばらに存在する限られた特殊な場所で営巣する傾向がある」ので群居せざるを得ず、「いわば、お互いにうまくやっていく術を学ぶのだ」という。しかし、そうした共同生活が必要だとしても、社会性がもたらされるとは限らない。ブライアン・グリフィンのツツハナバチも営巣用の角材で隣り合って暮らしているが、相互作用をすることはほとんどない。最も重要な要因は血縁関係のないメス同士の間で起こることではなく、娘バチに起こることかもしれない。娘バチが分散して繁殖するのではなく、たまにではあっても巣に残って子育ての手助けをしようという気持ちを起こさせる要因は何なのだろうか？　ショーンによると、この行動の起源は「突き止めるのが難しい」が、カリバチやアリに共通して見られる繁殖システムが少なくとも候補として挙げられるのだそうだ。オスは未受精卵から生まれるので、次世代に遺伝的変異をもたらすことがない。それゆえ、巣の中の姉妹同士は血縁度が著しく高くなる[14]。したがって、遺伝的には利他行動に対する見返りが大きくなるのである。つまり、母親や姉妹の子育てを手伝えば、そのために自分が繁殖する機会を失ったとしても、自分の遺伝子も次の世代にたくさん残せることになるのだ。

「社会性はこうしたハナバチの間で現れたり消えたりしているようだ」とショーンは述べ、社会的行動は二〇〇〇万年前に二回ないし三回進化して、コハナバチ科の最大の二属に広まったと指摘した。しかし、その後に少なくとも一二回、さまざまな子孫が社会性を失い、単独性の生活に戻った。こうした状況はアリやシロアリのような他の昆虫とは著しく異なっている。アリなどの昆虫では真社会性は一度だけ進化して定着したからだ。このテーマに関するショーンの主要な論文の一つで彼と共著者は、コハナバチは社会性を得たばかりなので、その習性がまだ定着していないのではないかと述べている（進化的な時間の尺度では二〇〇〇万年はそれほど長いとは言えないのだ）。「とはいえ、まだわかっていない要因が原因だという可能性だってある」とつぶやくと、ショーンは目を輝かせた。彼が考え込んでいるところを見ていると、担当する案件を徹底的に分析して粗探しをせずにはいられない弁護士と同様に、いかにも科学者らしく反論を好んでいるのがよくわかった。「遺伝的データの中に社会的な柔軟性を持たせる奇癖のような形質が、いずれ見えてくるかもしれない」

ショーンは昆虫標本の収納室から自分の研究室へ案内してくれた。窓からは隣りの建物の壁が見えるだけの殺風景な部屋だったが、標本箱、棚にぎっしり並んだガラス瓶、机やテーブル、椅子の上に積み上げられた書類など、研究に取り組んでいる最中だということが至るところでうかがえた。壁際に設置された棚には本や標本箱が並んでいたが、内心うれしくなったことに、ヘアドライヤーも二台置いてあった。ドライヤーは濡れたりして乱れたハナバチの標本の毛を乾かして膨らますのに必要な道具なのだ。ショーンは疲れ気味のようで、話をしているときに、ときおり目をこすっていた。大所帯の昆虫部門の部長を務めているので、管理職としての仕事に時間を取られることが多くなり、最近も楽しみにしていた南アフリカでの採集旅行をキャンセルしなければならなくなったそうだ。しかし、彼の研究チームが行なっている研究のことを尋ねると、顔を輝かせて表情が明るくなり、膨大なハナバチとカリバチの標本から抽出した遺伝子データを解析する壮大な遺伝学的研究計画のことを話してくれた。その解析結果に基づいて系統図を描き、化石証拠で年代を決定すれば、さまざまなハナバチとその社会的習性が進化した過程や年代を明らかにする一歩になるだろう。「一九世紀の博物学者になったような感じだ」とショーンは言うと、新しい遺伝学的ツールの可能性を説明した。「今は、あれこれ探りを入れているところなんだよ」

ショーンに話を聞いていろいろなことがわかったが、部屋を後にしたあともハナバチの社会の複雑さは謎だった。たぶん、チャールズ・ミッシュナーは正しかったのだろう。問い続けることが最良の答えなのだ。まさしくショーン・ブレイディや他の研究者がやっていることがそれなのである。遺伝子解析が進み、化石の数がもう少し増えれば、ハナバチが社会性を進化（や退化）させた過程が明らかになることだろう。今の段階では、単独性のハナバチが集団で営巣すると、それが相互作用のきっかけになることがわかっただけで満足すべきなのだ。何も起こらないことも多いが、時には互いに協力し始めたり、たまには娘バチが巣に残って母バチの手助けをしたりする。そして、こうした最初の一時的な試みがうまくいき、それがくり返されると、目覚ましい結果がもたらされることがあるのだ。

博物館の混雑した二階では、チョウが放し飼いにされている部屋に入るために、小学生の団体や一般の来館者が長蛇の列を作って待っていた。私はその脇を通り過ぎ、ようやく昆虫館と呼ばれている角部屋の壁に組み込まれた小さな展示物を見つけた。世界でも最も高度に発達した社会生活を営んでいると多くの人が考えているミツバチの巣だ。これまでに、何百人という研究者が数えきれないほどの著書や論文で、ミツバチの習性を論じてきた。すなわち、一匹の女王バチが娘バチに囲まれて暮らし、娘バチは採食、防衛、清掃、蜂蜜の生産、子育てなどの職能に基づく組織化されたカースト（階級）に分かれている、というものだ。博物館を訪ねたときは一二月だったので、ミツバチは別の場所へ移されていたようだ。死んだ働きバチが数匹と干からびた巣の一部が残っていただけで、大して見るべきものはなかった。しかし、以前に夏に訪れたときには、外の世界につながっているアクリルガラスの長いチューブを通って、ミツバチが巣に盛んに出入りしていた。ミツバチが出ていった先には、一・二平方キロメートルほどのナショナル・モールの広大な公園が広がり、花が咲き乱れていた。これだけの花粉や花蜜が手近にあれば、一巣のミツバチの個体数はすぐに五万匹を超えるだろう。まさに真社会性の優秀さを証明している。ミツバチは一一種おり、また何百種にも上る近縁のハリナシバチが、南欧からアフリカ、アジア、オーストラリアなどの熱帯地方全域に生息しており、その生活スタイルにはさまざまな度合いの真社会性が見られる。いずれの生息地でも、その地域で最も多いハナバチは、野生であろうと飼育されていようと、高度に社会的な種だ。こうしたハナバチは、送粉者として重要なだけでなく、蜂蜜の生産者としてもなくてはならない存在だ（蜂蜜は巣の仲間だけでなく、横取りする鳥や哺乳類の食料でもある）。E・O・ウィルソンによると、こうしたハナバチの巣は大所帯であっても、多数の個体が協力して女王バチ一匹の生活を拡張したものであり、社会生物学者はそうした群れをいみじくも「超個体」と名づけている。

こうした誘因があれば、社会性の進化が一度ならず起きたとしても驚くには当たらない。進化とはそういうものだ。何度も発明がくり返されていると、状況が異なってもその過程で同じ解決法にたどりつくことが何度もある。ハナバチの生息環境は多様性がきわめて高いので、さまざまなレベルの単独生活、共同生活、社会生活それぞれに利点があるのだ。ハナバチのグループはそれぞれの生息環境に最も適した生活スタイルを進化させてきた。こうした進化が理に適っているのは十分に理解できるのだが、それでも気になる疑問が依然として残る。ある意味では、より根本的な疑問かもしれない。ハナバチは非常に成功し、世界中の生態系で重要な役割を果たしている種が数千に上る。それほど成功しているのなら、なぜ花粉を食べる習性は再び進化しなかったのか？　何百万年にもわたり飛び交っている肉食性のカリバチのなかで、このように菜食主義の生活様式への重要な移行をしたのが一つのグループだけだったのはなぜなのだろうか？　この点についてマイケル・エンゲル教授に尋ねてみると、即答してくれた。

「クロムベイニクトゥスだ！」と興奮気味に言うと、スリランカの丘陵地帯で紛れもなくハナバチらしい暮らし方をしているカリバチについての論文を教えてくれた。その小さなアナバチ科に関する論文は二〇年も前のもので、引用もほとんどされていなかったが、粘り強く探したところ、幸いにも苦労が報われて共著者の一人を突き止めることができた。彼女は、知られている他のアナバチとは行動がまったく異なる新種を発見した科学的快挙について話してくれた。その話は偶然にも、ハナバチとそれを支える花の進化についても重要なことを明らかにしてくれた。

ハナバチと花

花がなければハナバチが生きられないのはご存じだろうが、ハナバチがいなければ生きられない花がたくさんあるのをご存じだろうか?

チャールズ・フィッツジェラルド・ガンビア・ジェニンズ師
『ハナバチについて』(一八八八年)

第4章 特別な関係

花が開くときと閉じるときを知りたいと思う植物学者は、ハナバチに興味を持つべきだ。(1)

ヘンリー・デイヴィッド・ソロー（日記より、一八五二年）

一九九三年の夏、スリランカのギリマルにはなかなか雨季が訪れなかった。だが、雨が降り出すと未舗装《ダート》の田舎道は泥の川と化して、通行できなくなった。「雨季にどこかに行きたいときは、ゾウに乗るか、歩くかしかなかったわ」と、ベス・ノーデンは当時のことを思い返して言った。

予想外の天候のせいで、予定していた野外調査はほんの数日しか実施できなかった。その数日間、ベスは必死になって大枝から小枝を何本も切り取り、あとで分析するために古いシャンプーボトルに詰め込んだ。一九九七年にフルブライト奨学金をもらって再訪したときにも、雨が降っていた。しかし、そのときまでにベスは鉱脈を掘り当てたことに気づいていた。「何が起きているのかわかり始めたとき、『誰も信じてくれっこない。でっち上げと思われるだけでしょう』と話していたの」とベスは言った。

ベス・ノーデンが国立自然史博物館の研究室に持ち帰った小枝は、アリに友好的なことで知られているマメ科の小木から採られたものだった。大枝の先端近くには、アリが営巣できる空洞があるだけではなく、花蜜も豊富に出す。一方、アリはその見返りに、葉を食べに来る外敵から木を懸命に守るのだ（蜜は花からだけでなく、芽や若葉の腺からも出ており、最も攻撃を受けやすい場所に味方のアリを巧みに惹きつけている）。ベスが中空の小枝を割ると、予想通りアリがたくさん入っていたが、クモ、トビムシ、ハナバチ、寄生バエ、さらに稀にだが、カリバチの巣が入っている枝もあった。黄色い帯のある黒い胸に赤っぽい腹部の小さなアナバチの巣だ。ベスが違和感を覚えたのはこのときだった。

「カリバチの幼虫が黄色く見えたの。まるで花粉を食べていたかのように」と言って、ハナバチの幼虫はたいてい、食べる花粉の色味を帯びているのだとベスは説明した。しかし、指導教授で共著者の故カール・クロムベインも、カリバチの幼虫が花粉を食べることには懐疑的だった。何十年にもわたりカリバチの研究を行なってきたクロムベインは、ハナバチのチャールズ・ミッシュナーと同様に、その分野の権威だった。クロムベインは何十にも上るカリバチの新種を記載しており、その多くはスリランカで発見したものだったが、このようなものを見たことはなかったのだ。その巣には節足動物の残骸がまったく残っていなかったのである。ということは、この小さな幼虫が食べていたのは、カリバチの仲間であるアナバチの典型的な餌である、麻痺させたハエやクモではなかったことになる。やがて、手がかりがもう一つ見つかった。口器のまわりの毛に花粉粒をつけたメスがいたのである。

さらに、幼虫の糞を顕微鏡で調べた結果、消化された花粉が大量に含まれていたのだ。それが決め手となった。白亜紀の謎めいた原ハナバチと同様に、ベス・ノーデンとクロムベインが発見した新種のアナバチは、狩りをやめたカリバチだったのだ。

私が電話で問い合わせをしたとき、ベスは「私たちは運よく、よい時期によい場所にいただけなのよ」と謙遜して答えた。だいぶ前に退職しているが、自分とクロムベインの名前にちなんで「クロムベイニクトゥス・ノルデナエ」と名づけられたカリバチの思い出話ができてうれしそうだった。「あの種は、最初はあの木で営巣するのに特化していたのだと思うの」と言うと、少し考えてから、「さまざまな理由が考えられるけど、それから花粉食に移行したのでしょう」と話した。枝先に営巣する習性が定着すると、このアナバチは周囲にはアリが食べている蜜だけでなく、花の咲く季節には花粉も豊富に存在することに気づいたのだろう。狩りをやめて花粉食に移行したことで、個体は一本の木の樹冠だけで一生を全うできるようになった。それゆえ、このアナバチは他の樹種にはいないのだろうとベスは考えている。そうだとすると、クロムベインがスリランカを一四回も訪れたにもかかわらず、そのアナバチを一度も見たことがない理由や、ベスが知る限り、それ以後誰もこの種を採集していない理由の説明がつく(見つけようと思っても、おいそれと見つかるものではないのだ。ベスとクロムベインが中空の小枝を何千本も割って、見つかった成虫はわずか九個体に過ぎなかった。あまりの数の少なさに、一個体を解剖するのもはばかられたそうだ)。

ベスが見つけたカリバチの話からは、これまでの事例と比較すると、当然ながら疑問が一つ生じる。ハナバチの先祖であるアナバチ科のカリバチは、食性を植物食に変えたおかげで個体数も多様性も卓越性した系統を生んだ。それでは、なぜ同じように植食性に移行したクロムベイニクトゥスは、これほどまでに個体数が少ないままなのだろうか？　祖先が花粉食に変わったのはごく最近なので、これから個体の数が増えて繁栄するのかもしれない。確かにクロムベイニクトゥスには、小柄、単独性、特定の花への特化といった初期のハナバチに見られる特徴や行動が多く見られる（興味深いことに、クロムベイニクトゥスには初期段階の社会性の特徴も見られる。母バチがしっかり子供の世話をし、閉じられていない巣の中で幼虫が成虫になるまで育てるので、世代が重なって協力する機会が生じている）。もしかすると、花粉食のカリバチはときどき出現しているのだが、進化の上で大成功を収めるほどではないのかもしれない。「私たちが知らないだけで、同じことをしている種が他にもいるのは間違いないと思うわ」とベスは言った。

実際、ベスが発見した種よりは多少知られている程度ではあるが、植食性のカリバチの仲間は他にもいる。スズメバチ科と言えば、毒針を備えたホーネットやイエロージャケットと呼ばれる仲間が最もよく知られているが、ハナバチと同じ時期に進化し、それ以後、地道に暮らしている花粉食のグループもいる。こうした「花粉食のカリバチ(2)」は世界中で数百種を数えるが、生態学的に広く注目を集めたことはない。見たことのある人も少ないし、見たとしても、そうだと気づく人はもっと少ないだろう（マイケル・エンゲルでさえ、昆虫の進化の本で二行しか述べていないのだ）。したがって、植食性の習性だけではハナバチの登場を説明することはできない。ハナバチの成功には、植食性でもたらされた変化だけでなく、食べ物を提供してくれる植物に対してハナバチの側が及ぼした影響も深く関わっているからだ。

ウィンストン・チャーチルは、一九四六年の春に行なった演説で「特別な関係[3]」というフレーズを使った。これは世界情勢を的確に述べた記憶に残る名演説で、鉄のカーテンという表現も登場している。チャーチルが述べた特別な関係とは、イギリスとアメリカの関係のことだった。両国は文化、経済、軍事の面で利害を共有しているので、とりわけ親密な関係を築いており、英米同盟は他のどの国との外交関係よりも重要だというのである。植物と動物も特別な関係、つまり、きわめて重要な生態的関係を築くことがある。時を経ると、こうした相互作用は共進化に至るかもしれない。共進化はダンスのようなもので、さまざまなパートナー同士が相互作用し、互いの遺伝形質を変化させていく。たいていの教科書はこの過程を二者関係（一方が何かを与えたら、他方が与え返す）と表現しているが、実際はもっと複雑で、多数の種が関わり、時間や地理によって著しく異なる環境の影響も受けている。生態学者のジョン・トンプソンはこうした相互作用を表す実に生き生きとした用語を紹介してくれた。「共進化の渦[4]」というのがそれだ。進化という大きな流れの中で生まれては漂っていく、何個もの渦巻きを彷彿させる。共進化は複雑な過程なのだが、一般の人はたいてい「レイヨウの足が速くなれば、チータの足も速くなる」といった、二者の比較的わかりやすい事例で共進化を理解している。ハナバチの場合、長きにわたる花との共進化のダンスによって何がもたらされたのか。最も明らかな結果を挙げるなら、それは毛である。

子供向けの英語の詩にはファズ（ハナバチの毛）という語が必ず登場する。もう一つの特徴であるバズ（ブンブンという羽音）と見事に韻を踏むからだ。研究者でさえ、ハナバチの識別や記載を毛に頼ることが多い。ハナバチの体を覆っている毛を一目見るだけで（とりわけ拡大して見れば）、カリバチとハナバチを見分けることができる。ハナバチの毛の類いまれな特性がはっきり見て取れるからだ。カリバチの体は表面が滑らかで、まばらに生えている毛は尖った短い糸のように単純に見える。一方、ハナバチの体を覆う毛は、単純なものから鳥の羽のように枝分かれしてふわふわしたものまでさまざまだ。[5] 棚やランプシェードにたまった埃がダスターの羽にすぐくっつくように、ハナバチの毛にも花粉がよくつく。毛の表面の構造が複雑なので、格子状の部分や裂け目のような箇所に花粉粒が付着しやすく、送粉者としての効率を大幅に高めているのだ。しばらくの間、花を眺めていれば、自分の目で確かめることができる。ハナバチとカリバチは近くで一緒に花の蜜を吸っていることもよくあるが、ハナバチは花粉にまみれているのに、カリバチの滑らかな体には花粉が一つもついていないはずだ。この点についてもっと厳密に検証してみたい方には、小麦粉と精密な秤、そして適切なハチを二匹用意するだけでできる簡単な実験をお勧めする。

スミソニアンのような自然史博物館では、湿気や害虫、カビなどから貴重な標本を守るために、専用の密閉したキャビネットに入れて保管している。私はクーラーボックスを使っている。クーラーボックスはスナックやビールを入れて冷やしておくために作られたものだが、蓋がぴったり閉まる中型のものに少し防虫剤を入れておけば、標本の保管にぴったりなのだ。これから行なう実験で必要なのは、二つの標本だけだ。私が前に砂利採取場で観察したサンドワスプというアナバチと、同じくらいの大きさのマルハナバチの標本があればよい。書斎の作業台の上に並べて置くと、よく似ていた。ハナバチが祖先のカリバチから多くの形質を受け継いできたことは明らかだ。どちらも基本的な体形は同じだし、繊細な二対の翅もそっくりだ。しかし、カリバチの体は長く滑らかで、棘のような毛が背

図 4.1（上）エキナセアで採食するマルハナバチ。全身が花粉にまみれている。（下）走査電子顕微鏡でみたところ。花粉粒はそれぞれハナバチの独特な枝分かれした毛にくっついている。

写真：（上）©Richard Enfield;（下）©University of Bath, UK

と脚にまばらに生えているだけである。一方、ハナバチはずんぐりしていて、冬毛の小型哺乳類のように毛深い(こうした外見も、人間がハナバチに親近感を覚える心理的な要因になっているのかもしれない。少なくともハナバチのなかには、可愛がってやりたいと思う動物に似ているものがいる)。両方のハチの重さを秤で慎重に量ると、私はペトリ皿の底に小麦粉を敷いて、その中にハチを放り込んだ。

死んだハチに小麦粉をまぶして、送粉機能を見ようとするのは乱暴なやり方だと思われるかもしれないが、驚くほど役に立つ情報が得られた。小麦粉は見事に役目を果たしてくれた。小さな白い塊になって、ハチの毛に本物の花粉のようにくっついたのだ。果樹栽培者はこのことを知っており、ナツメヤシやピスタチオなどのような手のかかる樹種を人工授粉させる場合は、九対一という高い割合で小麦粉を花粉に混ぜるのである(こうすることによって、少ない花粉でも多くの木を授粉させることができる。より多くの人にスープを行き渡らせるために、水を足すようなものだ)。まず、ハナバチをペトリ皿から取り出してみた。ショッピングモールのクリスマスツリーを覆うデコレーション用の雪のように、小麦粉がマルハナバチの体を覆い、それぞれの脚をきれいに縁どり、露出した毛の房をどれも根元から先端まで覆っていた。マルハナバチを軽く叩いたり、そっと吹いてみたりしたが、小麦粉はほとんど落ちなかった。秤で量ってみると、マルハナバチの重さは二八・五%増えていた。これは、平均的な体重の人が二三キロの荷物を背負うことに相当する。死んで硬直した標本にしては上出来だ。生きた個体なら、もっとうまく花粉を集めるだろう。体重の半分を超える花粉を運んでいるマルハナバチも捕獲されている。一方、アナバチにも小麦粉が付着はしていたがほんのわずかだった。

マルハナバチについていた小麦粉の量を大雪とすれば、アナバチの方はちらちら舞う粉雪くらいだ。スキーヤーやスノーボーダー、学校が休みになるのを期待している子供たちをがっかりさせるような名ばかりの雪である。腹部と脚に生えている棘のような毛に白い粉が数粒ついていたが、体の大部分には小麦粉がまったく付着していなかった。うちの秤は一〇〇分の一グラムまで量れるのだが、体重の変化は読み取れなかった。

枝分かれした毛を進化させたことで、ハナバチは自然界で最も重要な統計上の利点、つまり、子供に与える食物の量を増やすことができたのである。ただ同時に、花粉を体の表面全体に付着させるので、花から花へ移動して花粉を集めるときに花に触れると、集めた花粉の少なくとも一部が落ちる可能性が高くなった。毛で覆われた体にはものがくっつきやすいので、毛の生えたハナバチが繁栄し、あまり生えていないカリバチが繁栄していない理由におおむね説明がつく。ベス・ノーデンはクロムベイニクトゥスの口器の周辺に生えている毛に花粉がついているのを発見したが、これは花粉を飲み込み、巣に戻って吐き戻したからではないかと考えている。スズメバチ科の花粉食のカリバチがまさにそうしているからだ。この習性によって花粉で幼虫を育てることができるかもしれないが、枝分かれした毛のような身体的特徴を進化させる必要がないので、送粉者の役目を果たす可能性は著しく限られてしまう。結局、植物にしてみれば、滑らかな体をした訪問者を惹きつけたところで何の得になるだろうか？　花粉を体内に取り込んで運び去るので、花粉媒介の役に立たないのである。さらに、カリバチは植物が得するように真剣に取り組むわけではなく、花粉媒介の過程で密接な役割を果たすのはときたまに過ぎない。[6]　そもそも植物がハナバチのために花という投資をしてきたからこそ、植物とハナバチは共進化してきたのである。ハナバチと植物はどちらも花粉を運搬するコストと見返りに適応し続けている。いわば、両者は共進化の渦の中におり、驚くべき速度で適応放散したり、新種を生み出すことすらできるのだ。こうした関係の結果から、一九世紀の中頃に科学史上最も有名な難問の一つが生まれた。

ハナバチの化石が出土することは稀だが、顕花植物の化石は比較的大量に見つかる。特に白亜紀末期の地層からは、突然バラエティに富んだ化石がたくさん出土するので、進化は少しずつゆっくりと進むというチャールズ・ダーウィンの説に疑問が呈されるほどだ。植物学者のジョゼフ・フッカーに宛てた書簡で、ダーウィンが顕花植物の出現を「忌まわしい謎」と呼んだことは有名だ。しかし、それに続けて、「花を訪れる昆虫が現れ、交雑が進むとすぐに、高等植物が驚くほど急速に出現した」[7]というフランス人生物学者ガストン・ド・サポルタの説を引用したことはあまり知られていない。ダーウィンはサポルタと何年にもわたって書簡をやり取りし、もし植物が急速に進化したのであれば（ダーウィンは非現実的な仮定と考えていたが）、サポルタの昆虫説が最も説得力があると認めていた。最終的には、ダーウィンとサポルタのどちらもそれなりに正しかったことが証明された。ダーウィンが推測したように、顕花植物は白亜紀の前から進化していた。突然繁栄するようになる何百万年も前から、ゆっくりと進化の歩みを進めていたのだ。[8]しかし、「顕花植物は昆虫、特にハナバチと共進化したおかげで、陸上の植物相で優位を占めるようになり、それと同時にその独特な特徴の多くも生じた」という包括的な洞察をしたのはサポルタである。こうした相互作用がなければ、私たちの庭や公園、垣根、草原は様相も匂いも現在とはまったく違っていただろう。

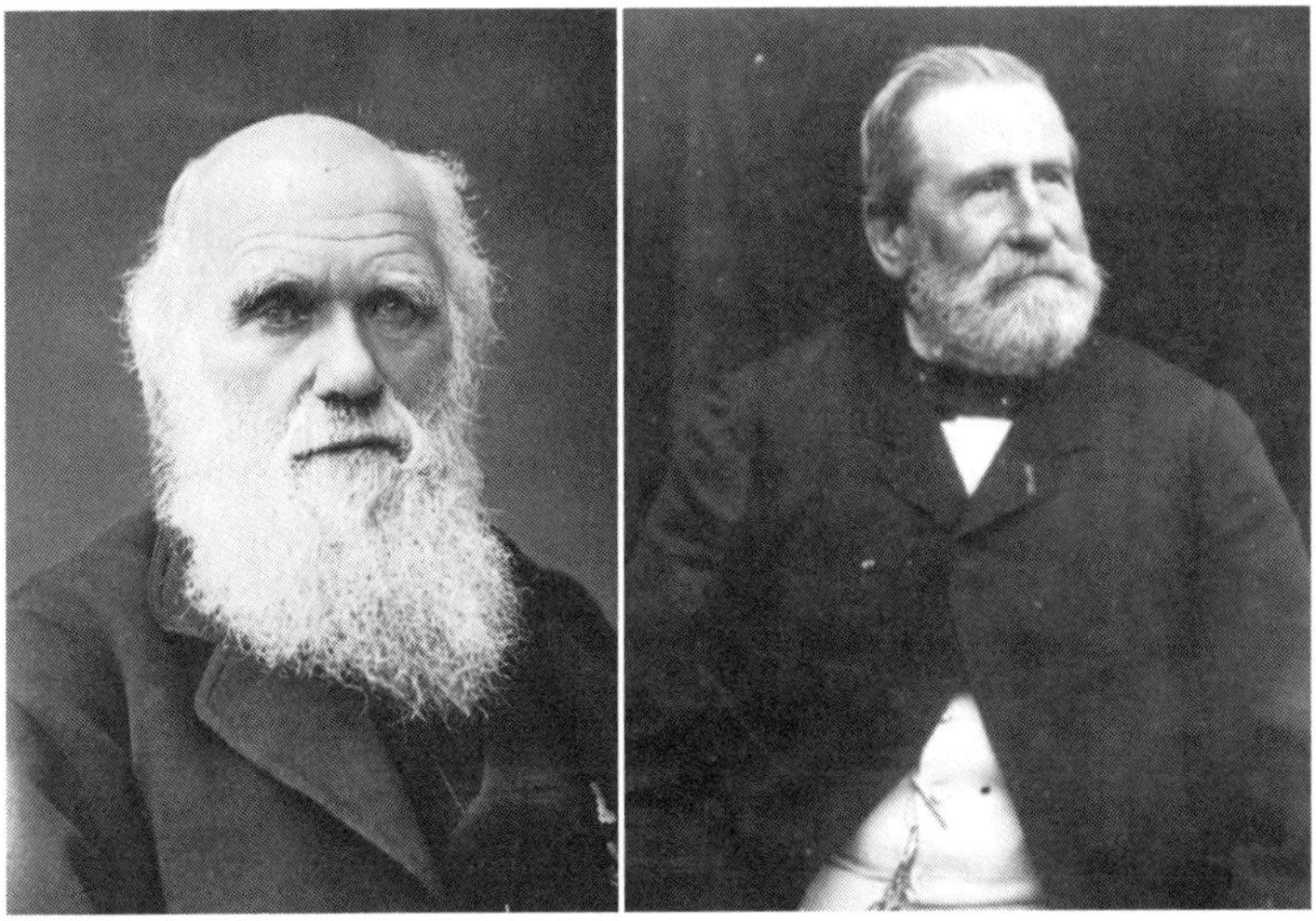

図4.2　チャールズ・ダーウィン（左）は、フランス人ナチュラリストのガストン・ド・サポルタ（右）と長年文通していた。サポルタは、昆虫との共進化によって顕花植物が急速に進化したという考えを示唆した最初の科学者だった。Wikimedia Commons

ヘンリー・ワズワース・ロングフェローが花のことを「まことに青と黄金の色」[9]と詠んだとき、ハナバチの眼の視覚受容器のことは考えていなかっただろう。しかし、ロングフェローが思いを巡らした花束にこの色合いが圧倒的に多いのは偶然ではないのだ。これは、ハナバチの可視スペクトルの中心に位置する色合いなのである。だから、花は花粉を媒介してくれるハナバチを呼び寄せるために、特にこの色合いを進化させたのだ。花弁の色彩の進化は、植物の受粉戦略と密接に結びついている。したがって、ハナバチに送粉してもらうために宣伝する必要がなかったら、アブラナの黄色からヤグルマギクの青紫に至る色合いはまったく存在しなかったかもしれないし、存在したとしてもきわめて稀だっただろう。また紫色も稀だっただろう。ただし、花蜜を好む鳥類を引き寄せるために、派手な赤色がついた花弁も少しはあるかもしれない[10]。

さらに香りも、ハナバチと関連したおなじみの特徴だ。ウォルト・ホイットマンは「夜明けに芳香を放つ[11]」美しい花園のことを詩に詠んだとき、無意識のうちかもしれないが、緻密で生物学的な観察をしていたのだ。実際に、多くの花では香りは朝方に急に強くなる。朝になると気温が上がり、腹を空かせたハナバチが動き出して、夜のうちに蜜を満たした花を探しに行くので、植物にとっては受粉できる絶好の機会であり、宣伝効果が抜群の時間帯なのだ。花の進化の過程にハナバチが関わっていなかったら、ホイットマンは月夜に散歩し、ガに花粉を媒介してもらうために花が放つくどい匂いを探し求めたかもしれない。あるいは、ハエやカリバチを惹きつける花の大多数は、麝香《じゃこう》の匂いに似たテルペンや腐った肉のような匂いを放つので、そもそも庭を散策しようとは思わなかったかもしれない（人が詩に詠んで愛でようと思うような香りをハナバチも好むというのは、自然界の喜ばしい偶然の一つだろう）。

花の色や香りだけでなく、形もハナバチとの共進化によってもたらされた。丸い花は花粉と花蜜を求めるあらゆる生物（ハナバチも含む）を惹きつけるが、もっと手の込んだ形はほとんどが特定の訪花者と共進化したものである。昆虫の視点から見ると、丸い花はどの角度や方角からでも近づける。いわば「寄ってらっしゃい、見てらっしゃい」と派手に展示しているようなもので、結果として大勢の客を惹きつけることになる。もしクロード・モネがヒマワリを描いた静物画に送粉者を描き込んでいたら、さまざまな種類のハナバチだけでなく、ハナアブ、ツリアブ、チョウ、カリバチ、甲虫を描き込まなくてはならなくなって大変だっただろう。しかし、花の形を丸い形から変えれば、送粉者や

図4.3　クロード・モネが静物画を描いたとき、送粉者も一緒に描き込もうとしたら、左側のヒマワリの丸い花の中には、ハナバチ、ハエ、カリバチ、チョウ、甲虫などさまざまな昆虫を描き込む必要があっただろう。しかし、右側のアヤメは特殊化が進んでいるので、マルハナバチを描くだけで済んだだろう。Wikimedia Commons

花粉をつける場所をもっと自由に選べるようになる。たとえば、マメ科の花の上部にある旗のような幅広の花弁（旗弁）や、キンギョソウの唇のような筒状の花弁は、左右で対称な形をしている。ちなみに、これは植物学用語で「左右相称」（zygomorphic）と言い、二頭の牡牛をつなぐくびきを意味するギリシャ語からきている。こうした花は、一対の動物をつなぐくびきと同様に、左右相称、つまり中心軸に対して左右の各部分が対称なのである。左右相称は人間の顔でもおなじみの現象だ。顔の中心に縦に線を引くと、一方の半分はもう一方の鏡像になっている。こうした形態をとれば、花にははっきりとした左右の側ができるし、上下という感覚も生み出せる。そうすると、訪れる昆虫は特定の方法で花に入るしかない。ひとたび左右相称形になりおおせたら、花の各部分はさまざまに適応し、特定の大きさで特定の形をした昆虫の特定の部位に花粉をつけられるようになる。しかし、植物は目指した対象に花粉がうまく付着する見込みがなければ、このような的を絞った方法をとることはできない。左右相称の花を訪れる昆虫のなかで、ハナバチが飛び抜けて多いのはそのためなのだ。モネが描くのがヒマワリではなく黄色いアヤメだったら、花粉を媒介する昆虫を描き込むのはたやすいことだっただろう。実質的にはマルハナバチを描き込むだけで済むからだ。アヤメの花は垂直に立ち上がった長い管状なので、マルハナバチは決まった場所にとまり、花粉がたくさんついた幅広の雄しべの下を通らざるを得ない。そして雄しべは、ある研究者がうれしそうに述べているように、「マルハナバチの背面にピタリと合う[12]」ように並んでいるのだ。一方、雌しべもその場所にあるので、マルハナバチが別のアヤメの花に移動したときに、体についた花粉がその花の雌しべに確実に付着するのである。

特定の送粉者のグループを惹きつけるために進化をくり返すうちに独特な花の特徴ができあがった場合、植物学ではそうした特徴を「送粉シンドローム」と呼んでいる。こうした特徴には、花の大きさや配色のような一般的な形質から、香りの化学的性質や花蜜の甘味をつける糖の種類のような特殊な形質まで含まれる。たとえば、ハチドリはショ糖の豊富な赤い管状の花を好む。この送粉シンドロームはスイカズラ、シソ、ゴマノハグサ、キンポウゲ、ヤドリギの各科で別々に進化した。その他にも、コウモリを惹きつける花（夜に咲き、露出した淡い色の花）やチョウを惹きつける花（大きくて色鮮やかで香りのよい花）から有袋類を惹きつける花（地味な色で、ブラシ状で頑丈な花）まで、あらゆる生物に特化した花が存在する。例外は必ず存在するし、さまざまな生物を惹きつける万能型の花もたくさんあるが、送粉シンドロームは植物と動物との相互作用を予測するのに非常に役に立つ。

たとえば、チャールズ・ダーウィンはガが訪れる花の特徴を知っていたので、マダガスカルに特に口吻（舌）の長いガが生息するだろうということを、そのガが発見される四〇年前に直感的に予見することができた。ダーウィンはマダガスカル島に行ったことはなかったが、かぐわしい香りのするマダガスカル産の白いランをもらったとき、蜜の詰まった距《きょ》（花弁や萼の基部から突き出た袋状の部分）が三〇センチもの長さがあるのを見て、送粉者はガ以外にいないと一目で見抜いたのだ。ダーウィンはすぐにジョゼフ・フッカー宛ての手紙でその花について述べ、「その蜜を吸うガは、何と長い口吻を持たなくてはならないのだろう！」[13]と付け加えている。

送粉者のなかで最も個体数と種数が多いハナバチは、訪れる花の種類も最も多く、多種多様な形や色彩の花に惹きつけられ、他の送粉者向けの花の中に忍び込むことにも長けている（たとえば、ハナバチは赤い色を識別できないが、周囲の葉と花の色調のコントラストや形から、数多くのハチドリが花粉を媒介する花も見つけることができる）。実際、ハナバチにとって魅力的な花の形質は広範囲にわたるので、「ハナバチシンドローム」と言えるような特徴を一つだけ明確に定めることは不可能だ。ハナバチを生態系から取り除いたら、花は私たちが当たり前だと思っている魅力的な特徴をすべて失ってしまうだろう。この事実は、無人島に置き去りにされたある船乗り（ダニエル・デフォーの『ロビンソン・クルーソー』の発想の源になった）には明らかだったはずだ。

一七〇四年に、乗り組んでいた船の耐久性に疑念を抱いたアレクザンダー・セルカークは、フアン・フェルナンデス諸島で船から下りようと提案した。[14]他の船員も一緒に下船し、船長と老朽船を見捨てるだろうと考えていたのだが、行動を共にする者は誰もいなかったので、セルカークはチリの沿岸から六五〇キロも離れた寒い南太平洋の孤島に一人取り残されることになった。四年にわたる苦難に満ちた生活を日記に書き記してはいないが、セルカークは島の資源で生きる術を身につけ、島にいた野ヤギを素手素足で追いかけて捕まえられるようになったという。その狩りの腕前と同じくらい食物採集が巧みだったら、セルカークは島の植物のことも熟知していたはずだ。そして、どうして見かける花がみな緑っぽい白色で、小さな丸い花ばかりなのだろうかと不思議に思ったかもしれない[15]。

離島の例に漏れず、ファン・フェルナンデス諸島の植生は、大陸から移入してきた植物が徐々に定着したものだ。今では草原から密林までさまざまな環境があり、二〇〇種を超える植物が見られるが、ハナバチはチリの沿岸地域から最近到着したと考えられる小型の珍しいコハナバチが一種いるだけである。とはいえ、このハナバチはまだ送粉者として重要な役割を果たしていない。したがって、数百万年前にこの火山島が海底から隆起してから今まで、ハナバチに送粉を依存する植物は定着できなかったか、あるいは利用できる他の手段(主に風や鳥類)を使うよう、送粉手段を切り替えるしかなかった。そして驚くべきことに、一三属にも上る植物がこの切り替えを成し遂げたのだ。ハチドリの嘴に合うように花を長く伸ばした植物もある[16]。また、今では花粉媒介を風に頼っているのに、もはや来ることがないかつての媒介者のハナバチに対する報酬として、今でもたっぷりと蜜を出し続けている植物もある。ファン・フェルナンデス諸島の植物相はハナバチのいない環境に定着して発展した。したがって、島の単調な緑と白の花は、ハナバチがいない世界がどんなふうになるかを教えているのだ。同時に、新たに移入してきた植物のうち、少なくともいくつかの種はきわめて短期間で送粉戦略を変えることができた。このことは、ハナバチと植物の相互関係の働きについて多くのことを教えてくれ

図 4.4『ロビンソン・クルーソー』物語の挿絵では、主人公はたいてい花のあふれた豊かな熱帯の植生に囲まれて描かれている。しかし、この物語のもとになった島にはハナバチがいなかったため、ほとんどの花は小さく目立たないものだった。
画：Alexander Frank Lydon（ダニエル・デフォー『ロビンソン・クルーソー』1865年）。Wikimedia Commons

る。

共進化の議論はすぐに、哲学者が「因果関係のジレンマ」と呼ぶものに陥る。「ニワトリが先か、卵が先か?」という問題だと言えばわかるだろう。ハナバチと花の場合、両者が共進化のダンスパーティーに登場したとき、どちらも準備万端だったことはわかっている。「どのハナバチにも枝分かれした毛が見られるので、最初からハナバチに備わっていたに違いない」[17]とショーン・ブレイディが指摘しているように、ハナバチの進化の初期段階から枝分かれした毛があったおかげで、花粉を好む習性が完結したように思われる。一方、植物の側では長い時間をかけて昆虫に花粉を媒介させる方法を試しており、花蜜や、もっと露骨な方法では食べられる花を使ったりして、候補の昆虫を誘い込もうとしていた(こうした古い戦略のなかには、現在でも残っているものもある。たとえば、モネの絵で有名なスイレンはハナバチがいなくても繁栄するだろう。花を食べる小型の甲虫も送粉者だからだ)。化石の証拠がないので、映画を逆回しするように時間を遡って、共進化のダンスの最初のステップを見ることはできないが、近年の研究によると、植物がリードして共進化が進んだらしい。たとえば、実験的にミゾホオズキ属の花を掛け合わせて、色をピンクからオレンジに変えると、たったの一世代で花を訪れる送粉者がマルハナバチからハチドリに変わった。[18]似たような実験が南米産のペチュニアでも行なわれており、たった一つの遺伝子の働きを変えるだけで、送粉者がハナバチからスズメガへ、あるいはその逆(つまりスズメガからハナバチ)に変わった。[19]こうした研究結果が裏付けているように、植物の進化で生じた比較的単純な変化が、送粉者に劇的な影響を与える可能性がある。それを踏まえると、ハナバチと花の関係についての研究者の解釈も変わってくる。

ほとんどの生物学の教科書は肯定的な用語を使って送粉について説明し、植物は「利益をもたらす」訪問者への「報酬」として花蜜を提供していると述べている。こうした双方が利益にあずかる相互関係を生物学では「相利共生」と呼んでいる。しかし、もう少しくわしく見ると、「操作」や「搾取」といった鋭い言葉を使っている研究者もいることがわかる。植物が善意で大盤振る舞いしているわけではないからだ。たとえば、花蜜の生産は負担が大きいので、植物はハロウィーンのキャンディのようにただで提供しているわけではない。ほとんどの花はスケジュールを立てて花蜜を出す場所と分量を管理し、ハナバチが来訪する時刻や行く場所、滞在時間を正確に指示している。確かに花蜜には糖が含まれているが、たいていはハナバチが望む濃度にはほど遠く、甘いと言える程度に過ぎない[20]（そもそも、蜂蜜はハナバチが自分たちで作る産物なのだ[21]）。送粉者を操作する仕掛けの多様さと巧妙さは驚くほどである。花蜜にカフェインを加えてハナバチに花を記憶させ、再訪するように仕向けている植物もある（ハチをカフェイン中毒にさせているとしか言えない方法だ）。距や筒状の花の根元に花蜜を隠している植物もある。ハナバチはこうした花の奥深くまで頭を突っ込み、葯《やく》や雄しべを通り過ぎなければ花蜜にありつけないのだ。また、花粉や食べられる油脂さえも疑似餌として利用している植物もある。こうした植物は花粉や油脂を穴やポケット状の袋の中にしまい込み、ハナバチが適切な場所にとまって振り動かしたり擦り取ったりしなければ褒美が手に入らないようにしている。吊り下がった花や直立した花はたいていハナバチを適切な場所にとまらせるために、花弁の微構造を使って足場や着地場を設けている。植物の他の部位とは異なり、花弁の表面の細胞は円錐形で尖った先が上を向いている。実験的にこうした微構造を取り去ると、花弁にとまったハナバチはフローリングの床を走る犬のように滑って、足で表面を引っ掻き始める。ハナバチに影響を与える花の形質は、ハナバチによる送粉と同じくらい多様で広範である。なかでもランの花は、時には露骨な策略も弄するのだ。

私が住んでいる島の薄暗い常緑樹林では、春の訪れと共に、ヒメホテイランというランが小さなピンク色の花を咲かせる。この可憐なサンゴ色の花は、マルハナバチの最初の女王が休眠から覚めて採食を始める頃に開く。広いとまり場所や手招きしているような縞模様、いかにも花蜜がありそうに見える一対の短い距を備え、うっとりするような香りを漂わせたヒメホテイランの花は、ハナバチにとって理想的な採食場所に見える。さらに、このランの仲間には、花粉がついているように見える、黄色に輝く葯に似た毛を備えたものもいる。しかし、こうしたヒメホテイランの外見的特徴はすべてハナバチを惹きつけるための策略なのだ。わざわざ訪れたハナバチは背中に花粉塊を二つ付けられるだけで、何も得られるものはない。花粉はくっつきあって塊になり、脚や口の届かない背中に付着しているので、ハナバチにはまったく利用することができない。しかし、ランにとって背中は絶好の場所なのだ。そこに花粉塊をつけたハナバチが再び策略に引っ掛かって、別のヒメホテイランを訪れれば、そこで確実に花粉を媒介してくれる。実のところ、ハナバチはじきにこうした策略に引っ掛からなくなるが、一つの花が数万から数十万個の小さな種子を生産できるので、送粉に成功するのがごくわずかでも十分なのだ。アツモリソウも春に花を咲かせるランだが、この花はさらに手の込んだ策略を弄している。香りでハナバチをおびき寄せると、深い袋状の唇弁の中に少しの間閉じ込めておくのだ。ハナバチは方向を見失って、花の奥にある「窓」に引き寄せられ、そこから狭い抜け道を通ることになる。ハナバチがそこを通って外へ出るときに、花粉が体につくのだ。

ランの仲間の優に三分の一が、何らかの策略に頼って花粉を媒介させている。報酬として花粉をちゃんと差し出す場合でさえ、あっさり与えるわけではない。ハナバチは花粉を得るために、前脚でぶら下がったり、液体の溜まったところを掻き分けて進んだり、滑り台のようなところを転げ落ちたりするような苦難を経なければならないのだ。アメリカの熱帯地方に生息し、オーキッドビーと呼ばれるシタバチ属のオスは、こうしたことをすべてやってのける。だが、ランの花を訪れるのは花蜜を集めるためではなく、花の香りを集めるためなのだ。その香りは、メスを惹きつける配偶の儀式に欠かせないのである。[22] ランの仲間は何百種にも上るが、それぞれが特有の香りを出して特定のハナバチを惹きつけ、花粉を受け渡すための精巧な構造も、そのハナバチにぴったり合う形や大きさをしている。このように、送粉者であるハナバチと花の結びつきは確固としたものになっているのだ。香りと交尾を結びつける策略は、ランの策略のなかでも最も奇想天外かもしれない。この策略はあまりに風変わりで不穏当なので、昔の研究者には思いも寄らなかった。博物学が大流行した一九世紀に、この真実を指摘したのは無名のアマチュアの研究者一人だけだった。

ラルフ・プライス牧師は父や祖父と同様に、イギリス南部のケント州のライミングで、キリスト教の教区主任牧師、聖職授与権者、副牧師を務めていた。プライスには生活に困らないだけの収入と時間があったので、大好きな珍しい植物を求めて野辺を歩き回った。プライスはキキョウ科の珍しい種を再発見したことで有名だったが、ハナバチがオフリス属のランをよく「攻撃する」という観察をしたことでも知られていた。オフリス属のランは、花が昆虫の体や翅、触角に擬態したような変わった

図4.5（上）中米のシタバチ属のオスがバケツランとも呼ばれるコリアンテス属のランの花に集まっている。配偶儀式のために香り成分を集めるオスは、滑りやすい花の表面で脚を滑らせ、液体の溜まったバケツ状の袋に落ち込む。花の後部にある非常口を見つけるまで、オスバチは30分ほどもバケツの中を動き回ることもある。（下左）オスがやっとのことで花から這い出てくるときに、花粉塊が背中につけられる。（下右）その後、飛び立つ前に濡れた体を乾かして休んでいるオス。背中に花粉塊がついているのがよく見える。写真：©Gunter Gerlach

形をしているので、以前から興味の的だった。だが、そんなことを言い出したのはプライスが初めてだったので、その話を耳にしたチャールズ・ダーウィンは当惑して、「プライスの観察が何を意味しているのか私には推測できない」と述べている。[23] 科学界の怠慢とヴィクトリア朝の礼儀正しさが重なって、半世紀以上の間、その意味を推測しようとする人物は現れなかった。しかし、一九三〇年代までにフランスからアルジェリアまでさまざまな国で研究がなされ、いずれもすべて同じ結論に至った。すなわち、ハナバチはランの花を攻撃しているのではなく、花と交尾しようとしているというのである。

オフリス属のランが異花受粉を行なうためには、三段階の巧妙な策略を必要とする。まず、性成熟したメスの匂いにそっくりの香りで、オスのハナバチ（カリバチの場合もある）を惹きつける。次に、オスバチをメスに似た形の花に飛びかからせて、しっかりしがみつかせる。そして、本物のメスと同じ大きさ、形、匂いであることをオスに確信させる。策略を完遂するために、花の縁に生えている密集した毛が、毛で覆われたメスバチと同じような触感を与え、「偽交尾」といううがった名称で呼ばれる最終的な行動をとらせる。疑わずに求愛したオスバチが誤りに気づく頃には、周到にも頭部か腹部に二つの花粉塊をつけられてしまっている。そして、そのオスバチが再び性的衝動に負けたときに、その花粉塊はオスが訪れる別の花に運ばれるのである。

ハナバチは植物に対する好意や親切心から花粉を媒介しているのではない。花蜜や花粉など、花が提供してくれる資源をできるだけ効率的に利用したいだけなのだ。たとえば、舌の短いマルハナバチは、オダマキの長い距やスイカズラの花弁の基部をためらいなく食い破って、周到に計られた植物の

図 4.6　オフリス属のランはビーオーキッド（ハチラン）とも呼ばれ、メスバチそっくりの匂いと形の花をつけてオスバチを誘う。オスは花と交尾しようとするとき、知らないうちに花粉をくっつけられてしまう。（左から時計回りに）*Ophrys bombyliflora*, *O. lumulata*, *O. insectifera*, *O. cretica*. 写真：Orchi, Esculapio & Bernd Haynold via Wikipekia Commons

受粉計略の裏をかき、手っ取り早く花蜜を手に入れる（しかも、一度穴ができると、他の多くのハナバチや昆虫もすぐにそれを利用するようになるのだ）。ミツバチもアブラナ科の花で同じことを行なう。花に穴を開けるのではないが、花の背後から忍び寄り、花弁の隙間から舌を差し込んで蜜を吸うのだ。こうしたハナバチの盗蜜が珍しくないので、植物は花の後ろ側や基部を守るために、ツメクサやミント、アスターのさまざまな種に見られるような密集した花を進化させたのではないかと考えている植物学者もいる。他のハチの労働を横取りする数千種の寄生ハナバチと同様に、花粉を集めないハナバチにとって、行儀のよい行動を進化させる誘因はあまりない。こうしたハチは花の蜜を吸うが、たいてい花粉を付着させる毛を失っているので、カリバチのように体表が滑らかなだけでなく、花粉媒介の効率もよくないのだ。

ハナバチが花粉を集めるために正面玄関から入るときでも、わざわざ植物に手を貸してやったりはしない。花粉の媒介は結果であって、意図してやっているのではないからだ。ハナバチが目指しているのは花粉を効率よく集めて運ぶことで、次に訪れた花に集めた花粉を不用意にまき散らすことはハナバチの利益に反する。ミツバチ、シタバチ、マルハナバチのような高度に進化したグループは、体毛についた花粉を丁寧に毛づくろいして集めると、花蜜で湿らせて花粉団子を作り、後脚につける。この方法は花から巣へ花粉を運ぶのには適しているが、集められた花粉は送粉されないので、花の役には立たない。もっとも、このようなハナバチでも意図せずに、送粉者として植物の役に立っている。背中は見えないので、そこに付着した花粉を見落したり、毛づくろいの際に少々見逃してしまうからだ。進化的観点からすると、ハナバチと花の関係は確かに特別なものだが、感情を挟まずに述べると、ハナバチは花を資源と見なし、花はハナバチを便利な道具として利用しているのだ。偽交尾での純然たる策略と純粋な欲望に、それが一番よく表れているかもしれない。オフリス属のランを「攻撃している」ハナバチのオスは、相手が花であることに気づいてもいないが、花粉を実にうまく媒介するのだ。

プライスが自分の行なったハナバチの観察の重要性に気づいていたかどうかは史料からはわからないが、現代の研究者はオフリス属のランの事例に注目し、送粉戦略がどのように新種を生み出すのかを調べようとしている。オフリス属のランは研究にうってつけなのである。ハナバチと顕花植物が同時代に出現したのかという問題は、ダーウィンやサポルタが生きていた時代から研究されているのだが、その結びつきを立証するのはきわめて難しいとわかったからだ。ハナバチと花の相互作用はいずれも、絶えず変化している環境のなかでさまざまな送粉者、擬態者、競争者、有害生物などと関わり合いながら生じるので、個々の適応にはいつもさまざまな「雑音」がつきまとっており、そこから共進化の影響だけを取り出すのは不可能に近い。さらに、研究期間という難しい問題もある。オフリス属のランではおよそ一〇万年に三回から五回の割合で新しい系統が分化しており、これまでに研究された植物のどれにも劣らず分化速度が速い。だが、平均的な大学院生が一つの研究課題に取り組む期間は二年から四年に過ぎず、一生涯にわたり研究を続けたとしてもせいぜい数十年なので、種分化をリアルタイムで研究することはとても無理なのである。そこで、ほとんどの研究は大まかな進化の傾向やシミュレーション、送粉シンドロームがもたらした大量の状況証拠に頼った理論研究に留まっていた。ごく最近になってようやく、遺伝学と従来の手法を組み合わせた研究が行なわれ、事例研究に最適なオフリス属の特殊な花を用いて、送粉者との相互作用から新種が生まれる過程が明らかになったのである。

ハナバチと植物に関する科学文献は、ここからゾンビが出てくる終末小説のようになり、「ミューテーション（変異）」や「ラジエーション（放射能）」といったおなじみの言葉があちこちに出てくるようになる。しかし、ホラー小説やSF小説の作者と異なり、生物学者はこうした用語を肯定的な意味で使っていて、ミューテーションは突然変異、ラジエーションは適応放散という意味だ。突然変異とは、遺伝暗号にランダムに生じて子孫に受け継がれる変化で、花の香りのようなはっきりと認識できる形質に影響を及ぼすこともある。突然変異は進化に必要な変異の多くをもたらし、有利な突然変異がきっかけとなって、共通祖先から短期間で新種が生み出されることもある。この過程は、新種はまばゆい光源から四方八方へと放射する光線のようだという意味で、適応放散と呼ばれている。オフリス属の遺伝子研究によれば、小さな突然変異が生じると花が出す香りが変わり、まったく異なる種のオスバチを惹きつけるようになるのだという。新たに惹きつけられたハナバチによってすぐに、新種を生み出すのにきわめて重要な「生殖隔離」という現象が生じる。そうしたハナバチは古い香りを出す花には惹きつけられないので、新しい香りを発するランからしか花粉を集めない。そこで、両者のランは急速に別々の進化の道を歩むようになる。ランとハナバチの排他的な（特定の送粉者しかいない）結びつきのおかげで、めったに得られない明確な進化の物語を描くことができる。すなわち、「新しい香りが新しいハナバチを惹きつけ、そのハナバチが新種のランを生み出す。そして、ランが利用できるハナバチの多様なグループと偶然出会うたびに、適応放散が起こる」という物語だ。[24]

オフリス属の事例は、植物と送粉者の関係が新種をもたらす主要な過程の一つをはっきり示している。それは「特殊化」という過程だ。相互作用が特異的になりすぎて、その植物とハナバチがその他の種と関わりを持たなくなると、新しい種が生じることがあるのだ。オフリス属の事例は、こうした状況の一方の側の過程、つまり、ハナバチが植物の多様性に影響を与える過程を示している。一方、植物もハナバチの種分化を促す可能性はあるが、そのためにはハナバチの採食方法だけでなく、繁殖方法も変える必要がある。たとえば、ヒメハナバチ属のメスは特定の種の花しか訪れないことが多いので、オスバチが確実にメスを見つけられるのはその種の花だけである。つまり、花は選り好みの強い出会い系バーのような場となり、種分化に必要な隔離をもたらすのだ。驚くまでもなく、ヒメハナバチ属はおそらくハナバチのなかで最大の多様性を誇る属であるが、花に対する嗜好の違いだけから種分化を遂げ、外見がほとんど同じ種が一三〇〇を超える。

ランの突飛な策略による送粉戦略から、ハナバチの舌と花の距の長さの複雑な共進化まで、ハナバチと植物の進化にはさまざまなパターンが見られるが、その要《かなめ》は特殊化である。[25] とはいえ、ほとんどのハナバチはさまざまな花を訪れるし、ほとんどの花もさまざまな送粉者を惹きつけているのは間違いない。特殊化した種には専用の相手がいるという利点があるかもしれないが、その依存関係から生じる危険もある。[26] たとえば、どちらか一方が病気や環境破壊、悪天候などで失われてしまうと、もう一方も絶滅の道をたどることになるかもしれない。一方、特殊化しない生活様式はよい保険に入っているようなもので、キクやバラのような多様で繁栄している植物の科でも、多くのハナバチ（特にミツバチ、マルハナバチ、ハリナシバチのように大所帯の社会生活を営むグループ）でも広く見られる。

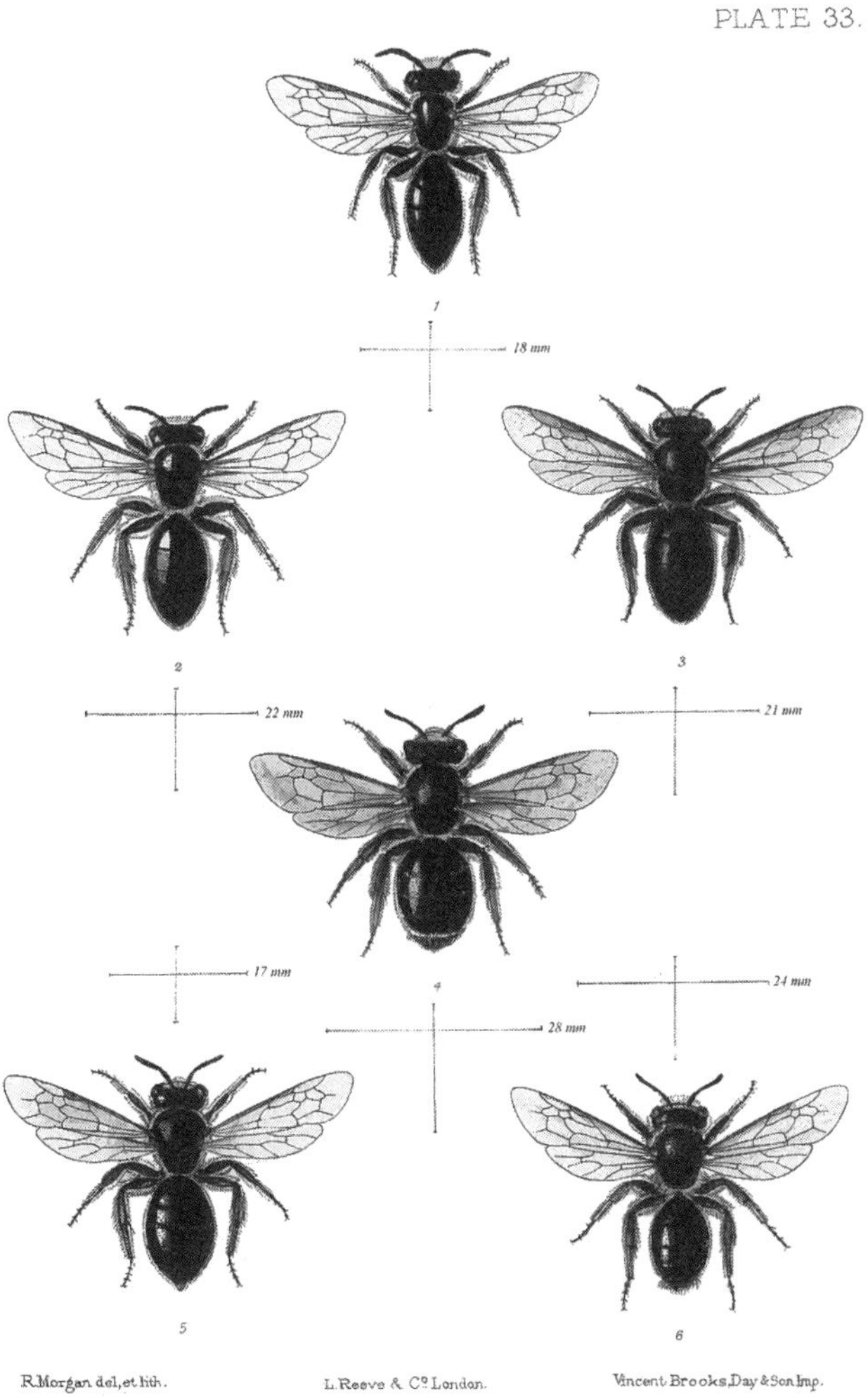

図 4.7　ヒメハナバチ属のよく似た 6 種。特定のタイプの花に特化するだけで種分化が起き、新種ができることがある。1. *Andrena chrysosceles*, 2. *A. tarsata*, 3. *A. humilis*, 4. *A. labialis*, 5. *A. nana*, 6. *A. dorsata*.
Edward Saunders, *The Hymenoptera Aculeata of the British Islands* (1896).

両者の戦略の進化的対立も多様性に寄与している。いずれの戦略もうまくいく可能性があるので、特殊化していない種が特殊化する方向へ進化することも、その逆も珍しくはない。つまり、近縁のハナバチや植物であっても、採食や送粉の戦略が著しく異なることがあるのだ。

ハナバチと顕花植物の間には特別な関係が見られるが、それだけで双方の種の多様性をすべて説明できるわけではない。種分化を促すのは送粉者だけではないからだ。地理的隔離、分布の拡大、新しいニッチや環境条件に対する急速な適応によっても新種が生まれる。しかし、植物と送粉者の相互作用が進化の研究にうってつけであるのは間違いない。実際、チャールズ・ダーウィンは『種の起源』を著したあとで、『昆虫によるランの受粉について』というあまり知られていない著書を出版している。売れ行きは芳しくなかったが、ハナバチと植物の関係に自然選択の確かな実例を見出したダーウィンの慧眼ぶりを如実に表している。『種の起源』はビーグル号の世界航海が大きな拠りどころになっていたが、この本(『ラン』)で述べられている観察の多くは、自宅の庭や近くの野原や森で行なわれたものだ。ダーウィンがこうした観察を身近で行なったことは、悠久の時をかけてくり広げられてきたハナバチと花の共進化の結果や影響が、私たちの身のまわりでも見られることをいみじくも気づかせてくれる。私は砂漠から熱帯雨林や高原、アフリカのサバンナまでさまざまな場所でハナバチを追い求めてきたが、最も印象的なハナバチの群集の二つは、自宅のある島から一日の行動範囲にあったのだ。植物とハナバチが生息環境から必要なものをすべて手に入れられるときにどんなことが起こるのか、この二つの群集は気づかせてくれた。

第5章　花の咲くところにハナバチあり

供給はそれ自身の需要をつくりだす。[1]
「セイの法則」　伝ジャン＝バティスト・セイ（一八〇三年）

マルハナバチの朝は早いが、うちの息子もよちよち歩きの頃は早起きだった。マルハナバチの朝が早いのは、競争相手の多くが寒くて飛ぶことができずにまだ寝ている早朝から採食活動を始めれば、食べ物を手に入れる機会が増すからだ。マルハナバチは体を震わせて飛翔筋を温めることによって、このような離れ業を演じているのだ。この並外れた能力については第7章でくわしく述べる。息子のノアは内温性の哺乳類なので、早起きなのは体温とは関係ない。睡眠は一度に数時間、いやいやながら取らなくてはならない面倒なことだと思っていただけである。こうした息子の生活リズムを考えれば、うちの家族が朝早くから起き出してマルハナバチに囲まれながら散歩をしていたのは、別段変わったことではない。

私たちは自宅のある島からほど遠からぬ小さな島を訪れていた。その島には、森に抱かれるように点在するさまざまな小さな木造家屋に妻の親戚の多くが住んでいた。散歩道は自然保護区を通り抜ける慣れ親しんだ道で、私たちと同様に早起きで濃いコーヒーを淹れてくれる優しい叔父さん夫婦の家に通じていた。小道の両側は野ばらの高い茂みに覆われ、ピンク色の花の合間を、イエローフェイスド・バンブルビーとブラックテイルド・バンブルビーと呼ばれる二種のマルハナバチが飛び交っているのが目にとまった。ふと他に何種のマルハナバチがいるのだろうかと思ったが、コーヒーのことで頭がいっぱいだったので、そのまま通り過ぎた。マルハナバチを見て急に立ち止まったのは、帰り道のことだ。

自然観察に出かける人には、フィールドガイドを持たずに子供を連れていくことをお勧めする。あのとき、ノアはまだハナバチに興味を持ち始めてはいなかったが、そのよちよち歩きに合わせて歩いていると、周囲をじっくりと観察できた。朝日に温められて、バラの茂みは活気にあふれており、どの花にもハナバチがぶら下がっているように思われた。そして、ハナバチは空中を流れるように絶え間なく飛び交い、その小道は自分たちだけのものだと言わんばかりに、私たちのまわりに近づいてきては落ち着きなくあたりを飛び回った。ノアの手をとってハナバチの行動を見ていると、立て続けに二つのことに気がついた。一つめは「これほど多くのマルハナバチをこれまで見たことがない」ということ、二つめは「いま飛び交っているのはマルハナバチではない」ということだ。

私たちが叔父の家でコーヒーを飲んでいる間に、小道を飛び交う送粉者のハチの面々はすっかり変わっていた。確かに、バラの間に割り込もうとしているマルハナバチがまだ少しはいたが、ブンブンと飛び回っている群れのほとんどは、マルハナバチに似て見えるが別の種類だった。私はこのハナバチを一度だけ見たことがあった。それは、米国農務省の「ハナバチラボ」の専門家と一緒に、ユタ州のローガンへハナバチの採集に行ったときだった。[2] そのときは、専門家でさえ最初は見間違ったくらいだ。このハチは大きさや形から黄色みを帯びたオレンジ色の毛に至るまで、従姉妹に当たるマルハナバチにそっくりで、異なるのは後脚だけなのである。本物のマルハナバチは後脚の脛節にある籠状の部分に花粉を入れて運ぶが、この擬態者は赤みを帯びたブラシ状の房毛に花粉を詰め込む。この違いのおかげで、私はこのハナバチがディガービー（穴掘りバチ）と呼ばれるコシブトハナバチ属の一種であることはわかったが、なぜこんなにたくさんいるのかは説明がつかなかった。[3] ふだんはたまにしか見かけないのに、ここでは四方八方を飛び回り、近くの池辺から湾を見下ろす断崖の縁まで続く小道沿いの藪にむらがっている。ハタと気づいたのはそのときだった。息子は母親と一緒によちよちと歩いていったが、私は立ち止まると足元を見つめた。突然、このハナバチがどこから現れたのかわかったのだ。

オックスフォード英語辞典によると、「そんなのわかりきったことじゃないか！」と言いたいときに使う「ダー！」という言葉は、一九四三年の短編アニメ「メリー・メロディーズ」で初めて使われたそうだ。それと似たような意味の「ドー！」という言葉は、その数年後にBBCのラジオ番組で初めて使われたらしい（そして『ザ・シンプソンズ』のホーマー・シンプソンが使って流行らせた）。あのとき、自分の不明を恥じて口にする言葉としては、どちらの表現もぴったりだった。ディガービーという英語名が示す通り、コシブトハナバチは裸地や粘土質の土手、雨裂《ガリー》の壁面、涸れ沢などに穴を掘って営巣するが、砂質の崖の切り立った面が見つかれば、そこにも巣を作るのだ。フランス人昆虫学者のジャン＝アンリ・ファーブルはいみじくも「切り立った土手の子供たち(4)」と呼んでいる。私は何年もこの小道を散歩しながら、咲き乱れている道沿いの花にとまっているハナバチをぼんやり眺めてきたが、この小道の先にまさにそうした土手があるという事実とハチを結びつけて考えたことがなかった。小道は断崖の縁に続いており、その下には浜辺まで一五メートルもある切り立った砂礫の崖があるのだ。その日の午後、息子が横になって悶々と過ごす「昼寝」の時間帯に入るや否や、私はメモ帳を持って急いで砂浜へ出かけた。その日以降、何度も訪れることになるその場所は、うちでは今でも「パパのハナバチの崖」と呼ばれている。

人は海辺を訪れると、必ずと言ってよいほど海を眺める。水がもたらす大きな安心感によって、海の風景に惹きつけられるからだ。こうした穏やかな精神状態のことを、神経科学では「ブルーマインド」と呼ぶ。ここの海辺は以前にも何度か歩いたことがあったが、わずか数歩ほど陸側にそびえる崖に八〇〇メートルにわたってハナバチの理想的な生息地が広がっていることにまったく気づかなかったのは、そのためかもしれない（このとき海辺にいた私の精神状態は、「ブルーマインドレス」と呼ぶ方がふさわしいだろう）。下から近づくと、崖は白っぽい日干しレンガの壁のように見え、ところどころにあばたのような穴が開いていたが、その他には特に変わったところは見受けられなかった。ハナバチには、遠くから眺めているだけではわからないことがたくさんある。砂浜に打ち寄せられた流木によじ登り、崖の真下に立ってみて初めて、群居してあたりを圧倒するような低い唸りを立てているハナバチの姿を見て、音を聞き、感じることができた。崖の上の小道ではまるで小川の流れのよ

図5.1「パパのハナバチの崖」の景観。コシブトハナバチ、ヒメハナバチ、ハキリバチ、コハナバチなど、数十万ものハナバチがにぎやかに営巣する場所だ。寄生ハナバチやカリバチなどハナバチにつきまとう居候もやってくる。写真：©Thor Hanson

うに飛んでいたが、こちらの崖の下では荒れ狂う激流のように飛び交い、巣穴へ急ぐハナバチが猛スピードで私にぶつかってきた。私は崖の裾へよじ登り、腰を下ろして温かい砂の壁に寄りかかれる場所を見つけた。周囲ではハナバチの大群が逆上したように大騒ぎしてブンブン飛び回っていた。

このコシブトハナバチが詳細に記載されたのは一九二〇年のことで、論文を書いたのはハーベイ・H・ニニンガーだ。彼はのちに世界最大の隕石コレクターとして知られるようになる。おそらく、隕石を見つけるのに役に立った観察技能が、ハナバチの研究でも大きな力を発揮したのだろう。ニニンガーの記述は的を射ている。「晴れた春の日だった。暖かい日差しに活気づけられて、ハナバチは本格的に繁殖活動を始めた。……ハナバチは巣穴を掘り、巣房を作り、卵を産み、食料を運び込み、片時も休もうとはしなかった[5]」

私の観察したハナバチにもまったく同じ行動や、片時も休まない活動力が見られた。だが、ニニンガーがカリフォルニア州のサンガブリエル山脈の崖で観察したハナバチの個体数をおよそ一〇〇匹と推定していたのに対し、私の方では一見しただけで何千匹もいるのがわかった。近くで見ると、あばたのように見えたものは、一平方メートル当たり六三〇個という高密度で巣穴が集まったものだった。それでもハナバチの数が多すぎて営巣場所が足りないので、侵入しようとするメスバチと巣穴を確保しようとする持ち主の間で争いが絶えない。取っ組み合ったまま私の上に落ちて来て、さらにもんどりうって斜面を転がり落ちながら、まだ争っているハナバチを一度ならず見た。こうしたハナバチが擬態者ではなく、本物のマルハナバチだったら、刺される心配をしたかもしれない。しかし、コシブトハナバチは積み重なるように巣穴を掘っているが、ツツハナバチと同様に基本的には単独性なので、社会性の種に見られるような巣の共同防衛をすることはないし、危険な針も備えていない。それどころか、私の崖にいるコシブトハナバチは平和主義をさらに徹底させている。わが身を守る主要な手段として、もっと危険な種に擬態して恐ろしげな姿かたちになる、という古典的なハッタリを進化させてきたのだ[6][7]。本物のマルハナバチが刺す行動を維持している限り、擬態者のコシブトハナバチも同様に恐れられるので、独自に防衛用の装備や行動を発達させることにエネルギーを使わないで済む。コシブトハナバチにも針はあるが、ある観察者が述べているように、手荒に扱っても「刺されることはない[8]」のだ。

私は顔を崖の表面に近づけ、メスバチが巣穴の入り口の縁を作り直しているのを観察した。ハチは腹部を使って湿った感じの土の表面を滑らかにし、せり上がった薄い唇のような形に仕上げていった。まわりにある巣穴の入り口と同じように、その巣穴の入り口もやがて五センチほど出っ張って下向きにカーブし、ニニンガーが「奇妙に曲がった粘土の煙突[9]」と形容した形になった。この煙突は寄生性のハエやカリバチから巣を隠す役割を果たしているという説もあれば、巣の温度を調節しているという説、さらには雨水や近隣の巣穴掘りで舞い散る土が入り込むのを防いでいるだけだという説まで提唱されている。機能はさておき、この煙突は集団繁殖地に構造面で魅力的な要素を加えている。ハナバチには、荒打ち漆喰《しっくい》の小塔が立ち並ぶ広大な砂漠の都市のように見えるに違いない。その複雑な地形構造は、脚に花粉をつけ、蜜胃に花蜜を満たして巣穴に戻って来る母バチの重要な道しるべになるのだ[10]。

コシブトハナバチの生活環はツツハナバチなどの単独性のハナバチと似ているが、まっすぐな筒を

図 5.2　コシブトハナバチは手間暇をかけて、巣穴の入り口に下向きに湾曲した煙突のような構造を造る。こうすれば、寄生者や厳しい天候から守ることができるのかもしれない。繁殖期の終わりには、この煙突の素材の一部がトンネルを閉じる栓として再利用される。写真：©Thor Hanson

仕切って巣房を造るのではなく、巣穴のトンネルの奥に枝分かれした巣房をいくつも造る。母バチは各部屋に花粉と花蜜を混ぜた湿った食物を入れ、その上に卵を一つ産みつける。卵を保護するために、巣房は防水と腐食防止に優れた分泌物のきわめて薄い膜で裏打ちされている（コシブトハナバチが巣房に入れる食料は、典型的なハチパンより粥状なので、「ハチプリン」という愛らしい名で呼ばれることもある）。これだけの巣穴掘りと食料の供給を考えればおわかりのように、ハナバチの崖の表面がどれほど活気にあふれているように見えても、本当の活動は人の目には見えない土の中に複雑に張り巡らされた通路や穴で行なわれているのだ。崖の土を取り除いて、コシブトハナバチが中で何をしているのかを確認するのは無理としても、せめて個体数は知っておきたかった。これほどの大群をそれまで見たことがなかったが、野外生物学の世界では、こうした珍しい経験は重要な現象に出会ったことを意味する場合が多いからだ。

義理の姉は実験室で細菌類を用いた実験を行なって博士号を修得したので、「野外生物学のやることは数えることだけね」と言って私をよく冷やかすのだが、その言葉にも一理ある。私はこれまでに種子やシダの胞子からヤシの木、クマ、チョウ、ゴリラの糞、ハゲワシのつつき行動までさまざまなものを数えてきたからだ。義姉には崖のハナバチ研究のことは話すまいと心に決めた。穴の数を数えるまで落ちぶれたと知ったら、黙ってはいないだろう。巣穴を数えるのは確かに退屈だが、これだけ膨大な数のハナバチが飛び交っている状況では、個体数を正確に推定するためには面倒でも巣穴を数える以外に方法はない。家族でこの島を訪れるときにはいつも、「パパのハナバチの崖」で巣穴を数えるのが、わが家恒例の科学イベントになった。この調査の結果から、崖で営巣しているコシブトハナバチのメスは少なくとも一二万五〇〇〇匹に上ると断言できる。オスは近くの野ばらの藪などにわばりを構えて、交尾の機会をうかがっていた。オスはたいていメスの少なくとも二倍はいたので、春に生息する成虫の個体数は全部で四〇万近くに達すると推定される。ものすごい数だ。これまでに報告されているどのコシブトハナバチの個体群よりも二桁も多いのだ。しかし、調査が進むにつれて、コシブトハナバチは序の口に過ぎないことがわかってきた。

この崖を初めて訪れた日の午後に、浜辺で見つけた空のジャム瓶で標本を二つ採集したが、それ以後はどこにでも持ち歩けて簡単に開ける折り畳み式のお気に入りの捕虫網を必ず持っていった(11)。ジェリー・ローゼンに捕虫網の使い方を教えてもらってから、ハナバチのことを知りたければ、そのあとを追いかけるのが一番だということがわかるようになった。よちよち歩きの幼児と一緒に歩くのと同じように、ゆっくり慎重に追求すれば、感覚が研ぎ澄まされてまったく新しい視野が開けるのだ。すると、ハナバチの崖でコシブトハナバチが集まっているのは、土が特定の粒の大きさと密度になっている場所だということにすぐに気づいた。砂が多すぎたり、固く締まりすぎている場所には、ハキリバチ、ヒメハナバチ、コハナバチ、ロングホーンドビーと呼ばれるヒゲナガハナバチといった違う種のハナバチがやってきた。さらに、サンドワスプと呼ばれるカリバチもいたし、捕食性のハンミョウは斜面の至るところをうろついていた。繁殖期の後半になると、托卵性の寄生ハナバチやさまざまな寄生カリバチも姿を現し、コシブトハナバチの母バチがいないときを狙って、巣穴に密かに出入りしていた。崖に目を向けるきっかけを作ったのはコシブトハナバチだったが、崖の状況はもっと複雑だったのである。さまざまな昆虫が付近の花やお互い同士、営巣環境の利用できるあらゆるニッチを利用していたのだ。上の巣穴掘りで出た土塊が崩れやすい吹きだまりのように堆積している崖の麓には、穴を掘ってその中で暮らしているものもいた。こうした生き物たちの関係を理解するには、昆虫に関する私の一般知識では足りない。カリバチやハエ、その他の種は言うまでもなく、ハナバチの種を識別するだけでも、分類学の専門家に助けてもらう必要があった。そして幸いにも、知り合いのなかに頼れる人がいた。

ジョン・アッシャーに会ったのはハナバチ研修会だった。ジョンは講師のうち最年少で、他の講師陣よりも二〇歳近くも若かった。彼と親しくなったのはハナバチを通じてであるのは言うまでもないが、音楽のおかげでもあった。研修会場にあった古いポンコツのアップライトピアノを、彼が譜面も見ずに即興演奏しているのをたまたま聞いたからである。とても上手だったので、私も地元のジャズバンドに入っていると言うと、若い頃に音楽と昆虫学のどちらの道へ進むか迷った話をしてくれた。「大学を出たあと、音楽仲間と一緒にニューヨークで暮らしていたことがあるんだ」とジョンは言って、長時間にわたるジャムセッションの話や、機会さえあればどこでもギグ（演奏）をしていたことを語ってくれた。しかし、ジャズに対する情熱では引けを取らなかったが、仲間は自分にはないものを持っていると感じた。ジョンは「どんなに練習しても、仲間と同じくらいうまくはできなかったんだ」と話すと、私の方をじっと見つめて、「でも、ハナバチにかけては、誰にも負けないことがわかったのさ」と言った。

いずれにせよ、ジョンは昆虫学者の道を順調に歩んでいると言って間違いない。私が出会ったときには、アメリカ自然史博物館の膨大なハナバチの標本を管理する学芸員として技能を磨きながら、ジエリー・ローゼンのもとですでに何年も研究を行なっていた。その後、ジョンはシンガポール国立大学に教授として招聘され、アジアのハナバチの研究に携わる傍ら、フェデックス便で送られてくる北米の種の同定作業も続けている（幸いなことに、乾燥したハナバチは重くない上に、「死んだ昆虫標本」には関税がかからない）。ジョンが行なっている分類学は、種を同定して系統関係を確定するという自然科学の基礎的な分野である。しかし、現代はテクノロジー主導の技術や専門分野が優勢になる一方なので、こうした基礎的な分類学は影が薄くなっている。昔ながらの分類学者が続々と定年を迎えるにつれて、ジョンのような若い専門家の手に委ねられる仕事の量は増加の一途をたどり、野外調査で採集された標本は専門家に識別してもらえるまでに何年も待たねばならないことが珍しくなくなった。しかし、私がハナバチの崖で観察しているコシブトハナバチの個体数を伝えると、ジョンは協力に前向きになり、「そのハナバチは前に見たことがあるけど、一度に数十匹だけだったぞ」というEメールが返ってきた。

ハナバチの崖に並外れた個体数がいたことは結局のところ、いろいろな点で需要と供給の単純な問題に帰着する。生物学者のベルンド・ハインリッチは、一九七九年に出版した『マルハナバチの経済学』という名著で、似たような説を論じている。ハインリッチはハナバチの巣の生活環を通してエネルギーの流れをたどり、入力（花蜜と花粉）は出力（繁殖成功）に直接影響を及ぼすことを示した。利用できる花の資源が増えれば、羽化するハチの数が増えるのだ。私が住んでいる沿岸地域は海というそうとした針葉樹の森に挟まれているので、コシブトハナバチの営巣に適した崖の多くは、花とは無縁の環境にある。しかし、私が観察しているハナバチの崖の上には二ヘクタールほどの放棄農地があり、ハナバチにとっては実に幸運なことに、樹木が再生せずにバラやブラックベリー、セッコウボク、サクラなどが生えてきて、理想的な花園に生まれ変わっていた。春から初夏まで次々と花が咲き、広大な営巣地のすぐそばで花蜜と花粉を豊富に供給しているのだ。エネルギーの総量は入力と出力で等しいので、ハナバチの個体数は資源が許す限り増加した。ジョンに標本を送って同定してもらった結果、コシブトハナバチの他に、崖や地上で営巣する一〇種のハナバチと、托卵性の寄生ハナバチが九種いることがわかった。こうしたハナバチの個体群はいずれも、花の経済学の同じ原理に従っているのだろう。野ばらの小道がハナバチで活気にあふれていたのは少しも不思議ではない。その小道は、繁殖力が強く、数百万匹に上る多様なハナバチ群集の生息地のまっただなかを蛇行しているからだ。

自然界では、ハナバチの大きな集団繁殖地ができるのは、花と営巣場所が豊富に存在するという幸運に恵まれたときだけである。病気や悪天候に足を引っ張られなければ、こうした資源の供給は需要を生み出す。養蜂家は需要と供給の関係を数千年前から理解していたので、開花する花を追って巣箱を移動させ、この関係を巧みに利用してきた。こうしたやり方で養蜂すればミツバチの個体数が増えるだけでなく、ミツバチが食料として生産する蜂蜜やそれを貯蔵するために生産する蜜蝋の量も増えるので、それらを収穫し販売する養蜂家の利益も増える。さらに重要なのは、こうした養蜂術によって、産業規模で組織的な花粉媒介が可能になったことだ。広大な農地や果樹園で単一の作物が栽培されると、開花が一時期に集中して、地元のハナバチの個体群では花粉媒介が追いつかないことが珍しくない。特に農業開発が進んでいて、ハナバチの営巣地が限られている地域はそうである。その解決策として、花粉媒介業に対する需要が生まれ、多くの養蜂業者は農家に巣箱を貸し出すことで、年収の半分以上を得ている。

　春から夏の間、ハナバチに依存する作物が次々と開花するのを追いかけて、ミツバチの巣箱を高く積み上げたセミトレーラーが農村地帯を行き交う。アーモンド（くわしくは第10章を参照）やリンゴ、カボチャ、サクランボ、スイカ、ブルーベリーといった作物の花粉媒介を行なうのだ。巣箱を積んだトラックは移動するハナバチの崖のようなもので、ハチが大量にいる営巣地の役割を果たし、トラックが次から次へ訪れる畑や果樹園からは花蜜や花粉が絶え間なく供給される。その結果、一台のトラックに積んである巣箱のミツバチが一〇〇〇万匹に上ることがある。身をもってそのことを理解しているのは、こうしたトラックが横転したときに現場へ呼ばれる不運な交通警察官だろう。第9章でくわしく取り上げるが、交通事故は別として、長距離の移動はミツバチの健康に大きな危険をもたらす恐れがある。そして少なくとも作物によっては、在来のハナバチの個体数を増やすことが魅力的な代替策になる。ブライアン・グリフィンが行なったように、営巣用の角材を用意してやればツツハナバチはすぐにそれを利用して、盛んに果樹の花粉を媒介する。日本のリンゴ農家は野生の送粉者を大いに利用している。ハキリバチにもツツハナバチと同様に花粉媒介者として有望な種がいるし、生垣《ヘッジロー》を保全するだけでさまざまなハナバチが訪れ、ブルーベリーからカボチャまでさまざまな作物の受粉を増やせるという証拠が積み上がっている。ダイズのように自家受粉すると考えられている作物でも、さまざまなハナバチに助けてもらった方が出来がいいようだ。野外実験が続けられているが、在来のハナバチを利用する試みのなかで最もうまくいっているものの一つは、新奇な手法ではない。半世紀以上前にアメリカ西部の農家の小さなグループが始めたものだ。彼らも私と同様に、あるハナバチの魅力の虜になったのではないだろうか。アルファルファ農家が数百万匹のアオスジハナバチが利用できる営巣地を造っていると聞いたとき、ぜひ見に行かなくてはと思った。

マーク・ワゴナーは「花が増えれば、ハナバチが増える。花がもっと増えれば、ハナバチはもっと増える」とお経の文句のように唱えながら、梯子を上がるように片方の手を上げてはもう一方の手をさらにその上に上げて、家族経営の事業規模が徐々に拡大していく様子を示した。この原理は世代を超えてずっと守られてきた。「うちのじいさんが開拓する前は、ここはヤマヨモギの藪だったんだ」と、マークは満開のアルファルファが腰の高さまで生い茂った畑を案内しながら説明してくれた。マークの息子も父親の片腕として家業に従事しており、二歳になる孫ですら好調な滑り出しを見せている。スプリンクラーを動かすことが大好きなのだそうだ。アメリカの農村地帯でも、このように何世代にもわたる家族経営の専業農家は減少の一途をたどっている。ワシントン州のコロンビア盆地の中央にある灌漑されたオアシスのようなタチェット・バレーで、アルファルファを栽培しているワゴナー一家はそうした数少ない農家の一つだが、特筆すべき点はそれだけではない。

「うちでは塩を一二〇トンほど使っている」と、マークは別の畑を見渡しながら説明した。塩は土壌改良剤としては除草のために使用されるのが一般的だが、この畑では作物を栽培していなかった。ハナバチを育てていたのだ。自然の塩類平原では、塩は湿気を閉じ込める蓋の役割を果たしている。マークがハナバチを育てている畑は、そうしたアルカリ性の土壌を模していたのである。ハナバチの反応を見る限り、マークの畑は本物にかなり近いようだ。ハナバチは塩が撒かれた土の上の空中で陽炎のようにホバリングして群がり、おびただしい数の小さな体が狂ったように、目で追えないほどすばやく動き回っていた。マークの営巣用の畑は私が観察しているハナバチの崖のようだが、真っ平で、広さも一〇倍はあった。さらに巣穴のまわりには、巣穴を掘ったときに出た泥が煙突ではなく円錐形に積み上げられていて、まるでミニチュアのぼた山が何千個も並んでいるようだった。しかし、崖と畑の最大の違いは巣の配置ではなく、営巣している理由だ。マークのハナバチはたまたまここで営巣しているのではなく、営巣しやすいように彼が必要なものをすべて揃えてやっているのだ。

「地下五〇センチほどで灌漑してるんだ」とマークは言って、水道栓と白いポリ塩化ビニール管の列を示した。適切な分量の水が出るように調節し、ハナバチの巣穴に適した涼しい温度で、穴を掘るのに適当な硬さに土壌を保ちながら、巣が水に浸かったり、腐ったりしないように管理しているそうだ。マークは「ハナバチが一番大事だからね」と言い足すと、前年に起きた早魃のことを話してくれた。水道局が作物用の灌漑用水の供給を止め、住民もシャワーを控え、庭の芝生には水をやらず枯れるままになったが、ハナバチの畑には営巣の最盛期を通じて水をやり続けたのだそうだ。「ハナバチには誰よりも長い間水をやったよ」と、マークは子煩悩な父親のように目を細めて言った。

七歳になり、ハナバチに夢中になっていた息子のノアが、ハチを入れるためにいつも携行している透明なプラ瓶にメスバチを一匹掬い入れた（うちではこのプラ瓶でハチを捕獲するキャッチ・アンド・リリースを「ビー・チュービング」と呼んでいる）。ノアが瓶をかざすと、美しいオパール色に輝く縞模様で、私の大好きなハナバチだとすぐにわかった。しかし、これまでに一度しか採集したことがなく、稀少な種だとばかり思っていたこのハナバチが、ここでは無数に飛び回っているのを目の当たりにして私は戸惑いを隠せなかった。マークのハナバチ畑とアルファルファを栽培している近隣の農家のハナバチ畑は、「それを作れば、やつらはやってくる」(12)という文化的ミームを具現していた。この地域には、合わせると一二〇〇ヘクタールを超えるハナバチ畑が点在し、およそ一八〇〇万から二五〇〇万匹の営巣しているメスに加えて、少なくともそれと同数の交尾相手を求めるオスに理想的な生息環境を提供している。商業飼育されているミツバチを除けば、これまでに知られているなかで最大の送粉者の個体群を形成し、ハナバチの研究者に「世界の八番目の不思議」と呼ばれているハナバチの大都市になったのだ。

マーク・ワゴナーに畑を案内してもらって、この在来種がアルファルファの栽培になくてはならない存在になった理由がわかったが、私が最初に気づいたのはもっと根本的なことだった。つまり、マークはアオスジハナバチに対して私よりもさらに強い情熱を持っているということだ。ハナバチを捕まえたノアに向かって、マークはつっけんどんではないが真剣な口調で「そいつを捕っちゃだめだよ。わしのもんだ」と言ったのである。私たちは息子の瓶から小さなハナバチが飛び出すと、すぐにブンブンと飛び回っている仲間のところへと消えていくのをみんなで眺めた。そのあとで、別のハナバチ畑で土壌の湿気を調べていたときに、マークがシャベルで掬った土を誤って巣穴の一つにかけてしまい、自分自身に悪態をついたのを聞いた。マークにとっては、どの一匹もかけがえのないものなのだ。うちの息子と同じ歳の頃から、空腹でハナバチ畑にやってくる天敵の鳥を追い払うようにとの父親の言いつけで、マークは空気銃を持たされていた。それ以来、その規範をずっと実践してきたのだ。家業を継いでからは、アルファルファの栽培農家のためだけでなく地域社会のためにも、近隣の農家や

図 5.3　ワシントン州タチェットの小さな町の郊外では、車もトラックもカタツムリのようにゆっくり通行している。交通量が多いからではなく、町の主要生産物であるアルファルファに欠かせない在来種のハナバチを守るためだ。写真：©Thor Hanson

地元の自治体と共に、アオスジハナバチを最優先させようと尽力してきた。タチェット・バレー全域に「アオスジハナバチ地域」と表示された交通標識が設置され、車の制限速度は時速三二キロと厳しく定められている。しかし、マーク本人はさらにスピードを落として運転し、ハナバチがフロントガラスをかすめて勢いよく通り過ぎるたびに、車をノロノロ進めながら「窓を閉めてくれ。ハナバチが車の中に入ってしまうから！」と私たちに注意した。

マークは六四歳で、がっしりした体躯と日焼けした顔からは野外で過ごしてきた半生がうかがわれ、ジーンズにブーツと野球帽という姿が板についていた。「うちには四八五ヘクタールのアルファルファ畑があるんだ」と、腰の高さまで青々と茂ったアルファルファアルファの列を顎でしゃくって示しながら言った。マークが飼料用にアルファルファを栽培していたのならば、この話はそこで終わってしまっただろう。しかし、タチェット・バレーのアルファルファ農家は種子の生産を専門にしているので、そのためには花粉媒介が必要なのだ。遠くから眺めても、マークの畑には紫色の花が咲き誇っているのがわかり、あたりは強い花の香りが満ちていた。ハナバチにとって、その香りにはたまらない魅力があるに違いない。ハナバチは巣から誘い出されて、四方八方に広がっている豊富な花粉や花蜜へと飛んでいく。しかし、花を訪れたハナバチを待ち受けているのは報酬だけではない。アルファルファの花は花粉と蜜を閉じた花弁の中に隠していて、ハナバチが花弁にとまるとそれがパッと開き、雄しべと雌しべをいきなり上に突き出すのだ。それがハチの体や頭に強烈なアッパーカットを食らわせるので、たいていの種は耐えられないほどだ。そうすると、たとえばミツバチは花弁にとまらずに、花弁の隙間から蜜を盗むことをすぐに学習する。だがそれでは花弁が開かず、花粉も媒介されない[13]。しかし、アオスジハナバチはこのパンチを苦にしないようで、喜んでアルファルファの花を次から次へ訪れ、ほぼアルファルファの花だけで繁栄しているらしい。このハナバチがしていることに気づいたタチェット・バレーの農家は、理想的な送粉者を見つけたことを知ったのだ。

マークは畑を案内しながら、「一九三〇年代に戻って、アオスジハナバチを探してみたいと思うよ。ハナバチはこのあたりのどこかに住んでいたはずだ」と言うと、アルファルファの生産が根づく少し前の時代のことを話し始めた。灌漑用水の供給源になっている近くを流れるワラワラ川の岸辺には、今でも野生のハナバチが少数ながら営巣しており、近くの乾燥した灌木地帯に生えている在来の野草を訪れるものもいるそうだ。しかし、その個体群のほとんどは、アルファルファの開花に合わせて営巣時期をずらしたらしい。アルファルファの開花時期は在来植物よりも遅く、開花期間も長い。ハナバチにとって、羽化の時期を変えることは生態の上で非常に大きな変更だが、マークや地元の農家もハナバチに合うように農法を変えた。ハナバチが確実に巣の中に戻った夜になってから殺虫剤を畑に散布するために、夜遅くまで起きている。ハナバチ営巣地のデザインや管理を常に調整し、昆虫学者の協力を得て結果を検討している。州や国の機関に働きかけたり、ハナバチにやさしい殺虫剤の研究をする大学に資金を提供したりもしている。長年にわたる尽力に対して、最近「北米送粉者保護運動」という団体からマークに賞が贈られた。この賞は通常は研究者や研究機関に属する科学者、保全活動家、小規模の有機農業事業に贈られるものである。今ではタチェット・バレーは、集約農業に在来のハナバチを利用する事例研究として全国的に知られるようになった。これほど注目を浴び、賞ももらったにもかかわらず、マークは今でもアオスジハナバチに関してはほんの上っ面しかわかっていないと感じており、「知らないことの方がはるかに多い」と語った。

その日の最後に、マークはピックアップトラックの速度を緩めると、側面が開いた小屋の一つを指さして、保険だと言った。そこもハナバチが群れていたが、そのハナバチは輸入されたアルファルファハキリバチだった。悪天候や病気、殺虫剤の事故といったハナバチの営巣地に被害を及ぼす事態が生じた場合に備えて、毎年購入しているのだそうだ。ツツハナバチに近縁のハキリバチも、どこへでも運搬可能な角材や紙管で営巣するので、アルファルファ農家は主にカナダの飼育業者から何百万匹も購入している。アオスジハナバチと同様に、アルファルファハキリバチもアルファルファの花にパンチを食らうことを気にしないようなので、アルファルファの重要な送粉者になっている地域もある。だが、マークにとっては在来種と同じではないのだ。「購入してはいるけど、好きにはなれないんだ」と言って、アオスジハナバチに対する気持ちを言葉にしようとした。「あいつらは特別なんだ。家族の一員みたいなものだ。……説明するのは難しいけど」と言うと、ちょっと間をおいて、「アオスジハナバチはわしがアルファルファ農家をやっている理由なのさ」と単純明快に言い足した。

タチェット・バレーを離れる前に、アオスジハナバチの羽音を聞くために、私は息子と一緒に乗っている車を停めた。車のエンジンを切り、窓を開けると、大きく震えるような音が聞こえた。畑の上で絶え間なく唸っている低い弦のような音だ。マーク・ワゴナーや地元の農家にとって、この音楽は生計を象徴する音であり、暮らしのBGMなのである。さらに、この音楽はハナバチと花の関係だけでなく、もう一つの密接なつながりも体現している。それは、ハナバチと人間の驚くほど古くから続く密接な結びつきだ。では、これからそのハナバチと人間の関係を見ていくことにしよう。

ハナバチと人間

汝のハナバチのご贔屓を得て、刺されないためには、怒らせることは避けるべきである。不貞や不潔は論外である。ハナバチは（大そう貞淑で、きれい好きなので）不貞の輩や不潔な者を忌み嫌うからだ。また、長ネギ、タマネギやニンニクなどを食べて息が臭かったり、汗臭いまま近づいてはならない。……食べすぎや飲みすぎはいけない。息せき切って近づいたり、ハナバチのいる中で急に動いたり、刺されそうになってもむやみに身を守ろうとしてはならない。顔の前にそっと手を動かして、ハナバチをそっと脇へよけてやる。……つまり、貞淑で清潔に、しらふでやさしく、静かで親しくしてやることだ。そうすれば、ハナバチは汝を愛してくれ、他の人間と区別してくれるだろう。

チャールズ・バトラー『女王』（一六〇九年）

第6章 ミツオシエと人類[1]

ハナバチがいなければ、蜂蜜も存在しない。[2]

エラスムス『格言集』(一五〇〇年頃)

毎年、保全生物学協会の学会が五日間にわたって開かれる。二〇〇〇名近くの会員が参加して、絶滅危惧種や環境などの研究結果を共有し、ネットワーク作りをしたり、保護が直面している問題について話し合ったりする。開催地は毎年変わるが、たとえ異国情緒豊かな開催地でも、会場は必ず、野外生物学者が一番苦手な屋内の息苦しい部屋だという皮肉な事態は変わらない。一日か二日経つと、いてもたってもいられなくなった人たちが会場を抜け出し、レンタカーに乗り込んで最寄りの国立公園へ出かける姿を目にするのも珍しくない。しかし、時には会場の窓のすぐ外で、一番よいものが見られることもある。

二〇〇七年に、この学会が南アフリカのポート・エリザベス郊外にあるネルソン・マンデラ・メトロポリタン大学で開催された。主要な建物が集まっている区域を除き、大学の敷地（八三〇ヘクタール）のほとんどは手つかずの「フィンボス」だった。フィンボスとは、乾燥したこの地に広がる低木植生の地域のことで、アフリカーンス語で「細い葉の灌木林地」を意味する。二日目の午後、発表と質疑応答を終えた私は、次のセッションが始まるまでの間、窓の外を眺めていた。遠目にはフィンボスは何の変哲もなく、強い日差しのもとでわずかに起伏のある荒野が広がっているように見えた。しかしこのとき、緑の植生の中に斑点のように鮮やかな色が散っているのに気がついた。フィンボスに花が咲いているのだ。私は突然、すばらしいものを目撃するのにうってつけの場所に運よく居合わせているのに気づいた。私はすぐにその場から抜け出して、外へ飛び出した。このとき窓の外を見ていた人がいたら、ハナバチと人間の関係の根底にある相互作用を探しに、藪の中に消えていく私の後ろ姿が目に入っただろう。

ハナバチはじきに見つかった。見慣れない灌木にシバザクラに似た淡いピンク色の花が咲いており、探していた種の大群がいたのだ。私は北米から来たので、本来の生息地でミツバチを見ることができただけでもめったにない貴重な体験だった。故郷の北米では、この魅力的な生き物に対して葛藤を覚えずにはいられなかった。その生態に興味はあるが、ミツバチが在来種に与える影響のことも知っているので、興味と知識が対立してしまうのだ。(3) ある研究者の推定によると、一つの巣箱に飼われているミツバチが消費する花粉と花蜜は、コシブトハナバチ、ツツハナバチ、ハキリバチなどの在来種が一〇万個の巣房に蓄えられる量なのだという。しかし、ここではミツバチはいるべき場所にいる。この種の揺籃の地である（そしてわれわれ人類の故郷でもある）アフリカの乾燥した環境を飛び回って

図 6.1　故郷の南アフリカで、在来種のアイスプラントの花で吸蜜しているセイヨウミツバチ。写真：Derek Keats via Wikimedia Commons

いるのだ。私はミツバチが花蜜を吸うのを観察していた。一つの花で二匹が蜜を吸っていることもあった。巣を突き止めようとして、飛び立ったミツバチを何度か追いかけてみたが、そうは問屋が卸してはくれなかった。数歩追いかけると生い茂った藪に阻まれて、ミツバチの飛行経路を見失ってしまう。そこで腰を下ろすと、助けが来ることを期待して、耳をそばだてて待つことにした。

小説ならば、ここでコマツグミくらいの大きさの茶色い鳥が近くの小枝にとまり、盛んに鳴いて私の注意を引くと、枝から枝へ飛び移りながらフィンボスを移動し、ブンブン唸りを上げているミツバチの巣へ私を案内してくれたという話になるだろう。残念ながらそのような小鳥は現れなかったが、これは荒唐無稽な話ではないのだ。まさにこうした行動をするノドグロミツオシエという鳥がいる。「ミツオシエ」（英語でハニーガイド）という名前は、それにちなんでつけられたのだ。ノドグロミツオシエは「ケ、ケ、ケ、ケ、ケ、ケ、ケ!」と甲高い声で鳴きながら、大げさに羽ばたいたり飛び跳ねたりして、人間をハチの巣へ案内するのである。この鳥はアフリカのサハラ砂漠以南に広く分布しており、その生息地で活動する昔ながらの蜂蜜採りは、この鳥の類いまれな才能を利用するようになった。

ミツオシエについていくと、巣の発見率が五六〇%も高まるだけでなく、蜂蜜採りが自分自身で見つける巣よりも大きくて、蜂蜜も豊富だという研究結果も出ている。ミツオシエのお目当ては蜂蜜採りが壊した巣の残骸である。こうした特殊な食性のおかげで、蜜蝋を消化する特殊な能力を持つようになったのだ。初期に観察したヨーロッパ人研究者が述べているように、蜂蜜採りはたいてい計算づくで、ミツオシエに巣のご褒美を残す。「蜂蜜採りは必ずこの案内役のために巣を少し残しておくが、満腹になるほどたくさん残さないように注意する。十分にハチの巣をもらえなかったミツオシエは、食欲に突き動かされ、やむなく再び裏切りの罪を犯すことになる。報酬をもっともらえるのを期待して、別の巣を探し出すのだ[4]」。その日の午後、ミツオシエは私を助けに現れてくれなかったが、その習性は鳥類学者にはよく知られていて、指示者を意味する「*Indicator indicator*」という的を射た学名によって不朽の名声を与えられている。

ミツオシエに関する論文が初めて発表されたのは、一七七六年の一二月に開かれたロンドン王立協会の例会だった。その論文は、鳥のミツオシエの相方とも言うべき、ハチの巣を襲うラーテルという哺乳類(ミツアナグマとも呼ばれる)にも言及していた。それから二世紀以上の間、一般の人も研究者も、ハチの巣を教える行動は鳥とラーテルの間で進化し、人間はその行動を巧みに利用するように

図 6.2　ノドグロミツオシエ（上）は、ミツアナグマとも呼ばれるラーテル（下）をミツバチの巣へ導くことで、その驚くべき習性を発達させたと長年考えられてきた。だが、鳥は昼行性で、ラーテルはほぼ夜行性なのだ。現在では、この驚異的な形質は人間の祖先との関係によって発達したという意見に、研究者はおおむね一致している。Wikimedia Commons

なったに過ぎないと考えていた。南アフリカの生物学者のグループが、ラーテルはほぼ完全な夜行性だという初めからわかっていたはずのことを指摘したのは、一九八〇年代になってからであった。夕暮れどきに少しの間、ラーテルとミツオシエの活動時間が重なるのは確かだが、こうした限られた機会がこれほど複雑な相互作用を共進化させるきっかけになるとは考えにくい。さらに深く検証してみると、ラーテルは近視で聴覚も鈍い上に、ミツオシエが教えてくれる樹上にある巣に登ることがほとんどないことも明らかになった。録音したミツオシエの鳴き声を飼育されているラーテルに聞かせてもまったく反応しなかったし、これまでに発表された野外でのミツオシエとラーテルの結びつきを示す報告は、いずれも聞きづてや民間伝承に基づく裏付けに乏しいものだった。生物学者や博物学者は言うまでもなく、蜂蜜採りやサファリに参加している旅行者も、これまでに鳥がラーテルをハチの巣へ導くのを誰一人目撃していないのだ。博物学の論文やベストセラーの児童書ではこの俗説が今でも語られているが、ミツオシエの行動の真相を突き止めるためには、生物学者は科学の別の分野の扉を叩く必要があった。

「私の専門は栄養学です」とアリッサ・クリテンデンは言った。「あらゆるものの土台には食物がある。食習慣は人類進化の終点ではなくて、出発点なのよ」。彼女の研究室は、ラスベガスにあるネバダ大学の人類学棟の狭い廊下の突き当たりにあった。栄養人類学の教授として名高いアリッサだが、生態学も修めていた。彼女は栄養学と生態学の視点から見ることができるので、人間の食習慣に関するさまざまな問題を環境という文脈に当てはめて検討できるのである。彼女は会話の中で、「人々を食物資源にマッピングする」というおもしろい表現を使って話し、現在の人間のあり方を定めるのに、祖先が選んだ食べ物が一役買ったという説を説得力をもって語った。もしそうならば、人間とミツオシエには共通点がたくさんあるかもしれない。

「人間が進化したのと同じ環境に暮らす狩猟採集民を研究したければ、対象はすぐに絞り込める」と述べ、それゆえタンザニアのハッザ族を長く研究してきたのだと説明した。ハッザ族のなかでも、エヤシ湖周辺の乾燥した平原や森林地帯を小集団で移動しながら、厳密に伝統的な生活スタイルで暮らしている人が三〇〇人ほどいる。彼らの居住地は三〇〇万年以上前に人類の祖先がいたことを示す化石や足跡、石器が出土しているオルドヴァイ渓谷やラエトリから四〇キロ足らずの地域である。だがアリッサがすぐに指摘したように、ハッザ族などの集団は現代人であり、文化的にも古代人とは相異なる。しかし、人類発祥の地で野生の動植物から必要最低限の栄養を得る生活様式の民族なので、教えられることは多い。

ハッザ族と過ごした最初の年にアリッサは、女性や子供たちが持ち帰る果実や塊茎・塊根などのイモ類から男たちが狩ってくるさまざまなレイヨウ類や鳥などの動物まで、日々の収穫物の重さを量って記録した。彼女が知りたかったのは、食物資源の季節変化が家族生活——特にいつ、誰と子供を作るかについての女性の意思決定——に及ぼす影響だった。当時、栄養に関する人類学的研究は、アリッサの言葉を借りれば「肉対イモ論争」に終始していた。つまり、狩猟がもたらすカロリーと採集がもたらすカロリーのどちらの方が初期人類の行動や発達に大きな影響を及ぼしたかについて、長年にわたり意見が対立していたのである。そんなに単純な話ではないのではないかと思っていたアリッサは、優れた科学者の例に漏れず、目を光らせ、耳を澄ましていた。「私は常にデータに従うことにしているのよ」とアリッサは述べた。だが、そんな彼女でさえ、データが蜂蜜を示し始めたときに、自分の研究が思いがけない展開を遂げたことには驚いた。

アリッサは初めてハッザ族の伝統的な蜂蜜採りを見たときのことを「唖然として眺めていた」と回想する。男たちがバオバブの巨木の幹に粗削りの木釘を打ち込みながらよじ登ると、松明の煙でハチをいぶり出し、金色に輝く蜂蜜が滴る巣を次から次に下に降ろすのを、アリッサは心躍らせながら見ていた。しかし、ハチの巣を野営地《キャンプ》に持ち帰ったときの人々の反応の方がもっと感動的だった。「子供たちが歌ったり踊ったりして、バカ騒ぎを始めたのよ。ハチの巣をみんなで分け合うのがとってもうれしかったのね。美味しそうな巣のかけらを選び出して、お互いに相手にあげて、私にもくれたのよ。それまで見たこともない光景だったわ」と、そのときの様子を話してくれた。このできごとはアリッサの心に刻まれ、考えるきっかけになった。ハッザ族はどのくらい蜂蜜を食べているのだろうか？　自分も同僚の人類学者も重要なカロリー源を見逃してきたのではないだろうか？　調査を重ねるにつれて、彼女は確信を強めた。「研究データのある採集民はみな蜂蜜を採っているし、どの類人猿も蜂蜜を食べている」と、箇条書きのリストをチェックするかのように、アリッサは考えを振り返りながら話した。「蜂蜜は栄養価が高いし、みんなに好まれている。そして世界中で蜂蜜は重要な食物になっている。現在でも、祖先の時代もね。これまで大事なことを見逃していたのは確かね！」

アリッサ自身ももう少しで見逃すところだった。大学に入ったとき、人類学は眼中になかったのだ。医者になりたかったので医学部進学課程で順調に学んでいたが、たまたま人類進化入門という講義を

図6.3　ハッザ族の蜂蜜採りが、野生のミツバチの巣から採った新鮮なハチの巣を手にしているところ。写真：©Alyssa Crittenden

聴講したのだそうだ。「そのとき、頭の中で爆発でも起きたみたいに感じたの」と彼女は当時のことを思い出しながら話した。その講義を聴いて、それまで考えてきたことがすべて結びついたように感じられたのだという。この突然の進路変更は、アリスが不思議の国に通じるウサギ穴に落っこちたようなものだった、とアリッサは語る。「知りたいことが多すぎて大変だった」そうだが、ここでの会話から判断するなら、現在でも知りたいことだらけのようだ。アリッサはこれだけの業績をあげたとはとても思えないほど若い上に、いかにも栄養学の専門家らしく、すらりとした体には活力が満ちあふれていた。二時間半にわたるインタビューでは（途中で一度だけ、学内のコーヒーショップに行くために中断した）、話題は蜂蜜の化学的性質からハッザ族の矢羽根の取りつけ方や学術出版物の編集の難しさにまで及んだ。私が彼女の仕事に興味を持っているのと同じくらい、彼女も私の仕事に興味を持ったらしく、気さくさと粘り強さを交えていくつも質問してきた。その様子から、彼女がハッザ族からあれほどのことを学び取ったのが納得できた。

「蜂蜜はハッザ族の最高の食物なのよ」とアリッサは語った。彼女が行なったどの聞き取り調査でも、子供たちは言うまでもなく、男性も女性も年齢を問わず、蜂蜜を大好きな食べ物の筆頭に挙げ、どんな果物や肉をもはるかに上回っていたそうだ。年長の少年も含め、男たちは毎日蜂蜜探しに出かけて、ミツバチの巣だけでなく、少なくとも六種のハリナシバチの巣も採る。女性もハリナシバチの巣の蜜を集めるが、木や切り株に造られた大きな巣を壊すのに必要な斧を通常は持ち歩かない。アリッサの研究チームが長年にわたり蓄積した観察データから、ハッザ族はカロリーの少なくとも一五%を蜂蜜から摂取していることがわかった。「この推定値でも低めの見積もりなのよ」とアリッサは言い添えた。幼虫や花粉も盛んに食べられているが、その栄養分がこの推定値には含まれていないからだ。さらにキャンプ以外の場所で食べられるものも含まれていない。蜂蜜から摂取しているカロリーは男たちの方が多いだろう。蜂蜜を見つけたとき、普通はその場でむさぼり食ってしまうからだ。そこで食べる割合は、持ち帰って皆と分け合う分の三分の一から三倍にも上るという。アリッサは「外では喉が渇く、と男たちはいつも文句を言うのよ」と笑い、それだけの糖分を摂れば、消化するために体が水分を欲するのだと説明した。「まるでハロウィーンのときのうちの娘みたい」。しかし、ハロウィーンでお菓子を集めて甘いものをたっぷり食べるのは一年に一日だけだが、ハッザ族の男たちは毎日蜂蜜探しに出かけるのである。そして、その地域で私たちの祖先も同じ行動をしていたとしたら、ミツ

白揚社

2021 Spring

だより

vol.7

お買い上げ、まことにありがとうございます

「細菌から受ける恩恵は害よりもはるかに大きい」──地球の生態系を支え、酸素を作りだし、石油を作り、人間の体内で消化や免疫のはたらきを助けている。

美の進化

性選択は人間と動物をどう変えたか

リチャード・O・プラム著　黒沢令子訳
3400円＋税

鳥の繁殖戦略観察から導かれた「審美進化説」

口絵のカラー写真には熱帯の鳥たちの美

しかし、ダーウィンは新たな仮説でこの謎を解決した。異性に好まれる形質は配偶者獲得の成功率を高めるという性選択説を新たに見出したのだ。

しかし、ダーウィンの性選択説はまたしても多くの批判を浴び「危険思想」扱いされてしまう。そして現在では、性選択は自然選択の一形態に過ぎないと結論付けられてしまっている。

プラムは、オス鳥たちの美しくも奇妙な求愛行動を観察して、これほど美しいものを自然選択説だけで説明することはできないと考えた。オスはメスたちに選ばれるため、より美しくなる方向に暴走（ランナウエイ）した――「美の生起」仮説である。

〒101-0062 東京都千代田区神田駿河台 1-7-7 ☎ 03-5281-9772

コンピューターは人のように話せるか？
話すこと・聞くことの科学

マシンやスマホと人間が会話する時代がやってきた。だが人間には当たり前でも、会話は超弩級の離れ業。機械は人間と同じように話せるようになるのだろうか？　音の科学の第一人者が、科学・文化・政治など多彩な角度から〈話すこと・聞くこと〉の本質を探る。初めて言葉を発した太古のヒトから人工知能による会話まで、刺激的なエピソードが満載の画期的な科学ノンフィクション。

トレヴァー・コックス
田沢恭子 訳
四六判・2700 円＋税

スポーツを変えたテクノロジー
アスリートを進化させる道具の科学

オリンピックメダリストが戦前のシューズで 100 メートルを走ると、記録はどれほど遅くなるのだろう？　素朴な疑問を抱いたスポーツ工学者が、世界各地で一流選手に昔の道具を使ってもらい、ボールやラケット、シューズやウェアなどの進化を検証していく。古代の陸上競技から球技、水泳、スケート、自転車まで、テクノロジーと共に変わってきた競技を探訪するスポーツ 4000 年の旅。

スティーヴ・ヘイク 著
藤原多伽夫 訳
浅井 武 解説
四六判・2400 円＋税

白揚社の本棚

**マニアックになりがちな
白揚社の本たち
その読みどころを紹介**

ニュートンと言えば、万有引力を発見した偉大な科学者というイメージを持っているのではないでしょうか。いやいや、錬金術師でしょ、という人もいるかもしれません。しかし、かの天才科学者にはさらに違う一面がありました。ニュートンは数々の科学発見を成し遂げた後、イングランド王国の王立造幣局監事へと転身し、局内の改革から貨幣の改鋳、紙幣発行、金本位制への転換など、八面六臂の活躍をします。そしてなんと、当時大問題になっていた贋金《にせがね》づくりのボスを追跡、逮捕し、さらには起訴までおこないました。**『ニュートンと贋金づくり』**は、王立造幣局時代のニュートンに焦点を当てたユニークな評伝。執拗な捜査で悪党を死刑台に送り込んだ、天才科学者の意外な顔を知ることができる一冊です。

トマス・レヴェンソン 著
寺西のぶ子 訳
四六判・2500円＋税

〈表紙の一冊〉『細菌が世界を支配する』
アン・マクズラック 著　西田美緒子 訳　四六判・2400円＋税

食中毒や病気をもたらす「バイキン」と毛嫌いされる細菌。しかし、病原菌はそのごく一部で、残りの大多数は地球にとっても人間にとっても欠かせない存在。知られざる細菌世界、総まくりの一冊。

note (https://note.mu/hakuyo_sha) で「試し読み」「白揚社だより」配信中

新刊案内

note (https://note.mu/hakuyo_sha) または弊社 HP
http://www.hakuyo-sha.co.jp で試し読みいただけま

ハナバチがつくった美味しい食卓
食と生命を支えるハチの進化と現在

トマト、ナス、キュウリ、カボチャ、リンゴ、ブルーベリー……ハナバチが花粉を運んで受粉させ、さまざまな作物を実らせてくれるおかげで、多彩な食べ物が手に入る。特定の花と共進化した驚きの生態、古代人類との深い関係、世界各地でハナバチが突然消え、農業が立ちゆかなくなる現在の危機まで、今こそ知っておきたいハナバチのすべて。

ソーア・ハンソン 著
黒沢令子 訳
四六判・2700円＋税

家は生態系
あなたは20万種の生き物と暮らしている

玄関は「草原」、冷凍庫は「ツンドラ」、シャワーヘッドは「川」——家には様々な環境の生物がすみついている！　今までほとんどの人が、気に留めなかった家の中の生き物たち。生態学者が家を調べると、そこには 20 万種を超す多種多様な生き物がすみつき、複雑な生態系をつくりあげていた。あなたの暮らしや健康に影響大の一番身近な「自然」の話！

ロブ・ダン 著
今西康子 訳
四六判・2700円＋税

観察することが困難なマイコドリの求愛行動や、美しい鳴き声や〝翼歌〟などの複雑な仕組みが詳細に報告され、ページをめくる手が止まらなくなる。カモの交尾行動においてはオスが繁殖戦略として強制交尾を行うなど、鳥たちの興味深い習性が実に生き生きと描写される。決して鳥好きとはいえない私でさえ、著者がリポートする鳥たちの生態は面白く読めた。これだけでも優れたフィールドワークの記録として楽しめる。

ところが本書の主題はそこではない。著者は、こうした鳥たちの求愛・繁殖行動の観察から、現在の進化論研究で主流となっている適応主義に異を唱えていくのである。

ダーウィンはその著書『種の起源』で、生物は突然変異と適した性質が子孫に伝わることによって進化したとする自然選択説を唱えた。発表当初こそ守旧派たちに批判されたが、今では生物学のみならず経済学、心理学にも応用されるほどのグランドセオリーとなっている。だが、ダーウィンには自然選択説だけでは解明できない謎に悩まされていた。クジャクの華美な尾羽は足手まといになり、捕食者から逃げにくくなるのに、なぜこのような形に進化したのか。

復権を唱えたのだ。この思考の過程は本書の最大の読みどころだろう。

審美進化説で読み解く〝進化の謎〟

ただし、本書のすごさはそれだけではない。プラムはさらに、審美進化説をベースにして「大きな乳房」「陰茎骨がないペニス」「女性のオーガズム」「同性愛」などのヒトの性に関する進化生物学の難題にも挑戦していく。

たとえば同性愛。自然選択説をとれば、子孫を残さない同性愛は消えゆく運命にあるはずだ。著者は、女性による配偶者選択という性選択説の視点で説明を試みる。詳細は本書に譲るが、女性が男性の社会性を選ぶことで男性の性行動は変わりうると著者は推論する。さらに、同性愛行動は男性の性的支配と社会支配を覆す可能性すらあると論じていく。

後半はややフェミニズム寄りの論考になっていく感はあるが、いずれも深く考え抜かれた説得力ある〝新説〟になっている。これだけの内容をよくぞ一冊にまとめたと感嘆するしかない読書体験だった。

（鈴木裕也・科学読み物研究家）

つぎに読むなら？

『家畜化という進化』

イヌ、ネコ、ブタ、ウシ、ヒツジ、ヤギ、ラクダ、トナカイ、ウマ、モルモット、……には奇妙な共通点がある。同じ特徴を共有する人間もまた、自分自身を家畜化したのか？ 進化発生生物学やゲノム解析など最新の科学知見を駆使し、家畜化という壮大な「進化実験」の全……

リチャード・C・フランシス著
西尾香苗訳 3500円+税

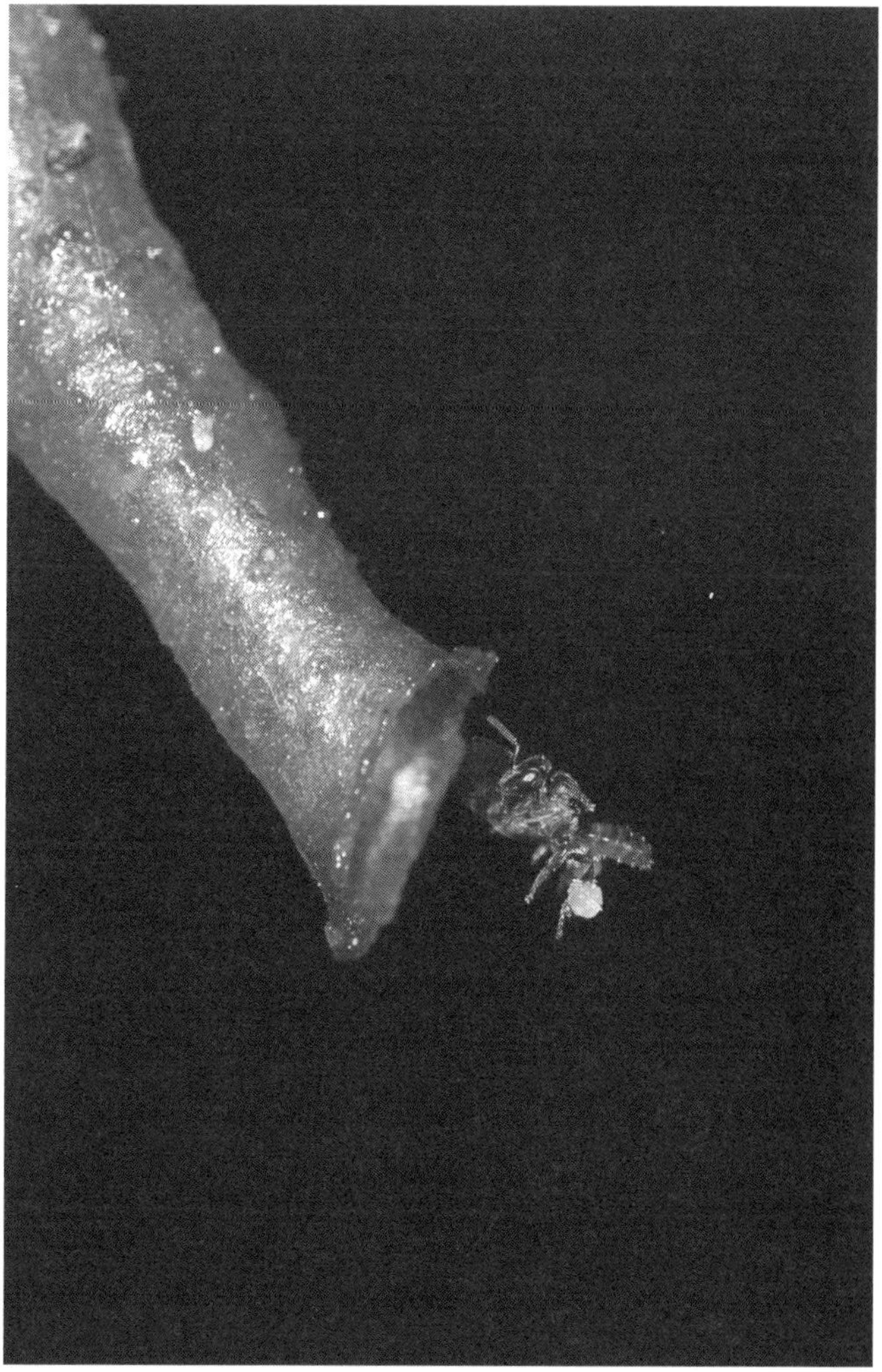

図 6.4　ハッザ族の蜂蜜採りは在来の 7 種のハナバチの巣を採っているが、そのうちのマメハリナシ属は巣の入り口に手の込んだ樹脂製のトンネルを造る。この種は針を持たず、地元の方言では「コーヒーの花を訪れる平和な小虫」という名がつけられている。
写真：©Martin Grimm

オシエの奇妙な習性をはじめとする多くのことがそれで説明できるだろう。

ハッザ族は機会さえあればミツオシエのあとを追うが、「私はそれほどこの鳥に興味があるわけではないの」とアリッサは打ち明けた。ミツオシエと人間の相互作用の研究は他の人に任せているが、それがどのように始まったかという点については、彼女が行なった研究によってほぼ明確になった。アリッサの研究結果は、人類の蜂蜜に対する嗜好は遠い霊長類の時代に遡るという説を支持している。この説は、現生の大型類人猿はいずれも蜂蜜を探し出して好んで食べるという事実に裏付けられている。遺伝子の証拠が示しているように、ミツオシエが進化したのが三〇〇万年前だとすれば、われわれの祖先が東アフリカの森やサバンナに定着して、二足歩行の足跡を残していた頃にミツオシエも登場したことになる。そうだとすれば、ミツオシエの祖先が夜行性のラーテルの注意をわざわざ引こうとした理由がどこにあるだろうか？　今日受け入れられている仮説は、ミツオシエはすでにその地で一日中蜂蜜を求めて直立二足歩行していた初期のヒト属と共進化を遂げたというものである。ミツオシエが人間だけに注意を集中していることは、驚くには当たらない[5]。太古の昔からヒト属を相手にミツオシエが磨いてきた技だからだ。しかし、蜂蜜に関して、アリッサをはじめとする栄養人類学者が最も興味をそそられているのは、鳥との関係ではない。蜂蜜は、人類を人類たらしめるのに一役買った、進化の重要な一歩と関わりがあるのだ。

「脳はブドウ糖を必須とする消費器官なのよ」と、アリッサは人間の生物学の基礎をおさらいするように説明した。脳は基本的な細胞機能だけでなく神経伝達にもエネルギーを消費するので、生理学者の言葉を借りると「代謝的に高くつく」器官なのだ。平均的な人間の脳は体重の二％を占めているに過ぎないが、一日に必要とするエネルギーの二〇%も消費する。しかも、そのエネルギーをすべてブドウ糖という形で要求するのだ。(6) 脳の要求を満たすために、私たちの体は摂取した食べ物のデンプン質を分解したり、肝臓や腎臓の助けを借りて、タンパク質や脂質にあるエネルギーを再構成したりする。そして、人間が食べる自然食品のなかで、蜂蜜ほど消化しやすい純粋なブドウ糖を豊富に含んでいるものはない。スプーン一杯の蜂蜜の三分の一は純粋なブドウ糖で、残りの多くは果糖という類似した糖である。「自然界で最も高エネルギーな食べ物なのよ」とアリッサは言って、私たちが蜂蜜が大好きなのは、人間の大きく貪欲な脳に多くのエネルギーを供給する必要があるせいかもしれないと述べた。

人類進化の優れた教科書には「くるみ割り人（ナットクラッカーマン）」と呼ばれている頭骨の写真が載っている。一九五九年にメアリー・リーキーがオルドヴァイ渓谷の近くで発見したアウストラロピテクス属の頭骨だ。(7) 人間の頭骨とほとんど変わらないように見えるが、脳頭蓋が比較的小さく、突き出た下顎には巨大な臼歯がびっしり並んでいる。ちなみに「くるみ割り人」というあだ名は、この巨大な臼歯に由来する。一方、ヒト属の頭蓋骨は顔が平らで、顎と歯が小さく、脳容量がはるかに大きいという組み合わせで、素人目にも区別がつく。人類の系統の特徴は脳が飛躍的に大きくなったことで、現生人類の脳容量はくるみ割り人の二・五倍に達している。アリッサのような栄養人類学者の目には、こうした祖先の頭骨に生じた変化はどれも、食性について重要な問題を提起しているように見える。初期の人類はカロリーの摂取量が増えなければ、大きくなった脳の代謝を賄うことができなかったはずだ。歯が小さくなったことは栄養豊かな柔らかい食物に変わったことを示唆しているので、カロリーの摂取量が増えたことを部分的に物語っている。これまでに提唱された仮説はたいてい、狩猟によって肉の消費が増大したことや、道具の進歩によってイモ類などの新しい食物を利用できるようになったことを理由に挙げている。さらに、火を使用して調理することで、栄養面で利益がもたらされたことも要因として考えられる。こうした食におけるいくつものイノベーションに、アリッサの研究チームは蜂蜜という、脳にとって最も効能がある食物を加えた。

「今、勢いに乗ってきたところなの」と会話の途中でアリッサは言った。「蜂蜜に関心が増しているのよ」。つい最近まで、古代の蜂蜜の消費量を記録するのは不可能だったそうだ。他の食習慣やその進歩については、特徴のある道具や、黒焦げになった炉石、食肉処理の跡がはっきりついた骨などが残っていれば推定できるが、蜂蜜食にはそうした特徴がないからだ。遺物に明白な痕跡をたまたま残したできごとが重視されすぎることを「保存のバイアス」と呼ぶが、これもその一例かもしれない。最近まで蜂蜜が見逃されてきたのは、見ることができなかったからだ。しかし、現在の新技術では、微細な汚れや残留物からでも、そこに残った化学的特徴を特定することができる。すでに数千個に上る土器片から、蜜蝋の明白な証拠が発見されているし、世界初の歯の詰め物と思われるものも見つかっている。これは新石器時代の初頭に蜂蜜を食べていたことを裏付ける強力な証拠と言えよう[8]。アリッサは自分が興味を持っているもっと古い時代に関しては、人類学者が単なる汚れと見なしてきたものに希望を託している。歯垢がそれだ。

「昔はいつも歯の標本を洗ったものだった」と、アリッサは手でこする動作をしながら言った。「でも今では、そうしない方がいいとわかっているのよ」。博物館で展示するためには泥汚れがない化石の方が見栄えがいいかもしれないが、クリーニングの過程でくぼみや隙間に残されている貴重なデータも一緒に取り除かれてしまう。歯垢化石は太古の食物について驚くほど多くの情報をもたらしてくれるだけでなく、社会的行動についてヒントを与えてくれることさえある。たとえば最近、ネアンデルタール人の歯垢から紛れもないヒトの口内細菌が発見された。ここから、両者が食事を共にしていた可能性や、熱烈なキスを交わしていた可能性も（異論は多いが）出てくる。[9] 適切な期間の歯垢を分析すれば、人類の進化史の重要な時点では必ず蜂蜜の痕跡が見つかるだろう、とアリッサは確信している。動物を狩ることと同様に蜂蜜を採ることも、複雑な仕事をやり遂げた祖先に栄養豊富なご褒美をもたらしてくれた。さらに狩猟と同様に、協力や分け合う行動の発達だけでなく、道具や火の使用を促す要因にもなっただろう。[10] 手斧や剥片《はくへん》石器などの石器によって、獲物を殺したり解体したりする効率が高まったが、そうした石器を使えば、樹上の見えないところに造られた大きなミツバチの巣を手に入れることもできただろう。さらに、火を使って調理することで人間が得られる栄養は急増したが、火を使えば煙でミツバチの防衛行動を抑えることもできただろう。現在のハッザ族と同様に、われわれの祖先も頻繁に蜂蜜を探し回っていたとすれば、こうした進歩によって、祖先が得られる糖のカロリーは急増したと思われる。[11] そして、アリッサが会話の中で何度か口にしたように、蜂の巣には幼虫や花粉も入っているので、さらなるカロリーだけでなく、タンパク質や重要な微量栄養素も得られるのだ。こうしたことを総合し、蜂蜜食の貢献度を考えれば、次のように強く主張することができる。すなわち、ハチ（とミツオシエ）を追いかけるのを学習したことが人類進化に影響を及ぼし、そのおかげで祖先は大型化していく脳を発達させ、（人類学者の言葉を借りれば）「栄養面で他の種を打

図 6.5　ハッザ族が集める野生のハチの巣は、「たなぼた」式に手に入る栄養であり、蜂蜜という液体から高カロリーを得られるだけでなく、幼虫（蜂の子）や花粉の詰まった巣房から、タンパク質と栄養素も手に入れられる。
写真：©Alyssa Crittenden

ち負かす[12]」ことができたのである。

ホモ・サピエンスが脳を発達させ、繁栄するようになった要因については、今後も議論が続くことだろう。だが、アリッサらはその要因に蜂蜜を加えることに成功した。その仮説がすぐに受け入れられたのは、既存の説に取って代わるのではなく、補完するものだったからだ。人類が進化したのは蜂蜜のおかげだと考えている人はいないが、私たちの祖先にとって貴重な栄養源だったことに異論を唱える専門家はほとんどいない。私がそもそもこの仮説に関心を持ったのは、それが人間とハナバチのつながりに関する説だったからだが、アリッサらがこの仮説を立てた過程、つまり、興味をそそる観察から単純な提案へ、そしてさらに包括的な仮説へと発展させたことにも感心した。そうしたことがすべて見て取れるのが、アリッサのウェブサイトに掲載された入手可能な文献リストだ。蜂蜜や消化から石器や歯のエナメル質の磨耗パターンに関する文献まで、彼女の共著者やテーマが年を追うごとに増えていくあらましがわかる（他人の文献目録を眺めるのは科学に携わる者のオタク的な楽しみの一つだ）。アリッサは最初に話したことをくり返して、私のインタビューを締めくくった。彼女の研究をすべて結びつける、その基本的な疑問とは、「どのようにして私たちはこのような体で歩き回ったり、このような生き方をしたりするようになったのか？」というものだ。そして、彼女は娘を迎えに幼稚園へ出かけていった。幼稚園と聞いて、私は彼女の研究のもう一つの傾向、つまり、ハッザ族の子供たちによる食物採集の習慣に関する一連の論文を思い出した。

狩猟採集民族の子供たちが甘いもの好きなのは驚くには当たらない。特に骨の成長期には、体が消化しやすいカロリーからすぐに得られるエネルギーを欲するので、子供の方が大人よりも糖類に対する耐性がはるかに強い。ハッザ族の子供たちは、初めはキャンプの近くにあるイチジク、漿果《ベリー》、イモ類、バオバブの果実を採り始めるが、やがて手の届く低い枝の洞や土の中に数種類のハリナシバチが巣を造ることを学習する。男の子が斧（伝統的に男が使う道具だ）を使える年齢になると、樹上で営巣するハナバチの巣を採るようになり、やがてはミツオシエを追いかけ始め、蜂蜜が最も豊富に詰まっている特大の巣を採るようになる。こうして手に入れた甘い宝物の大部分は、その場で食べてしまう。おそらくこれが、青年期の男性に特有の急成長を支えるのに一役買っているのだろう。こうした風習ははるか昔におおかたの文化から消えてしまったのに、そのあともずっと世界中の子供たちは野生のハナバチの巣を探し続けた。その理由は「成長期を迎えた体が糖類を欲する」からだと説明でき

図 6.6　成長期には簡単に使えるカロリーを体が必要とするので、砂糖に対する欲求は子供時代に一番高い。この昔の広告で宣伝されているデキストロース（ブドウ糖）のような安価な精製糖が登場する前には、田舎の子供たちはたいてい野生のハナバチの巣を探しては甘いものへの欲求を満たしていた。画：Sally Edelstein Collection の厚意により掲載

るかもしれない。

ミツバチは早いうちから家畜化されて、農家で飼われるようになったため、定期的に蜂蜜を採りに行く必要性はおおむねなくなった。しかし、農家で簡単に巣の維持管理はできたが、ミツバチは激しく巣を守ろうとするので、煙でいぶすなどの技術が必要になった。そのため、巣の管理（と蜂蜜の収穫）は、主に大人の手に委ねられた。一方、もっと気性の穏やかなハナバチの巣なら、手軽な甘いおやつを探している子供でも採ることができた。したがって、つい最近までどの農村の子供たちも、この風習をよく知っていた。著名な昆虫学者のジャン＝アンリ・ファーブルが昆虫に魅せられたのは、教科書や大学の授業ではなく、学校の生徒たちがツツハナバチの巣から甘いおやつを採るのを見たからだそうだ。日本の東北地方では、普通に見られるコツノツ

ツハナバチの巣を子供たちが遊びで開け、中のハチパンをよく食べていた。それがきな粉と蜂蜜を混ぜた菓子のようだったので、今でもマメコバチ（豆粉蜂）と呼ばれている。しかし、一般的にはマルハナバチの蜜の方がずっと好まれていた。量はさほど多くはないが、さらさらして美味しいので、多少刺される危険を冒す価値があった。一九世紀にはたいていの子供がマルハナバチの蜜採りをしていたので、『小さな女の子と男の子のための楽しい短い詩』というよく知られた詩集にも、次のような詩が収録されている。

ヤッホー、マルハナバチさん
甘い蜂蜜を作っておくれ
飛んでいってもっと作って
今ある分にもっと足して
そしたら私はきっと
おまえの巣に行ってやる
勇敢なマルハナバチさん、ありがとう
黄金色の蜜を作ってくれて(13)

この蜂蜜採りは少なくとも一九〇九年までは普通に行なわれていたが、この頃に次のような記事が掲載されて、学校の理科教育の一環としてハナバチの観察が促されるようになった。

昨日の朝、一人の男の子が私の部屋に来て、大きなマルハナバチの巣から蜜を採ったと言い、採れた蜂蜜の量について話してくれた。……わが国のありふれた農村や小さな町の普通の少年が、特にムラサキツメクサの二期目の花の季節に一番よく知っている昆虫がいるとすれば、それはマルハナバチである。(14)

しかし、二〇世紀の後半までに変化が起きた。私は一九七〇年代に「ありふれた農村や小さな町の普通の少年」として育ったが、在来のハナバチと関わった経験は一切なかった。ツツハナバチの巣からハチパンを取り出したり、友だちとマルハナバチの蜜を採ったりしたこともなかった。甘いものが欲しければ、他の子供たちと同じようにお菓子を買ったのだ。考え方の変化と精製糖の普及で、私の世代の子供たちは自然好きな者でさえ、ハナバチの巣を探し出したいとは思わなくなっていた。中年を迎えた今になって急に、私は失われた時間を取り戻したい衝動にかられた。そして、息子のノアがハッザ族の子供たちが蜂蜜採りを覚え始める年齢になったとき、相棒がいることに気づいた。

第7章 マルハナバチを育てる

人の営みのなかには、必ずしもロマンチックでも純粋でもないかもしれないが、少なくともわれわれが知る以上に高貴で細やかな関係を自然との間に築くものがある。たとえば、ハナバチを飼育するのは、……陽光を指揮しているようだ。(1)

ヘンリー・デイヴィッド・ソロー『取り戻されるべき楽園』
(一八四三年)

ノアはおもちゃの掘削機から顔を上げると、「ハナバチの音が聞こえるよ！」と叫んだ。息子は男の子の例に漏れず、おもちゃのトラックやブルドーザーが大好きで、一時間ほど前から私の書斎の外の地面を飽きもせずに均《なら》していた（書斎は果樹園の中にある物置小屋を改装したもので、私たちは以前そこに住んでいたアライグマにちなんで「ラクーン・シャック」と呼んでいる）。ノアの関心がハナバチに移ったのはとてもうれしかったが、実のところ、私たちは何日もハナバチが来るのを首を長くして待っていたのだ。

そのハナバチはラクーン・シャックの角を回ってポーチを調べ始めたので、私たちは身動きせずに見守った。ハナバチはまず羽目板の節穴を調べると、軒へ上がり、それから私がツバメの営巣用に設えておいた狭い棚に沿って移動した。固唾をのんで見つめるなか、ハナバチは再び下に移動し、ポーチの格子柵《ラティス》に釘づけしてある奇妙な仕掛けに近づいた。営巣に適した乾いた棚にツバメが惹きつけられるように、この奇妙な木箱にハナバチが抗いがたい魅力を感じてほしい、と私とノアは祈っていた。これまでの試みはすべて失敗に終わったので、今年は斬新な試みをしてみた。入り口のトンネルになるように、古い長靴をくっつけてみたのだ。爪先を切り取って木箱の穴にぴっちり取りつけ、上側の開口部は果樹園の木の方に向けて、ハナバチを誘うようにした。ハナバチは軒と格子柵の中間でしばらくホバリングしていたが、不思議な引力に引き寄せられたかのように、前のめりになって長靴の中へまっすぐに飛び込んだ。

「今のはボンブスかな?」と、ノアは目を輝かせて言った。ハナバチ熱が嵩じてきたわが家で私と妻が使っている学名を聞きかじって、ラテン語の名前で聞いたのだ。私はそうだとうなずいた。だが、ハナバチの識別はもっと手こずることが多い。展翅《てんし》してピン留めした標本を解剖顕微鏡で観察し、翅脈や舌（口吻）の長さ、場合によってはオスの生殖器の刻み目や溝のような特徴をくわしく調べる必要がある。しかし、野外で飛んでいるハナバチを見つけたときには、役に立つ経験則がある。ハナバチを見たとき、ネルのシャツを二枚重ねにしてダウンベストを着こみ、さらにウールの帽子という出で立ちだったら、それはマルハナバチだ。マルハナバチほど寒冷な気候に適応している昆虫はほとんどいない。一時的に翅を飛翔筋から外して筋肉だけを震わせ、胸部に熱を生じさせて、毛で覆われた断熱性に優れた体を温めることができる能力を備えている。そのおかげで、マルハナバチはさまざまな状況の下でも飛べるだけの体温に達することができる。だから私には、この日の午後のように凪の強い荒れた日に飛んでいる昆虫は他にはいないとわかっていたのだ。三月の二日になったばかりなので、このマルハナバチは休眠から覚めて、寒さをものともせずに新しい営巣場所を探しに出てきた女王バチだということも知っていた。

くぐもった羽音から、長靴の中を進んで爪先を通り抜け、木箱の中に入ったことがわかった。私は木箱の暗闇の中にいる女王バチの様子を想像してみた。私たちがハナバチの気を引くために用意したものを、嗅覚と触覚で探っていることだろう。木箱の中に、巣材用の綿を置き、指貫《ゆびぬき》大のミニカップにヤナギランの蜜を入れておいたのだ。フレデリック・ウィリアム・ランバート・スレイデンというイギリスの昆虫学者は、ハナバチの巣箱の中にいつも手で切り取った細い草の葉から亜麻の繊維片まででさまざまなものを入れておいただけでなく、スポイトでハチに花蜜を与えることまでしていた。さらに、ハナバチのために人工の蜜壺まで作った。「あらかじめ水で濡らせておいた木の棒の丸い先(2)を溶かした蝋で覆い、蝋が固まってから棒を抜いて壺を作ったのだ。一九一二年に出版されたスレイデンの『ハンブルビー――その生活史と飼育法』には、こうした具体例が詳細な説明と共に挙げてあるので、マルハナバチ属の飼育家にとってバイブル的な存在になっている。しかし、この著書が出版されてから一世紀経つうちに、書名に使われていたマルハナバチ（バンブルビー）を表す「ハンブルビー」という魅力的な名前はほとんど使われなくなり、さらに古い「ダンブルドア」という名前はハリー・ポッターのファン以外には知られなくなってしまった。しかし、今でもマルハナバチは私たちの身近にいる。昆虫学者はマルハナバチをハナバチ界の「テディベア」と呼ぶ。そしてミツバチと同様に、農作物の重要な花粉媒介者の役を果たしている種もいる。マルハナバチは専門家が振動授粉

（英語ではソニケーションとか、バズポリネーションと呼ぶ）に長けているのだ。つまり、トマトの花のように花粉媒介が難しい花から花粉をゆすり落とすのにちょうど適した振動数で翅を震わせることができるのである（第9章でくわしく取り上げる）。しかし、もしスレイデンが生きていたら、私とノアに最初に尋ねるのは、たぶんマルハナバチ研究の進展に関する質問ではなく、きっと長靴についてだろう。

自然界では、マルハナバチの女王はネズミやウサギの古い巣穴、岩の裂け目、洞のある木、キツキが開けた木の洞を見つけて営巣場所に利用する。繁殖期の終わりには数百匹に達するコロニーを収容できる、乾燥して閉ざされた場所が必要なのだ。営巣に適した場所を見つけるためには、そうした場所に共通する特徴、つまり、その入り口である暗い穴を絶えず探さなければならない。それでマルハナバチの女王は、暗い隙間や穴といった、人間の世界のそこらじゅうにいつでも見つかる場所に飽くことなき興味を示すのだ。イギリスのウィルトシャー州には、モゴモゴした話し声を水差しの中のマルハナバチの羽音にたとえる古い言い回しがある。こうした表現が生まれたのは、言うまでもなく、かつては水差しの中にマルハナバチが入っていることが珍しくなかったからだろう。実際、マルハナバチの巣は、ティーポットやじょうろから、竪樋、煙突、排気管、巻いたカーペットまで、思いがけないあらゆる場所で見つかっている。この営巣場所のリストに私はゴム長靴を付け加えた。言うまでもなく、足を入れた途端に刺されたという経験をしたからだ。

その事件はまさにこのラクーン・シャックのポーチで起きた。私は中で仕事をしていた数時間の間、泥だらけの長靴をポーチに放置しておいたのである（冬から春にかけて、母屋からラクーン・シャッ

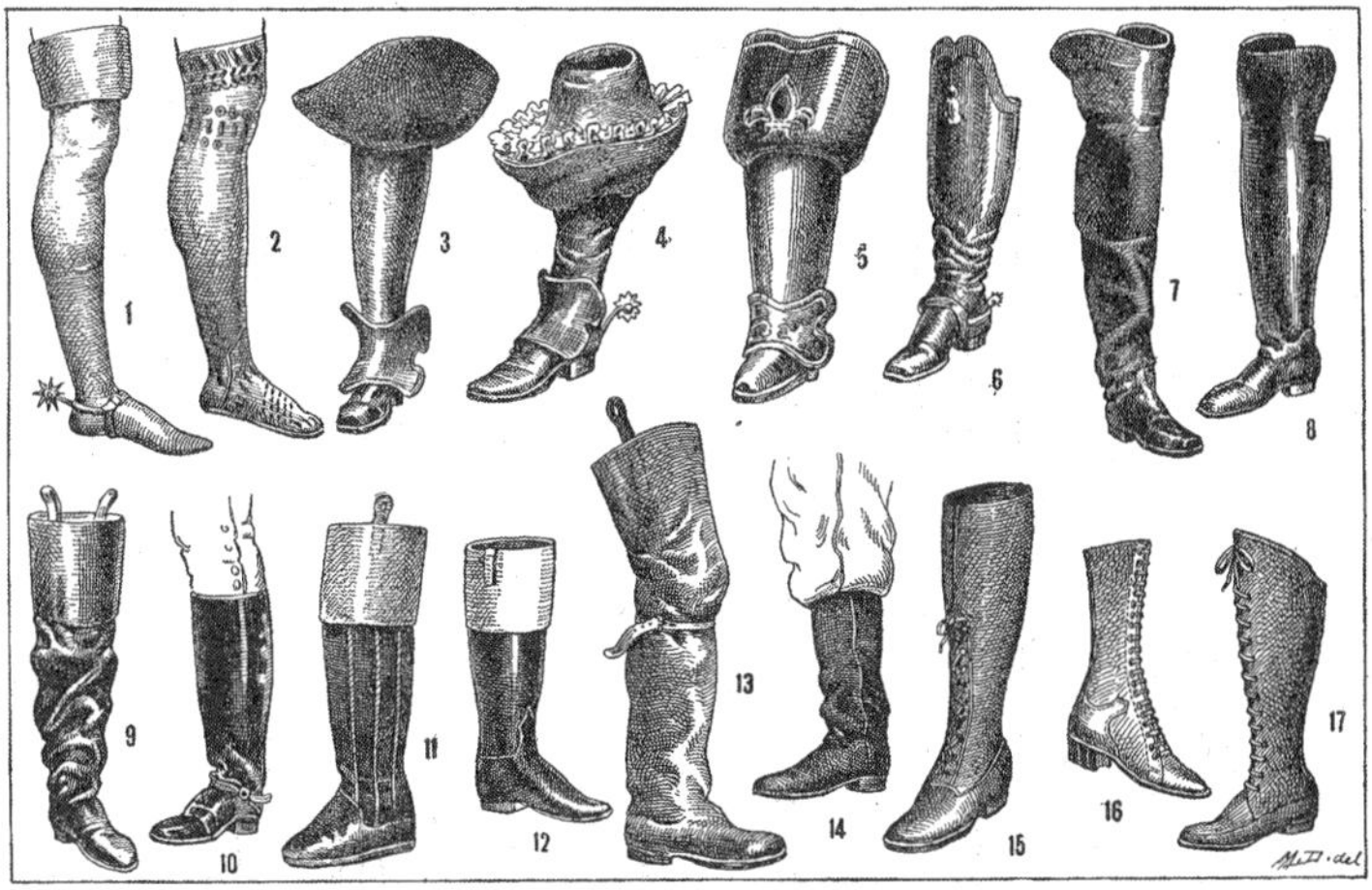

図 7.1　長靴は長く暗い入り口があり、便利な爪先部もあるので、マルハナバチの女王にとっては営巣するのにぴったりの場所だ。春先にポーチに無造作に転がっていたら、なおさら好まれる。画：Paul Augé, *Larousse du XX siécle* (1928)

クまでの小道はぬかるみになってしまうので、膝丈のゴム長を履く必要があるのだ)。暗くて快適な場所を見つけた女王バチはそこが気に入り、巣造りを始めようとしていたらしい。しかし、私がいきなり足を突っ込んだので、何ももぶち壊しになってしまったのだ。急いで長靴を脱ぎ捨てると、女王バチが転がり出てきて、もっと歓迎してくれそうな場所を探しに飛び去った。私は痛い目に遭って驚きもしたが、刺されたおかげで突然希望が生まれた。巣箱に女王バチを惹きつける方法がやっとわかったからだ！　それまで何年もラクーン・シャックのポーチにマルハナバチのコロニーを定着させて観察しようとしてきたが、その試みはことごとく失敗していた。果樹やベリーの茂みに囲まれた静かな日陰に佇むラクーン・シャックは理想的な場所のように思われるし、目と鼻の先には妻の花畑が広がっているというおまけつきだ。それなのに、排水土管や植木鉢からホースを取りつけた段ボール箱までさまざまなものを試してみたが、私の知る限り、女王バチは見向きもせずに通り過ぎた。昨年は、ノアと一緒に休眠から覚めたばかりの女王バチを数匹捕まえて、ブライアン・グリフィンの会社から購入した洒落た観察用の箱に入れてみたが、一匹残らずすぐに飛び去ってしまった。しかし今年は、入り口の穴に長靴を取りつけてから二日と経たないうちに、営巣場所を探している女王バチがやってきたのだ。

突然、羽音が大きくなり、女王バチが出てきた。そして長靴や格子柵、ポーチの周囲を徐々に大きな円を描きながら飛び回った。「女王バチは場所を記憶しているんだ」と私はノアにささやいた。ハナバチは行きたい場所に正確に行きつくために、偏光や太陽の位置などさまざまな視覚的手がかりを利用するが、その小さな脳で周囲の地理を細かいところまで記憶できることが数多くの証拠から裏付けられている。外界が見えない箱に入れられて移動されたマルハナバチやミツバチは、一〇キロ先から巣に戻ることができる。さらに、二三キロ先から巣に戻ったシタバチもいる。辛抱強く旋回することで、ハナバチは巣や食物の供給源の位置を特定するのに役立つ重要な目印を確認して記憶することができるのだ。ブライアン・グリフィンがツツハナバチの巣箱を並べ替えて見せてくれたように、こうした目印の位置を変えてしまうと、ハナバチは少なくとも一時的には巣に戻れなくなる。マルハナバチが居ついたら、ポーチに置いてある熊手、梯子、デッキチェアなどを動かしてはいけないのかな、と私は一瞬考えたが、ちょうどそのとき女王バチは旋回をやめると、果樹園を横切り、牧草地を越えて強い風の中に消えていった。しかし、しばらくすると、女王バチは頭に刻みつけた地図を試すかのように戻ってきて、再び長靴を取りつけた箱の点検を始めた。私はにやりと笑い、ノアとハイタッチをした。今度はうまくいきそうだ。

　著名な養蜂家を挙げると、古くはアリストテレスやピタゴラスから、アウグストゥス、カール大帝、ジョージ・ワシントン、現代ではヘンリー・フォンダやピーター・フォンダ、スカーレット・ヨハンソン、マーサ・スチュアートなどセレブが大勢いる。文学者では、ウェルギリウスやトルストイがハナバチを飼っていた。トルストイは『戦争と平和』で二ページにわたってナポレオン軍を前にして人々が疎開して空になったモスクワを描写し、「女王蜂を失って瀕死の蜂の巣」[3]にたとえている。アーサー・コナン・ドイル自身はハナバチを飼っていなかったが、シャーロック・ホームズが引退したら、その知性を退屈させないほど刺激的な活動は養蜂くらいしかないだろうとほのめかしている。『最後の挨拶』の中で、最後の事件を依頼されたホームズは「かつてロンドンで犯罪者の世界を見ていたように、小さな働き者たちを観察していた」[4]とワトソンに述べて、ハナバチを褒めそやしている。養蜂に関する文献はシェイクスピアによる隠喩《メタファー》から科学論文や実用書まで幅広い[5]が、歴史や文学で言及されているハナバチはミツバチ一種だけである。マルハナバチを飼うことを決めた私とノアは、ミツバチに比べるとほとんど知られていない、前人未踏の道に踏み出すことになった。実際、豊富な知識に基づいてマルハナバチ属のことを記した著名人はたった一人しかいない。そして、その人がマルハナバチについて記したことを知る人もほとんどいない。

　シルヴィア・プラスはその生涯最後の年にミツバチを典型的なやり方で飼っており、ミツバチについて詩もいくつか書いている。だが初期の作品では、至るところでさまざまなハナバチに関する隠喩を用いたり、言及したりしていた[6]。プラスは著名な文学者のうちで唯一、詩の中で「越冬場所（ハイバーナキュラム)」という用語を使った人物に違いない。彼女はこの語を使って、卵を持ったマルハナバチの女王が越冬する浅い巣穴のことを正確に述べた。シルヴィアがマルハナバチをこのように熟知するようになったのは、北米一のマルハナバチの専門家と共に幼少時代を過ごすというきわめて自然な流れがあったからだ。父親のオットー・プラスは娘の詩に暗い影を落とす存在だと文芸評論家には見られているが、昆虫学者には愛着を持たれている人物だ。オットー・プラスが著した『マルハナバチとその生態』はスレイデンの著作のアメリカ版に相当する名著であり、彼の知識のいくばくかが若き日のシルヴィアに影響を与えたのは確かである。幼なじみの友だちはシルヴィアの自然好きをよく覚えていたし、シルヴィアの著書には、単独性のハナバチから虫こぶに暮らす寄生カリバチまでさまざまな昆虫の話題がよく登場しているからだ。『マルハナバチに囲まれて』という自伝的小説では、父親をモデルにした人物が針のないオスバチを手で捕まえ、こぶしの中で羽音を立てているのを楽しむ様子を回想している。[7] 私たちが一緒に行なった数々のハナバチの冒険のことをノアが覚えているかはわからない。だが、あの女王バチが営巣に失敗したら、マルハナバチの章が短いものになることはわかっていた。そして残念ながら、事態はすぐに悪い方向へ向かってしまった。

私たちが用意した巣箱には、長靴の他にも、蓋に透明なアクリルガラスの窓があるという重要な特徴があった。窓を覆っている木製のカバーを外せば、ハチたちの邪魔をすることなく(そしてハチを外に出さずとも)、中の様子を見ることができるのだ。最初に覗き込んだときは、綿の中に動きがあった。女王バチが自分の好みに合うように整え直していたのだ。私はすぐに蓋を元通りにして、ノアに女王バチが落ち着くまで数日間は覗かない方がよいと言った。運がよければ、女王バチはまもなく蜜壷を造って卵を産み始め、巣箱はたくさんのハチの羽音でいっぱいになるだろう。しかし、それからまもなく、ラクーン・シャックのポーチからハチの羽音とはまったく違う音が聞こえてくるのに気がついた。イエミソサザイのけたたましい声だった。調べてみると、マルハナバチはいなくなっていて、長靴には小枝がいっぱい詰め込まれていた(8)。ミソサザイが営巣を始めていたのだ。結局、その巣からは六羽のやかましいヒナが巣立っていった。私は鳥好きなので、ミソサザイの横やりを冷静に受け止めようと努めたが、ノアはひどく腹を立て、大切な女王バチを追い出したミソサザイ一族を一生許さないと誓っていた。あとからわかったのだが、ミソサザイたちは追い打ちをかけるように、地元のハナバチの個体群にも損害を与えていた。繁殖期の終わりに長靴の中から小枝と羽でできたミソサザイの巣を取り出したところ、華奢な巣の内装に、フェルト状になったフワフワした綿くずが使われているのがわかった。これはモンハナバチの巣を壊して持ってきたとしか思えない。

マルハナバチの巣を観察する絶好の機会をミソサザイに潰されてしまったが、私とノアにとって、この経験は少なくとも教訓になった。再び春が巡ってきたときには、私たちはよく行く地元のリサイクルショップで、ティーポットや水筒、じょうろの他にさまざまな種類の古長靴を買ってきた。これだけ多くの営巣空間があれば、ミソサザイを満足させ、なおかつマルハナバチの女王のお眼鏡にも適うだろうと期待したのだ。これは、ミツバチを誘引する伝統的な方法をマルハナバチに応用したものだと言えるだろう。ハッザ族のような伝統的狩猟民は、木の中にあるハチの巣を切り開いたとき、ハナバチが同じ場所に何度も戻って営巣するのを期待して、たいてい傷ついた幹を石や泥で修復する(狩猟民にとって、巣の修復には二つの利点がある。一つは、巣のありかが正確にわかっていること。

図 7.2　アフリカにおける伝統的な養蜂は、洞のある木材などの魅力的な場所へ野生のハナバチの群れを誘導するところから始まる。エチオピアのこの写真では、アカシアの木に数十個もの巣箱が鳥の巣のようにぶら下がっている。
写真：Bernard Gagnon via Wikimedia Commons

もう一つは、ハナバチが戻ってきて営巣したときに、簡単に巣を開けられるということだ）。昔のアフリカの養蜂家はもう一歩進んで、理に適った方法をとった。見込みのありそうな場所に洞になった丸太を置いておき、野生のミツバチの群れを捕獲したのである。こうした伝統的な養蜂は今日でも多くの農村地帯で行なわれているので、アフリカのミツバチの一部の個体群は興味深い半野生状態が維持されている。

ミツバチは新しい女王が生まれて巣分かれができるほど巣が大きくなると、いつでも分蜂する。こうした分蜂は一年に二回以上見られることもある。しかし、マルハナバチの女王を惹きつけることができるのは、休眠から覚めた女王バチが新たに巣造りを行なう春や初夏だけである。この季節性の違いは根が深く、この身近な二種類のハナバチに見られる差違の多くは、そこから説明できる。ミツバチは熱帯や亜熱帯地方で進化したので、大集団で生活する巣を一年中維持することができ、秩序を保つために高度な社会性とコミュニケーション様式が必要になった。一方、マルハナバチはほとんどが温帯産なので、もっと過酷な冬に適応して暮らす必要があり、最適な生存戦略は女王バチが休眠して越冬することである。マルハナバチの生態の特徴は「即時性」だ。非常に短い活動期間の中で生産性を維持するために、働きバチは必要に応じてさまざまな仕事や社会的役割をこなさなければならない。高山や北極圏で営巣するマルハナバチのコロニーは、わずか数週間で生活環を完結させなければならないのだ。私とノア以外にマルハナバチを飼育する人がほとんどいないのは、本質的に生活環が短いからなのだ。一方、ミツバチは一年中活動するように進化したので、乾期や雨期、一時的な寒波や花が少ない時期にも、何万匹もの働きバチを維持できるほど大量の蜂蜜を生産する。マルハナバチも美味しい蜂蜜を生産するが、生産量が比較的少なく、たまに訪れる雨の日に数十匹を養える程度の量しかない。

春の訪れとともに、地元の島の天候が安定してきたので、私とノアは果樹園のまわりのあちらこちらに配置した長靴やティーポットに大きな期待をかけていた。しかし、万一に備えて、私はハナバチの追跡法に関する文献に可能な限り目を通し始めた。ミツオシエという助っ人のいない地域では、狩猟採集民は花で採食している働きバチを捕えると、その背中に花弁や葉、羽を糊づけして目立つ姿に変え、巣に帰るハチを追いかけるのだ。注意深く耳を澄ませることも、大切な追跡手段だ。東コンゴのムブティ族の蜂蜜採りは、キャンプ周辺のハチの巣から聞こえてくる羽音を聞くだけで、一回の蜂蜜採りで一人当たり二ヵ所から三ヵ所の巣場所を突き止めるのだそうだ。こうした数字を聞くと希望が持てた。ハナバチが私たちの巣を利用してくれなくても、こうした方法のどれかを使えば、繁殖期中にきっと巣を一つ見つけられるだろう。しかし、それは「言うは易し、行なうは難し」だとわかった。

春に入って好天が二日続いたおかげで、待ち焦がれていたハナバチがその年初めて現れた。しかし、その後は雨天に逆戻りして、風が吹きすさぶ冷たい嵐がいくつも島を襲った。とりわけ雨の多い冬のあとにこうした嵐が続いたので、太平洋側北西部で生まれ育った私たちでさえ、この天気は嫌がらせをしているとしか思えなかった。だが女王バチにとって、事態ははるかに深刻だった。早々と休眠から覚めて出てきた女王バチは、花がほとんど咲いていない寒空の下で貴重なエネルギーの蓄えを消費していたからだ。悪天候にもめげずに咲き始めた数少ないクロッカスやスイセンに、雨に打たれて濡れそぼったマルハナバチがしがみついているのを毎日目にした。ようやく天候は回復したが、早めに休眠から覚めた代償は大きかった。私たちが設えた巣では、早めに出てきたマルハナバチは一匹しか見つからなかった。尻が黒とオレンジ色の女王バチで、ラクーン・シャックのポーチに置いた長靴の中に入って、爪先の近くで死んでいたのだ。他の多くの女王バチと同様に、寒さと雨と飢えが重なって絶命したのだろう。

幸いなことに、すべてのマルハナバチが平等に造られているわけではない。シルヴィア・プラスがよく知っていたように、越冬場所から出てくる女王バチは新たな始まりを示す存在ではあるが、それ以上に前年の結果でもあるのだ。春に見られるマルハナバチの数や状態、健康はいずれも、前年の夏の繁殖成績に直接左右される。毎年、繁殖期の終わりには、古い女王バチも働きバチもオスバチも、一握りの選ばれた生存者に望みを託して死んでしまうのだ。ベルンド・ハインリッチが著作で使った経済学用語で言えば、越冬している若い女王は純利益（巣の仲間がつぎ込んだ労働と花のエネルギーから得られた繁殖上の利益）を表しているのである。新しい女王バチとその交尾相手のオスバチは繁殖期の後半に生み出されるが、その数はコロニーにどれくらい余裕があるかによって異なる。資源の乏しい巣や寄生者や病気に侵された巣では、交尾した女王を一匹も生み出せないこともある。しかし、資源に恵まれた年にはコロニーは大きくなり、女王バチやオスバチを数百匹生み出すことができる。繁栄している巣では、女王バチに与えられる食物の量も多いので、女王バチは大きく丈夫に育ち、厳しい冬や例外的に寒い春を生き延びられる可能性が高くなる。さらに、マルハナバチは危険を分散するようにも進化した。休眠から覚めるきっかけは個体によって異なるので、どの年でも女王バチが一斉に目覚めることはない。いわば、悪天候や開花時期の乱れのような不測の事態に対して保険がかけてあるのだ。本格的な春が訪れると、見かける女王バチの数が増えただけでなく、働きバチも見られるようになった。近くで営巣が始まっている証拠だ。そこで、マルハナバチの巣探しに取りかかるために、ニワトリ小屋へちょっと行くことにした。

うちではニワトリを数羽飼っていて、最年長はゴールデンと名づけた大型のバフ色のプリマスロック系のめんどりだ。年をとって体重が増えてきたので、狭い小屋の入り口を通るのに、無理やり体を押しつけて出入りするようになった。その結果、出入りの際にこすれて取れた羽が小屋のあちこちに落ちていた。フワフワした黄色い羽なので、マルハナバチにつければ、羽をなびかせて飛んでいくあとを簡単に追いかけることができそうだ。落ちたばかりの羽を一本選んで、ちょうどいい大きさに切ると、母屋に戻った。さっそくノアが近くのグースベリーの茂みでマルハナバチを捕まえてきた。マルハナバチを少しの間、冷凍庫に入れて冷やすと（変温動物を落ち着かせるお勧めの方法である）、ハチの腹部の背に水溶性の糊を塗り、羽を貼りつけた。そして、ハチをポーチの階段の一番上に置くと、長靴を履いて追いかける準備を整え、そばでしゃがんで待った。

体温が元に戻るまでしばらく時間がかかったが、マルハナバチはじきに忙しく触角の手入れを始め、飛び立つ準備ができたように見えた。ハチは腹部を上下に動かし、身を震わせて、筋肉で発生させた熱を体全体に行き渡らせていた。それから「苛立った」という表現がピッタリの仕草で、突然片方の後脚を上に伸ばすと、羽を掴んで引っ剥がした。

サラ・コールリッジという一九世紀のイギリスの詩人は、人気のある子供向けの詩集で、「私は感じられたらと願う／少しでもいいから／マルハナバチの心に宿るやさしさを」(9)と詠っている。コールリッジ女史がマルハナバチに羽を糊づけしようとしたことがなかったのは間違いない。私たちの捕まえたマルハナバチは脚を全部使って、不愉快な羽を容赦なく粘々する団子に丸めると、陽の当たる場所へ大股で歩いていき、ひとしきり翅をブンブンと震わせてから飛び去った。その様子を女史が見ていたなら、このような詩は作らなかっただろう。やり方を多少変えて何度か羽を取りつけてみたが、結果は似たようなものだった。マルハナバチは不器用なテディベアのように見えるかもしれないが、脚はとても器用にできていて、体のどこについた花粉でも取り去ることができるのだ。強力な糊で貼りつけた小さな羽さえすぐに取ってしまったし、糸で結びつけた羽も取り除けることがわかった。そこで私たちは方針を変えて、鮮やかな青色のチョークの粉を数匹のマルハナバチに振りかけてみた。葉や芝生を背景にすると、この青色はよく目立つからだ（マレーシアのクマバチは自然状態でも鮮やかな青い毛で覆われているので、熱帯雨林の中であとを追うのが楽なはずだ）。とはいえ、残念ながら、青いチョークのついたハナバチは青い空の部分に入るとまったく見えなくなり、いずこともしれぬ巣に数歩走り寄っただけで、私たちの追跡は終わってしまった。

最終的にうまくいったのは、蜂蜜採りたちにはおそらく当たり前のことをやったからだ。つまり、常日頃からハナバチに対する意識を高め、探索状態を維持したのである。私たちは羽音がするたびに頭を巡らすようになり、ノアがいみじくも「挙動不審のハナバチ」と呼んだ、根上がりした木の根を調べている女王バチや、花粉や花蜜の供給源が見当たらない場所を飛び回っている働きバチに特別な注意を払うようになった。庭の近くにある古い馬小屋からマルハナバチが飛び出してきたのを見た私たちは、じきにその中で巣を二つも見つけた。古い木製パレットの下でシトカ・バンブルビーの女王が営巣を始めており、そこから三メートルと離れていないところにある古いハタネズミの巣穴には、ファジーホーンド・バンブルビーが住みついていた[10]。その真ん中にデッキチェアを置けば、私は両方の巣の活動を観察しながら、同時に本書の執筆もできることに気がついた。実際にやり始めてみると、執筆に向いている場所だということがわかった。電話やEメールに邪魔されないし、執筆が中断させられるのは出入りするマルハナバチを楽しく観察するときだけだったからだ。

最初のうちは、どちらの巣でも出入りしているのは女王バチだけだった。根気強く何度も出かけていっては、後脚に花粉をびっしりつけて戻ってきた。巣造りを始めてから数週間は、単独性のハナバチと同様に、食料集めから産卵まで女王バチがすべてを行なうのだ。しかし、もし中を覗けたら、マルハナバチの巣はツツハナバチ、アオスジハナバチの巣とはまったく異なっているのがわかっただろう。マルハナバチやコシブトハナバチの女王は別々の巣房に卵を産んで蓋をするのではなく、まとめて卵を産み、鳥のように抱卵して、体温を使って胚の発生を早めるのだ。私はデッキチェアに座ったまま時計を見るだけで、それぞれの女王バチが何をしているか推測することができた。運んできた花粉や花蜜を降ろすだけならば一分ほどでまた飛び立つが、抱卵するべき卵があるときは、次に食料集めに出かけるまで、一時間近くも巣に留まることもある。そのうち、どちらの巣が先に最初の働きバチを羽化させるのかを張り合う競争のようになってきた。それなのに、まさにその瞬間が訪れたとき、私はもう少しで見逃すところだった。

「小さい!」と私のメモ帳には書いてある。シトカの巣の上にある古い木製パレットから飛び出してきた二匹の黒い昆虫を見たときの記録だ。イエバエのように見えたが、腹部には小さな白い毛の房がついていた。マルハナバチの研究者の間では、最初に羽化する働きバチは「キャロー(青二才)」と呼ばれている。食物の量が少ないと、体のサイズにそのまま現れるのだ。女王バチは一人で第一世代の子供を育てなければならないので、花粉を十分に与えることができず、子供が本来の大きさまで育たないことが珍しくないのだ。ある意味では、女王は体のサイズを犠牲にして、ハナバチコロニーの社会生活の特徴であるカースト制的分業を確立することを優先する。やがては養育係や門番といった多くの働きバチが、拡大するコロニーを維持する仕事を受け持つようになるので、女王バチは産卵に専念できるようになる。花粉を集めたり、幼虫の世話をしたりする働きバチが増えるにつれ、あとに

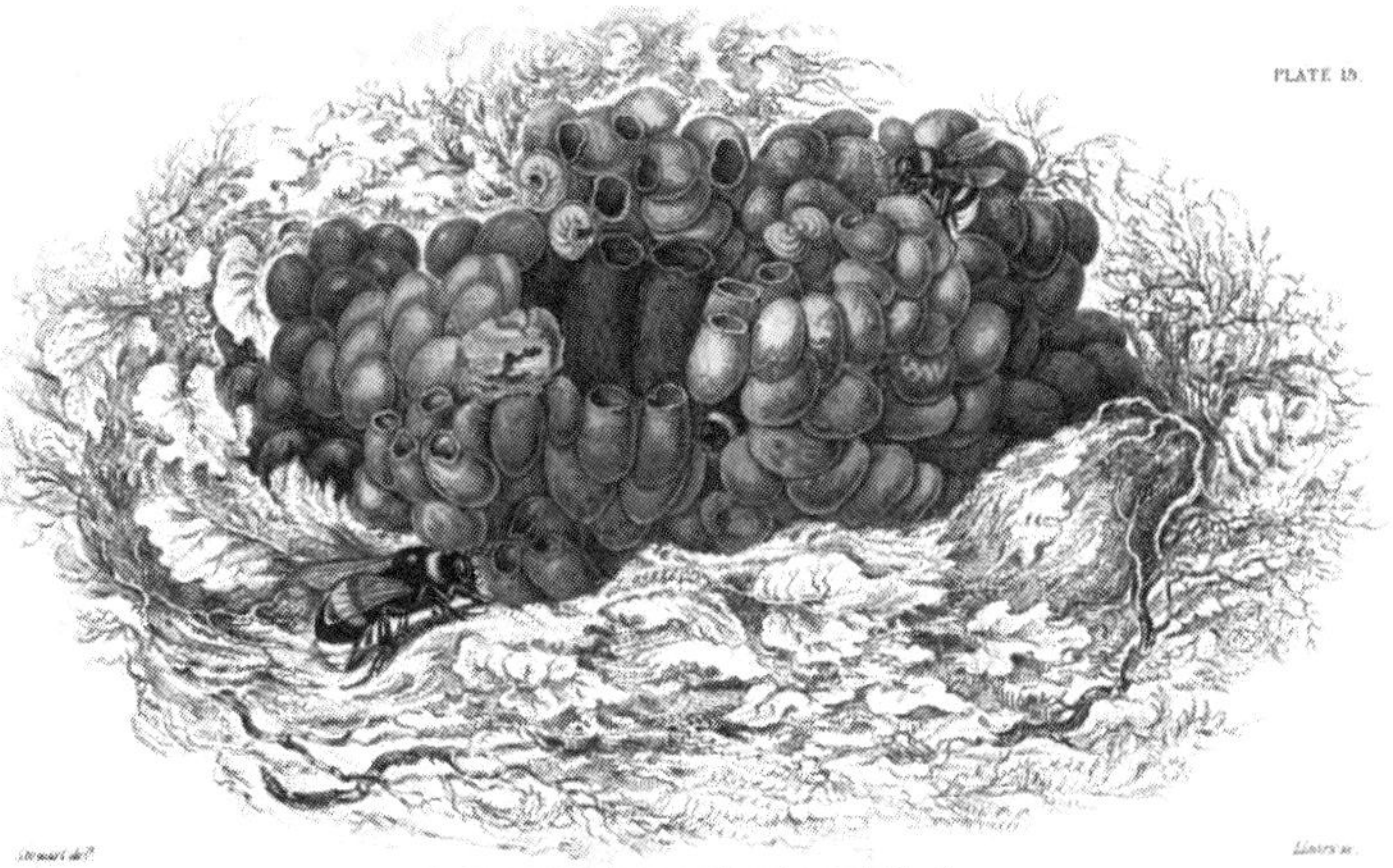

図 7.3　ミツバチの巣は整然とした対称形だが、マルハナバチの巣は乱雑に並んだ小さな蝋の壺で、その中に食物や幼虫を入れておく。Wikimedia Commons

生まれてくる子供の体重は、女王バチが一人で育てた子供の一〇倍にもなる。最初のキャローを二匹見かけたので、こうしたことが起こっているのがわかったが、それでもそのハチたちが花粉を集めに出かけていくのを見て複雑な気持ちになった。それは、大きくて重々しい女王バチの姿をもう見られないことを意味していたからだ。働きバチが花粉や花蜜を集める分業体制は、同時に女王バチが暗い巣の中で残りの生涯を過ごすことを意味する。幼虫の入った育房や、花粉や蜂蜜の貯蔵室がどんどん増えていく巣の中で、女王バチは子供たちに囲まれながら、産卵マシーンとなるのだ。しかし、私は女王バチだけでなく、キャローも、この巣の他のハチの姿も再び見ることはなかった。後日、デッキチェアに座って再び観察しようとしたときには、シトカの巣は静まり返っていたのである。

かつてチャールズ・ダーウィンは、ある野草の運命をイエネコの増加と結びつけたことがある。ネコはネズミを食べ、ネズミはマルハナバチの巣を食べる。マルハナバチはムラサキツメクサやサンシキスミレなどさまざまな野生スミレの花粉を媒介する上で欠かせない存在である、とダーウィンは述べ、最後にこう締めくくっている。[11]「ある種の花がその地域で見つかる頻度は、その地域にどれだけの数のネコがいるかによって決まる可能性があるのではないか。しかもそれにはネズミとハナバチが介在していると言ってよさそうである」[12]〔『種の起源』渡辺政隆訳、光文社古典新訳文庫より引用〕

のちに評論家はこのモデルを拡張して、イギリスの農村の独身女性（たいていネコを飼っている）と、英国海軍の兵士（ツメクサの牧草地で育つウシからできたコンビーフを食べる）まで加え、大英帝国の防衛力とネコ好きの独身女性の数を結びつけてみせた。このエピソードは、食物連鎖という概念にまつわる初期のおかしな事例として取り上げられることが多い。だがダーウィンに関しては、彼がマルハナバチをよく理解していたことも示している。スレイデンやプラスのようなマルハナバチの権威はみな、ネズミがこぞってマルハナバチのコロニーを食べると断言している。とりわけ、うちのシトカの巣のように、少数の小さな働きバチしか防衛に当たれない巣は餌食になりやすい。私は木製パレットを持ち上げ、その下に残ったものを丹念に調べてみたが、ネズミの仕業以上に納得のいく説明を考えつくことはできなかった。馬小屋やその周辺の草地にネズミが住んでいるのは知っていたし、ハナバチが営巣に利用した場所も元はネズミの巣穴だったのかもしれない。マルハナバチの巣は、枯れた細い草の葉、ポプラの葉、梱包用の紐、端布《はぎれ》、グラノーラバーのピカピカした包み紙の箔片がからまり合った塊に穴を掘ってできた二つの小部屋で構成されていた。動物が外から侵入した形跡も、死んだり病気になったりしたハナバチも見つからなかった。おそらく、好奇心旺盛なネズミが穴伝いに巣の入り口まで入っていき、キャローを圧倒して手当たり次第にむさぼり食ったのではないか。ハナバチがそこに巣を構えたことを示す証拠は、一つ残っていた黄褐色の蜜蝋でできた壺の一部だけだった。

シトカの巣を失ってとても残念だったが、そのおかげでこれまで気づいていなかったことを痛感した。ノアと私は出だしにさまざまな長靴や仕掛けで失敗を経験したのに、私は気づいていなかったのだ（ここで述べた試み以外にも、巣箱の一つをアライグマにやられたし、女王バチが巣を造り始めた最初の段階で、アリに侵略されてしまったのも見ていた）。ミツバチを飼育している人ならばよくわかっていて、最初に忠告してくれたかもしれない。それは、ハナバチの飼育は大変だということだ。巣を築いて健全なコロニーを維持するためには、厄介な競争相手や天候不順から、捕食者や寄生者、病気などの絶え間ない脅威まで、自然の障害を次々に乗り越えていかなければならない。野生のコロニーでも、成功するのは当たり前ではなく、例外的なできごとなのだ。そうではなく、すべての女王バチが繁栄するコロニーを築いたら、世の中はハナバチだらけになってしまうだろう。この試みからノアと私が得たものに、私は慰めを見出した。それはマルハナバチに対する愛着だ。私たちはその後も、自宅の近所の森から町の歩道の隙間まで至るところで、野生の巣を見つけようとする気持ちを持ち続けた。一方、私は馬小屋のハタネズミの巣穴で営巣しているファジーホーンド・バンブルビーの観察はそのまま続けた。こちらの方は順調に働きバチの数が増え、巣の出入りが活発になったので、その観察に追われて著述どころではなくなってしまった。数週間が過ぎるうちに、自宅の菜園の作物の移り変わりを反映して、ハナバチが集めてくる花粉の色がアスパラガスの鮮やかなオレンジ色からポピーの黒い色、さらにカボチャやメロンの白い色へ変わった。それはハナバチ飼育の試みを締めくくるのにふさわしい結果だった。人はハナバチの生態に興味を持ったり、蜂蜜や蜜蝋を楽しむことがあるとはいえ、何といっても一番強い結びつきは、ハナバチが人の食料にもたらす影響だろう。

第8章　ハナバチが担う人の食卓

何を食べているかを教えてくれたら、あなたがどんな人間だか当ててみせよう。

フランスの格言

人は食物の三口に一口をハナバチに頼っているとよく言われる。蜜がとれる最盛期のハッザ族にとってはこの数値は少なすぎるかもしれない。一方、ハッザ族以外の私たちにとっては、この数値は人間がハナバチによる送粉に大きな恩を受けているということを表している。送粉（花粉媒介）はあまり目立たないが、農業というシステムを縁の下で支えている重要な役割なのである。とはいえ、「三口に一口」という数値を分析するのは生易しいことではない。定量的な計算をすれば、世界の農作物生産量の三五％は、ハナバチなどの送粉者を必要とする植物から得られる。三五％という数は三口に一口（つまり三分の一）という数値に非常に近いが、肉、海産物、乳製品、卵から得られるカロリーは計算に入っていない。一方、単純に食物の種類で数えるなら、この数値は四分の三になるだろう。

つまり、私たちが食べている上位一一五種類の農作物の七五％以上が送粉者を必要としていたり、送粉者の恩恵を受けたりしているのである。栄養学の専門家は、違う視点からこう指摘する。送粉者に依存する果実や野菜、ナッツは、人間が摂取するビタミンCの九〇％以上を供給しているだけでなく、リコピンのすべてと、ビタミンA、カルシウム、葉酸、脂質、さまざまな抗酸化物、フッ化物の大部分を供給しているのだ。

ハナバチによる送粉が人間の食料に大きな影響を与えているのは明らかだが、一口当たりのハナバチの重要性は口にしている食物によって異なる。ウシなどの家畜の飼育は送粉者を必要としないし、小麦や米のような主食となる穀物は風媒（風が花粉を運んで受粉を媒介する）のイネ科草本から得られる。しかし、肉に味つけをしたいと思ったり、パンに美味しいものを塗りたいと思ったら、途端に話は複雑になる。ハナバチが食物の量ではなく質に与える影響を分析した方が、本質的なことが明らかになるのではないか。ハナバチのいない世界でも食べるものを手に入れることはできるかもしれないが、そうした食物はどんなものだろうか？　店の農産物売り場や直売所の様相が一変するのは確かだろう。さまざまな作物が数種類の穀物と一、二種類のナッツ、バナナのような変わり者のクローン作物だけになるかもしれない（マメやナスのように確実に自家受粉できる作物でさえ、もともとはハナバチが送粉していた系統から品種改良で作られたものだ）。しかし、果実や野菜の種類の減少は、目に見える変化に過ぎない。ハナバチが私たちの食物供給にどれほど深く関わっているかを明確に理解するために、私は思いも寄らない、まずありえないようなところでハナバチを探すことにした。それは、世界の一〇〇ヵ国以上で毎日二五〇万食以上も食べられている食品である。その料理の材料は単純で、一見したところでは、ハナバチとは無縁のように思える。なぜそれがわかるかというと、何百万人もの人たちと同様、私はそのレシピの歌を覚えているからだ。

一九六七年にペンシルベニア州のマクドナルドのチェーン店で発売されたビッグマックサンドイッチは、それからわずか数年のうちに全国の店舗で販売されるようになった。しかし、大評判になったのは一九七五年になってからだ。この年、史上最大の成功を収めたコマーシャルソング――「ビーフ一〇〇%のパティ二枚と、特製ソース、レタス、チーズ、ピクルス、オニオンを挟んだゴマつきバンズ！」――がお目見えしたのである。[1] 一時期は、この歌詞を三秒以内で言えるとビッグマックがもらえるというキャンペーンも行なっていた。私は高校を出てからビッグマックを食べていないが、味はよく覚えている。そこで、ハナバチがもしこの食品に関わっているなら、どんな具合だろうと考え始めたのだ。

都会を離れて島に住んでいると、空気がきれいで朝には鳥のさえずりを聞けるし、薪に不自由しないなどの利点がある。だが、昼食の時間までにあの「金色のアーチ」を掲げるマクドナルドの店に行くためには、朝食を摂るとすぐに家を出なければならない。一時間半ほどフェリーボートに乗ったあと、最寄りの町まで一生懸命に自転車を漕いでマクドナルドに着いたときには、検証を忘れてビッグマックにかぶりつきたくなるほど空腹になっていた。列に並んで順番を待っていると、揚げ物鍋《フライヤー》のアラームやオーブンのタイマーの音が聞こえてくるキッチンでは、スタッフが横一列に並び、目にもとまらぬ早業でハンバーガーを作っては包んでいた。私は注文したビッグマックができあがるところを観察しようとしたが、無理だった。スタッフの手が速すぎてぼやけてしまい、見極めることができなかったのだ。

　食べたことのない人のために説明しよう。ビッグマックは、三層のバンズにビーフパティ二枚を挟み、オニオンとどろりとしたソースをかけたハンバーガーである。上側のビーフパティの下にピクルスが、下側のパティの下にチーズが挟まれていて、チーズが少しとろけて一番下のバンズに垂れている。それぞれのパティの下には、ソースがかかった細切りのレタスと刻んだタマネギが一握り入っている。私は用意してきたピンセットと拡大鏡を用いて、この構造物を一層一層分解し、ハナバチの助けがなければ手に入らない材料を取り除いていった（参照できるように、マクドナルド社のウェブサイトに掲載されていた食材の詳細なリストと栄養情報をプリントアウトして持ってきた）。以下は、一世を風靡したコマーシャルソングの歌詞の順番に、調査結果を並べたものである。

　一〇〇％のビーフパティ二枚はハナバチとは無縁だろう。マクドナルド社は牛肉を大手の流通業者数社から仕入れているが、そうした会社は何千にも上る農場や牧場から買いつけている。こうしたウシの一部はハナバチが送粉したアルファルファやツメクサを少しは食べたかもしれないが、飼養場では食品産業から出たありとあらゆる廃棄物（余ったアイスクリームのスプリンクル〔トッピング用の小さな菓子〕やグミワームから、ハナバチが送粉したチェリージュースやフルーツフィリングまで）を与えて、家畜を太らせていることが知られている。(2) とはいえ、例外がなくはないが、肉牛の飼料の大部分は風媒のイネ科草本や穀類だ。調味料として、マクドナルド社は塩に加え、コショウを肉に振りかけている。塩は問題ないが、コショウはハナバチと無縁ではないかもしれないので要注意だ。黒コショウは、南インド原産のコショウ属に属する熱帯の蔓植物だ。ハリナシバチはその花を頻繁に訪れるが、コショウの品種の多くは自家受粉する。風は言うまでもなく、雨滴で揺すられただけでも花粉を分散させて、果実を実らせることができるという実験結果もある。しかし、コショウの粉は小さすぎて取り除くことができないので、そのままにしておくことにした。

だが、特製ソースはそうはいかない。サウザンドアイランドドレッシングの一種であるこのピンク色のクリーミーなソースには、ハナバチが送粉するキュウリからできた甘いピクルスのほか、種子の生産や品種改良のためにハナバチを必要とする鱗茎《りんけい》作物であるタマネギの粉末も入っているからだ。さらに着色料として、ハナバチが送粉するパプリカ（トウガラシの一種）や、ウコン（ショウガ科）の根茎を粉末にしたターメリックが使われている。ソースがクリーミーなのは、大豆油かカノーラ油を使っているからだ。ダイズは自家受粉することができるが、ハナバチの助けを借りれば収穫量が一五%から五〇%も増える。カノーラというのはカラシナの商品名で[3]、収穫量を増やすためだけでなく、生育能力のある種子を生産するためにもハナバチを必要としている。したがって、ソースの中でハナバチの手を借りないで済むものは、コーンシロップ、卵黄、保存料、微量の「アルギン酸プロピレングリコールエステル」という長ったらしい名前の食品添加物（昆布由来の増粘剤）だけだろう。

特製ソースを取り除くときに、レタスもほとんどこすり落としてしまった。だが、たぶんそれでよいと思う。私たちが食べるのは葉の部分だけで、種子は自家受粉で作れるが、コハナバチなどのハナバチがレタスの花を訪れると、受精率が劇的に高まるだけでなく、四〇メートルも離れた花にも花粉が運ばれるからだ[4]。さらに、マクドナルド社が好むようなパリパリしたレタスは、ハナバチの助けがなければ栽培できなかっただろう。ワシントン・アトリー・バーピーという名高い育種家が、一八九〇年代の初めにこの「アイスバーグ」というレタスの品種を作り出したのは、ペンシルベニアの農場で一連の自然受粉〔自然に起こる花粉媒介の様式。放任受粉ともいう〕を実験しているときだったからだ。

ビッグマックに入っているスライスチーズもウシの生産物で、一見したところではハナバチが関わっていないのは確かのように見える。しかし、ちょっと調べてみると、肉牛はほとんどイネ科の草本や穀物を食べているが、乳牛は世界のアルファルファの大部分を消費しているのだ。私の経験からすると、アルファルファはアオスジハナバチやハキリバチに送粉を依存している。タンパク質とミネラルが豊富に含まれているアルファルファは乳牛の理想的な飼料になるので、酪農業のガイドラインでは、乳を出しているウシには毎日六～七キログラムのアルファルファを与えることを推奨している。乳牛はもちろんイネ科の草本だけでも生きていけるが、そうすると乳製品の生産量が減ったり、生産費がかさんだりするので、ファーストフード業界の低価格のハンバーガーには適さないだろう。また、この点は異論のあるところだが、ハナバチがスライスチーズに影響を及ぼしているのは、アルファルファを通してだけでない。チーズにはダイズを原料とする乳化剤も添加されているし、その独特な黄色い色は、ベニノキの鮮やかな種子から抽出されたアナトーと呼ばれる色素で着色されており、南米産のさまざまなマルハナバチがベニノキの花粉を媒介している。そこで私はチーズを取り除き、さらにハナバチが関与しているのがもっと明らかな、ピクルスとタマネギも取り除いた。残るはバンズだけになった。マクドナルド社は、小麦粉以外に一五種類の材料を挙げている。ゴマの種子を除けば、その他の材料も小麦粉と同様に、ハナバチが関与していないか、ハナバチに無縁の代替品が使われていた。ゴマは世界最古の栽培植物に数えられ、かなり昔に自家受粉できる品種が作り出されている。

図 8.1　ビッグマックを分解したところ。左側はハナバチが関与していないビーフパティとバンズ、右側はピクルスから特製ソースやゴマまで、ハナバチに依存する食材である。写真：©Thor Hanson

栽培植物としてのゴマの生態を研究した人は誰もいないが、よく目立つ左右相称の花の写真を見れば、もともとは野生の近縁種と同様に、ほとんどハナバチに送粉してもらっていたことは明らかだ。隣のテーブルの家族連れが物珍しそうにこちらをチラチラ見ている中で、私はピンセットを使って、バンズの上に乗っている二四三粒のゴマをすべて取り除き、ハナバチに関連があるので捨てるべき食材の山へ加えた。

ハナバチが関与する材料をすべて取り除いてしまうと、ビッグマックは食欲をそそらぬ情けない姿になってしまった。これでは、世界一人気のあるハンバーガーになれるとはとても思えない。「一〇〇％のビーフパティ二枚とバンズ」というコマーシャルソングでは、絶対受けないだろう。ビッグマックと同様に、ほとんどの料理を分解して、ハナバチの影響を検証することができる。読者の皆さんもやってみてほしい。そうすれば、私が学んだことがおわかりになるはずだ。それは、「ハナバチという主要な送粉者が世界からいなくなっても、もちろん食物を得ることはできる。だが、食事はすっかり味気なくなるだろう（そして、栄養価もあまり高いものではなくなるだろう）」ということだ。私はビッグマックの残骸を食べてみたが、フライドポテトを追加注文して自分を慰めることすらできないのはわかっていた。マクドナルド社では、ラセット・バーバンクという品種のジャガイモを使っているからだ。この品種は、著名な育種家のルーサー・バーバンク（ワシントン・アトリー・バーピーの従兄）が自然受粉したアーリー・ローズ種のジャガイモの種子から開発したものである。ハナバチに依存するカラシやトマトケチャップで味つけをするのは、もちろんできない相談だ。結局、ビッグマックを前にして私にできたのは、ハナバチがいない世界で私たちがせざるを得ないこと、つまり、食べられるものだけを食べることだった。

量や種類、栄養、風味のいずれで測っても、私たちが口にする食べ物でハナバチの影響をまったく受けていないものはほとんどないと言ってよい。しかし、送粉者はハナバチだけではないことも指摘しておく必要がある。ハエやカリバチ、アザミウマ、甲虫、鳥類、コウモリも作物の花粉を少しは媒介しているし、いざとなれば人間だって媒介することもある。遺伝学の先駆的な研究を行なったグレゴール・メンデルは、一万本を超えるエンドウマメの花を人工授粉させた。また、現代の植物の育種家もメンデルと同様の手法を使って、新しい交雑種を開発したり、特に有望な品種を掛け合わせたりしている。しかし、商業的な規模で栽培する場合には、人工授粉は手間がかかりすぎるので、最後の

表8.1　ハナバチによる花粉媒介に依存するか、または大きな利益を得ている作物150種類のリスト。ハナバチがいなければ生産できない果実や種子もあれば、ハナバチがいた方が生産量が上がるものもある。（McGregor 1976, Roubik 1995, Buchmann & Nabhan 1997, Slaa et al. 2006, Klein et al. 2007を改変）

アカフサスグリ	クミン	タマゴノキ	ヒラマメ（レンズマメ）
アスパラガス	クラスタマメ	タマネギ	ビワ
アセロラ	クランベリー	タマリンド	ブラジルナッツ
アーティチョーク	クリ	タンジェリン	ブラックベリー
アナトー	グレープフルーツ	タイム	ブルーベリー
アニス	クロスグリ	チャイブ	ブロッコリ
アブラヤシ	クローブ	チリペッパー	ベニバナ
アボカド	ケール	ツメクサ（クローバー）	ベルガモット
亜麻仁	ココナッツ	ディル	ホロムイイチゴ
アメリカホドイモ	コショウ	デューベリー	マカダミア
アーモンド	コーヒー	トマティーヨ	マスカディンブドウ
アルファルファ	ゴマ	トマト	マスクメロン
アンズ	コラードグリーン	ドリアン	マメ類
イチゴ	コラの実	ナシ	マヨラナ
ウイキョウ	コリアンダー	ナス	マルメロ
ウチワサボテン	コールラビ	ナタネ	マンゴー
エンダイブ	コロハ	ナツメ	ミカン
オクラ	サクランボ（オウトウ）	ナツメグ	メキャベツ
オールスパイス	ザクロ	ナナカマド	モモ
オレガノ	サツマイモ	ニワトコ	ヤムイモ
オレンジ	サトウキビ	ニンジン	ライチ
カキ	サポテ	ニンニク	ライム
カシューナッツ	ザボン	ネギ	ラズベリー
カノーラ	ササゲ	ネクタリン	ラッカセイ
カブ	シトロン	バージル	ラディッキオ
カラシ	ジャガイモ	パースニップ	ラディッシュ
カリフラワー	スイカ	パセリ	ランブータン
カルダモン	スクワッシュ	パッションフルーツ	リンゴ
カンタロープメロン	スターフルーツ	バニラ	ルタバガ
キウイフルーツ	ズッキーニ	パパイヤ	レタス
キビ	ステビア	パプリカ	レッドペッパー
キマメ	スモモ	ハヤトウリ	レモン
キャッサバ	セイヨウカリン	パラミツ	ローズヒップ
キャベツ	セージ	パンノキ	ローズマリー
キャラウェイ	セルリアック	パンプキン	ローレル
キュウリ	セロリ	ヒマワリ	ワタ
キンカン	ソバ	ピメント	
グアバ	ダイズ	ヒヨコマメ	

手段として用いられるに過ぎない。唯一の例外は、かつてエジプトからバビロンまでの地域で聖なる果実と考えられていた、暑い国で育つある果物だ。現在は世界中の砂漠地帯で栽培されていて、最近の年間収穫量は七五〇〇万トンに上り、アボカド、サクランボ、ラズベリーを合わせた量を上回る。これだけの果実を授粉させるためには、生産者は毎年数週間にわたり、ハナバチの役割を果たさなければならない。栽培作物でこれほど手間のかかるものは他にはほとんどないので、人間が浴しているハナバチの恩恵を理解するためには、その人工授粉の作業を見るのが一番だろう。

私がブライアン・ブラウンに会ったとき、彼はナツメヤシ（デーツ）を噛んでいた。「まだこれを食べているんだ」と言って、そんな自分に少し驚いたかのように、にやりと笑った。三〇年以上もナツメヤシを植えて世話をし、今では一五〇〇本を超える果樹園を経営している人物にとっては驚きだったのかもしれない。慣れた仕草で種を掌に吐き出すと、近くにあった「たね壺」と書かれた壺の中に放り込んだ。それからこちらに向き直って、「さて、何をご覧になりたいのかな?」と言った。

私たちは「チャイナランチ・デーツファーム」の土産物店兼カフェの建物の外に立っていた。この農園はカリフォルニアのモハーヴェ砂漠の真ん中にある緑のオアシスで、デスバレーの入り口からわずか一〇キロ足らずの距離にあった。ブライアンにEメールでやり取りしたことを伝えると、彼の目が輝いた。「そうだった。授粉だ!」と言って、さっそく道具を取りに裏の部屋へ案内してくれた。まもなく、私たちは綿球と撚糸を一巻き、それと恐ろしげな湾曲したナイフを用意して、彼のピックアップトラックで畑の間のでこぼこ道を揺れながら走っていた。

図 8.2　カリフォルニア州モハーヴェ砂漠にあるチャイナランチ・デーツファームでナツメヤシの木に人工授粉を施している農園主のブライアン・ブラウン。人間がハナバチの役割を果たしている。写真：©Thor Hanson

ブライアンはナツメヤシの林の真ん中でトラックを停めて、「これはカドラーウィというイラクの品種だ」と言った。そして車から降りて、アルミ製の伸縮梯子を一本の木に立てかけ、梯子の上部を二本のヤシの葉の根本に押し込んだ。ヤシの葉には棘がついている。「うまい具合に、ここの木の棘を取っておいたんだ」と言って、人工授粉を行なうときには、まず初めに葉の根本に並んでいる針のように鋭い一五センチほどもある棘を切り取らなければならないと説明した（この話題はのちほど、作業員の労災補償保険について話すときに再び取り上げる）。「高い木の上で鋭い棘を刃物で切り取る作業だからね。こっちで負担している保険料は馬鹿にならないんだ」と言って首を振った。梯子をしっかり据えると、ブラウンは撚糸を輪にしてジーンズのベルトに通し、尻ポケットにナイフを突っ込んで、綿球の入った容器を手に持った。そして、まるで平らな地面の上を歩いているように、登り慣れた梯子をすいすいとヤシの木の樹冠まで上がっていった。「どのオスの木から花粉を採ってもいいのさ。果実はメスに忠実なんだ」と、彼は梯子の上から話した。この言葉で、彼はナツメヤシの重要な生態を要約したのだ。ナツメヤシは植物学者が「雌雄異株(dioecious)」と呼んでいる植物で、この語は「二つの家」を意味するギリシャ語に由来する。つまり、ナツメヤシは雄株（オスの木）と雌株（メスの木）に分かれているのだ。オスの木には花粉をつけた花がいくつも一八〇センチ以上の房になって垂れ下がる。一方、ブライアンが上っているのがメスの木だ。「花の三分の一くらいは間引くんだ。そうしないと、実が小さくなってしまうのでね」と彼は言って、手近にある花の房を揺すって、黄色い紐のようなものを数本抜き取った。そばに落ちたものを拾い上げてみると、長さは六〇センチほどで、いずれナツメヤシの実になる小さな球形の塊が全体についていた。

ナツメヤシは放っておいても、風で受粉できる[5]。しかし、風媒は針葉樹やイネ科の草本などの多くの植物にとっては優れた戦略かもしれないが、ナツメヤシにとっては、少なくとも安定した収穫量をもたらすには不十分なようだ。管理の行き届いた果樹園でも、風任せにしておくとほとんどの雌花は受粉する前にしおれてしまう。ナツメヤシの栽培者は少なくとも四〇〇〇年前から、商業的に採算のとれる収穫量を確保するためには、人工授粉以外に方法がないことを知っていた[6]。人工授粉を行なえば、収穫量を五倍に増やすことができるのだ。エジプト人をはじめ、アッシリア人も、ヒッタイト人も、ペルシャ人も、実質的に北アフリカと中東のすべての文化では誰もが人工授粉を行なった。代々受け継がれた授粉の技術によって、ナツメヤシは実のなる季節に道端に生えた木から取って食べるおやつから、古代世界の主要果実に変貌を遂げた。[7]

ブライアンが木の上で作業をしているのを見ていると、古代ギリシャの学者テオフラストスが紀元前三世紀に述べたことと、作業がほとんど変わっていないことに気づいた。彼は、「ヤシの雄株が花をつけると、すぐに仏炎苞《ぶつえんほう》〔花柄を包む葉のようなもの〕を切り取り、……その花を揺すって花粉を雌株の果実に振りかける」[8]と記している。しかし、ブライアンは花の房全体を使う代わりに、容器から花粉のついた綿球を取り出して雌花の房に当て、上から下まで念入りに綿球を走らせて、花粉がどの花にも確実に触れるようにした。「次に、綿球を囲むように花を縛っておくのさ」と言って、ベルトから手際よく撚糸を二本取り出すと、綿球のまわりに長い花の房を巻きつけて縛った。綿球をその場に残しておけば、時間が経つうちにもっと花粉が落ちて、遅咲きの花を受粉させることができるからだ。農園のあちらこちらには雄株が生えているので、最終的には風媒による受粉もいくらかは起きるだろう。だが、まだ雄株の花が開花していなかったので、ブライアンは去年の花粉を使って今年の授粉作業を始めていた。その花粉は、カフェの大型冷凍庫の中で無事に冬を越し、農園名物のデーツホイップミルクシェークを作るのに使うアイスクリームと並んで保存されている。

移動する前に、ブライアンはもう一度人工授粉の手順全体を丁寧にくり返して見せてくれた。段階ごとに手を止めてくれたので、質問したり、写真を撮ったりすることができた。そこではたと気づいた。ブライアンがナツメヤシの人工授粉の過程を教えたのは、私が最初ではないのだ。「実は、今朝も二人に教えたよ」とブラウンは認めて、スタッフを養成する苦労話を始めた。毎年、ブライアン本人と、地元の常勤作業員とパートタイムの作業員、それに世界中からやってくるボランティアたちも加わって、人工授粉の作業をする。ボランティアはワーキングホリデーで訪れ、食事代と宿泊代を払う代わりに、ナツメヤシ経営を学ぶのである。「ビジネス用の出会い系サイトみたいなもんだ」とブライアンは説明する。宿泊小屋には、ベルギー、ドイツ、モントリオールからすでに宿泊客が来ていて、まもなくもっと来ることになっていた。「今日はロシアからカップルが来ることになっているし、明日はフランスから一家族来る」そうだ。ブライアンに農園を案内してもらっているうちに、猫の手も借りたいほど仕事があることが明らかになった。

「花は次々と開くんだ」とブライアンは言って、健康な木には一〇～二〇個の花の房がつき、そこにびっしり実がなって垂れ下がると、一房が重さ三四キロにもなるのだと説明した。しかし、開花の時期は予想がつかないので、房が開花したちょうどよいときに授粉が行なえるように、毎日それぞれの木を見て回らなくてはならない。見て回るときには木に登る必要があるので、梯子や、高いプラットフォームつきのトラクターが必要だ。特に、古くて背の高いヤシの木を見るときには、電線やスタジアムの照明工事のときに用いられる高所作業車が使われている。雄株もチェックが欠かせないし、花を何度も収獲して乾燥させ、窓の網戸用の網にこすりつけて花粉を採る必要もある。「ナツメヤシの栽培はとにかく手間がかかる」と、ブライアンは案内の最中に言った。デーツの収穫も加工処理も手仕事なので手間がかかる上、鳥やさらに驚くべき厄介な相手からも、実を守らなければならない。「コヨーテはデーツが大好きなんだ」とブライアンは言って、あきらめ顔で肩をすくめた。「低い木から実を食ってしまうのさ。後ろ足で立ち上がると、実に届くんだ！」

ブライアンは農園を案内し終えて、車を自宅の脇に停めた。ブライアンは亡くなった奥さんと一緒に、一万八〇〇〇個の日干し煉瓦を使い、そのランチハウススタイルの平屋家屋を自らの手で建てたそうだ。それを聞いて、ナツメヤシの栽培はブライアンにぴったりだと思った。どうやら、苦労して物事をやり遂げるのが好きらしい。「わしは変わり者でな」と彼は認めた。ブライアンはコロラド州立大学で農業を学んだ数年間を除き、チャイナランチの近くで過ごしてきたのだそうだ。日に焼けた顔をして、青い目をいつもまぶしそうに細めているブライアンは、この砂漠に精通し、とてもくつろいでいるように見えた。それを裏付けるかのように、家の裏の乾燥した丘で鳥が鳴いたとき、彼は話の途中で口を閉じた。まるでハトが瓶の中で鳴いているような、うつろな尻下がりの鳴き声が四回聞こえた。「あの悲しげな声を聞いたかい?」と彼は小声で言った。「あれはオスのミチバシリがガールフレンドを呼び込んでいるんだ」。そして一息つくと、再び農場の歴史について話し始めた。ブライアンは妻と南西部周辺の放棄された果樹園から珍しいナツメヤシの品種を移植して、最初は収穫した実をトラックの荷台で売ったのだそうだ。私たちは家に日陰を提供している古いオスのヤシの木立を見に行った。丘で鳴いていた鳥は黙ってしまったが、私たちが話をしていた間、ブライアンがずっと耳を澄ませていたのはまず間違いない。

ビッグマックを解体してみると、ハナバチがいなかったら私たちの食べ物がどんなふうになるかわかった。一方、ナツメヤシは、ハナバチの代わりを人間が務めなければならなくなったときの労力と苦労を教えてくれる。チャイナランチのような中規模の農園で人工授粉を行なうだけでも、ヤシの木を六〇〇〇回以上も上り下りしなくてはならない。これだけの労働量を、他の果樹栽培者はハナバチからほぼ無料で手に入れているわけだ。業者から花粉媒介用のハナバチをレンタルしているとしても、その費用はナツメヤシの農園経営者が支払う人件費の足元にも及ばない。たとえば、ハナバチに労災補償保険は必要ない。採算のとれるナツメヤシ農園の経営のためには、人工授粉をきちんと行なうことが何よりも重要だとブライアンはくり返し力説していたが、そのために生産コストがどのくらい上昇するのかと突っ込んで聞くと、「その計算はしたくないね。気が滅入っちまうからさ」と言って口を濁した。しかし、近所の八百屋に行っただけで、その答えはわかった。カリフォルニア産のデーツは一ポンド当たり九・九九ドルと、果物売り場の他の品々の二倍以上の値段で売られていたからだ。デーツより高価な果実を買いたければ、スパイス売り場に行けばいい。そこでは、バニラビーンズと呼ばれるランの豆の鞘が二本で二七・五〇ドルで売られている。もうお気づきかと思うが、世界の主要作物のうち、バニラはデーツの他に唯一、主として人工授粉に頼っているのだ(9)。

ブライアンのインタビューを終えたあとに、チャイナランチへ来たからには、土産物店の有名なデーツシェークを試してみなければ片手落ちになるだろうと思った。私はちょうどいい具合に喉が乾くように、周囲の砂漠を少し歩いて近くのアマーゴサ川のスロットキャニオンまで降りていった。放棄された農家の傾いた石垣や、石膏採掘跡のぼた山の脇を通りながら、道は続いていく。クレオソートブッシュの低木や背の低いサボテンの茂みがあたり一面に広がり、剝き出しの岩盤に強い日差しが照りつけている周囲の丘は、まるで巨人がグシャリとつぶして脇に放り出したもののように見えた。私が見慣れている常緑の森林とはまったく異なる環境だったが、あたりは広大無辺の深い静寂《しじま》に包まれ、人が恋に落ちそうな小さな美しいものをいくつも見ることができた。早春のナツメヤシの開花期に合わせてこの農場を訪れたので、春一番に花を開く砂漠の野草も咲き始めていた。思いがけず黄色いヒマワリの花が咲いており、ところどころにファセリアの鮮やかな青い花も見えた。ハナバチが現れることを願って、私は見込みのありそうな場所に腰を下ろして、待ってみることにした。

送粉者の気配が何もないまま静かな時間が過ぎていったが、そのうちコビトシジミという北米最小のチョウが元気よくヒラヒラと飛び回っているのに気づいた。翅を広げても一二ミリにもならないので、こんなにたくさんある花を受粉させるには心許ないように思われた。しかし、ハナバチは一匹も助けに現れなかった。ハナバチの季節には早すぎるのかもしれないことは、頭の中ではわかっていた。生息環境は申し分ないので、私のまわりではたくさんのハナバチが地中の巣、切り立った川岸、ネズミの巣穴、中空になった小枝や茎の先端部などの越冬用の住みかに引きこもっているに違いない。やがて気温が上がり、たくさんの花が咲き出す頃には、ハナバチたちは休眠から覚めて、再び砂漠を羽音で満たすだろう。こうしたことは百も承知していたが、土産物店に戻ってミルクシェークを味わい、チャイナランチに別れを告げてしばらく経っても、まだ気になって落ち着かない気分が続いた。

二一世紀に入ると、ハナバチがいないのは必ずしも時期的な問題だとは言えなくなった。本書の執筆中に、世界の八〇名を超えるハナバチ研究者からなる団体が、全世界の送粉者（ハナバチ）の個数に関する初めてのアセスメントを発表した。その評価によれば、ハナバチに関するデータがある地域では、およそ四〇％の種が減少するか、絶滅の危機に瀕していると考えられる。この調査結果は大きく報道された。どうやら突如として、ハナバチのいない世界をめぐる議論は単なる思考実験ではなくなってしまったようだ。次の章からは、ハナバチの生態や私たちとの関係ではなく、ハナバチの将来の見通しについて率直に見ていきたいと思う。まずは、ある研究者と一緒に野外調査をすることから始めよう。科学的な経験が豊富なその人物は、それに勝るとも劣らない大きな希望を抱いている。

ハナバチの将来

大草原をつくるにはツメクサとハナバチがいればいい。
ツメクサが一本と一匹のハナバチ、
それと夢見る心。
もしハナバチが少なければ、
夢想だけでもこと足りる。

エミリー・ディキンソン（年代不詳）

第9章　空っぽの巣

大切なのは問いかけを止めないことだ。[1]

アルバート・アインシュタイン「年寄りから若者への助言」（一九五五年）

小さな山間の盆地にナラやモミ、ポンデロサマツに縁どられた草原が招くように広がっていた。辺縁からでも、何十種類にも上る野草の花が満開に咲き乱れているのが見えた。シオン、フウロソウ、ユキノシタ、ソラマメの仲間のさまざまな花が咲き誇り、その上には紫色のルピナスが塔のようにそびえ立っている。この瞬間のために、私は一八時間も車を運転してきたのだ。理想的なマルハナバチの生息地に、マルハナバチの世界的な権威と並んで立つために。しかし、一つだけ問題があった。

「生憎の天気だな」とロビン・ソープは言った。

頭上には、嵐の気配を漂わせる暗い雲が渦を巻き、低く流れていた。丘から冷たい風が吹き下ろしてきたので、私は冬用の上着を持ってくればよかったと後悔した。捕虫網の木柄を握っている手の指はすでに感覚がなくなっていた。

しかし、ソープは平気なようだった。六〇年以上にわたるハナバチの研究を通して、どんな野外調査の日も最大限に活用できるようになっているのだ。真っ白いあごひげを短く刈り込み、柔らかい日よけ帽子にサングラスをかけたロビンの様子は、バカンス中のサンタクロースのように見えた。サンタクロースがシーズンオフにカリフォルニアでハイキングを楽しむことがあるとすればの話だが。

「花に何がいるか見てみよう」と言って、ロビンは歩き始めた。「バルサムルートをよく見てくれ。あいつらはその上で寝るのが大好きだからな」と、ヒマワリに似たバルサムルートを指示した。

柵を越えると、私たちは背の高い草原の中をゆっくりと歩きながら、常にハナバチの羽音に耳を澄ませて、ときおり屈んで花の中を覗き込んだ。ロビンのハナバチ研修会に参加しているランドン・エルドリッジという若い学生も、野外調査を経験するために来ていた。少しすると、ランドンが最初に見つけて声を挙げた。

私たちが急いで駆けつけると、フウロソウの花弁の下側に、黒と黄色の縞模様をした大きなハナバチがとまっていた。ロビンがプラスチックの大きな水鉄砲のようなものを取り出して引き金を引いたので、私は驚いた。小さなモーター音がして、ハナバチは銃身の中に吸い込まれた。「こいつは優れもんなんだ」とロビンは言って、側面に派手な文字で書いてある「バックヤードサファリ・バグ・バキューム（虫捕りバキューム銃）」という商品名を見せてくれた（会社の宣伝用のパンフレットには「子供は虫捕りが大好き！」と書いてあるが、昆虫学者に対しても売れ筋の商品になっているようだ）。「キャプチャーコア」という中央部の透明なケースにハナバチが入っているのが見え、ロビンはすぐにそれを揺すってハチを掌の上に取り出した。

「明らかに女王バチの大きさだな」と言って、彼は動かないハチを眺めた。寒さで身動きできないように見えたが、もしかすると、まだ休眠から覚めてないのかもしれなかった。「すぐに目を覚ますだろう」と彼は続け、このハチに独特な特徴を指摘した。顔に黒い毛が密生しており、黒い毛に覆われた腹部には黄色い縞が一本ある。ランドンがカリフォルニアマルハナバチだと間違わずに同定したので、ロビンはうれしそうだった。それからしばらくの間、彼が動かないハチを掌の上で揺すっているのを私たちは静かに見ていた。ついに、ロビンは「死んでいるみたいだ」と認めた。(2)

ハナバチの正確な死因を突き止めることは不可能だった。カニグモに襲われたのかもしれないし、雪がちらつき始めていたことを考えると、凍死したのかもしれない。いずれにしても、私たちのマルハナバチ調査にとって幸先のよいスタートとは言えなかった。しかし、見つからないことに比べたら、悪い状況ではない。私たちが特に探し求めていた種は、絶滅してしまった可能性が高いからだ。

「ハナバチが激減していくのを見ることになるなんて、まったく考えもしていなかった」と、ロビンはかつて農務省森林局の依頼で小規模な調査プロジェクトを引き受けた日のことを振り返って語った。一九九〇年代後半に、オレゴン州のローグリバー・バレーで稀少なハナバチを探すよう依頼されたのだ。当時、その地域の原生林の伐採とそこに生息するニシアメリカフクロウをめぐって、大論争が起きていた。そこで森林局はこの鳥だけに注目するのではなく、生態系全体に目を向けようと考えたのである。「その地域に他にも特別な生物がいれば、フクロウに対する圧力をいくらか緩和できるかもしれないと考えたようだ」と、ロビンは説明した。

ロビンは、オレゴン州の南西部とカリフォルニア州の隣接する地域だけに生息しているフランクリンマルハナバチというほとんど知られていない種を調査対象にした。カリフォルニアマルハナバチに似ているが、肩が鮮やかな黄色で、顔も黄色い。ロビンは野生でこのハチを見たことがあるし、さまざまなコレクションに収蔵されている標本も見たことがあった。ロビンはモノグラフや『北米のマルハナバチ』のような著書だけでなく、膨大な数の科学論文も発表してきたので、一目で識別できないマルハナバチ属の種はわずかしかない。彼はフランクリンマルハナバチがこれまでに目撃された場所のリストを用意すると、カリフォルニア大学のデイヴィス校にある研究室から一路ローグリバー・バレーに向かった。

「一九九八年には、リストに挙がっていた場所には必ずいた。どこにもいるありふれた種ではなかったが、いるところにはいた」と、ロビンは当時を回想する。その翌年にもいたことはいたが、見つけるのに苦労した。そして、その後に激減してしまったのだ。二〇〇〇年にロビンが見つけることができたのは九匹だけで、二〇〇三年は五匹以下だった。二〇〇三年までには、それまでに知られていた分布域全域に調査地を広げ、研究者仲間にも何か大変なことが起きていると注意を促していた。地元の生物学者は目を光らせ、連邦土地管理局は調査団を派遣した。しかし、誰もフランクリンマルハナバチの痕跡すら見つけることができなかった。二〇〇六年に、ロビンはフランクリンマルハナバチをたった一匹だけ見つけた。亜高山帯の草原のソバの花で花粉を集めている働きバチだった。それ以来、このハチを見たものはいない。

「まだ望みは捨てていない。人の目に触れていないだけで、そこらにいると考えたいんだ」とロビンは言った。私たちは草原を横切って反対側の斜面を登り始めた。イネ科の草本や野草は、森の木々の間の空き地にまで入り込んでいた。雪はやんでいたので、マルハナバチが数匹、寒さをものともせずに飛び回っていた。人の目につきにくいフランクリンマルハナバチは影も形も見出せなかったが、だからといってそこにいないとは言えない。生物学では往々にして、「ないこと」を証明するのは難しい。とりわけ、発見するのが難しい小さな生物の場合、その不在を証明するのは困難を極める。ロビンによれば、昆虫の小さな個体群が長い間発見されないままでいるのは珍しいことではないそうだ。「探し続ければ、見つかる見込みはまだある」と言って、彼は斜面のずっと先の方を登っているランドンを見やった。「ハナバチ探しをする人をもっと大勢育てれば、私が行ったことのない場所まで探しに行ってくれるだろう」

ロビンが目撃したのがフランクリンマルハナバチの絶滅だったのか、ただの激減だったのかはまだわからない。だが、このハチが最強の味方を見つけたことだけは確かだ。フランクリンマルハナバチの見納めになってしまった二〇〇六年以来、ロビンは毎年欠かさずオレゴン州南西部で草原や道端に咲いている花を根気よく丹念に調べて、粘り強くモニタリング調査を続けている。彼のやっていることはドン・キホーテのようだと思う人もいて、ロビンはちょっとした有名人になった。CNNテレビが「老人と海」ならぬ「老人とハナバチ」と銘打った特集に出演したこともある。[3] 他の研究者だったらとうの昔にあきらめてしまったかもしれないし、フランクリンマルハナバチもまだ見つかっていない。だが、何百時間にも及ぶ野外調査を行なったおかげで、ロビンはまだ誰も気づいていないことに気づいたのである。窮地に陥っているのはフランクリンマルハナバチだけではなかったのだ。

「数年かかったが、ボンブス・オクシデンタリスも減っていることに気づいたんだ」とロビンはニシマルハナバチの名を挙げた。フランクリンマルハナバチはもともと数が少なかったが、ニシマルハナバチは最近まで、ロッキー山脈の西側ではメキシコ北部からアラスカに至るまで、最も個体数の多いマルハナバチだったのだ（ニシマルハナバチはごくありふれた種だったので、私が見つけた崖に住んでいるコシブトハナバチは、この種に擬態するように進化したのだとかつては考えられていた）。しかし、フランクリンマルハナバチのあとを追うように、ニシマルハナバチも姿を消してしまった。ロビンの調査地だけでなく、かつての分布域の広い範囲から消えてしまったのである。同じ頃、北米東部でも、かつては普通に見られたテリコラマルハナバチとアフィニスマルハナバチについて、昆虫学者たちが警鐘を鳴らし始めた。それまでハナバチの研究者としてキャリアを積んできたロビンだったが、これからは「ハナバチ探偵」という新たな役割に研究生活を捧げなければならないことが、そのときはっきりしたのである。

「原因は病原体ではないかと推理しているんだ」とロビンは言って、「同じ生息地にいる他のマルハナバチにはまったく問題がなかったからだ」と続けた。そうなると、殺虫剤やその他の攪乱が原因だという可能性はなくなる。そして彼は、激減している四種はどれも近縁で、分類学で亜属と呼ばれるグループに属していると説明した。近縁であるがゆえに、ウイルスや菌類、ダニ、細菌、寄生者といった病原体のうち、同じ系統のものに感染しやすい可能性がある。その病原体の正体が何なのか、ロビンは最初はよくわからなかったが、発生源については強く疑っている場所があった。それは、世界で最も人気のある作物を一年中収獲できるようにしている施設だった。

トマトが栽培されるようになったのは、古代のメキシコか中央アメリカ、あるいはもしかするとペルーかもしれない。最初に栽培したのは誰だかわかっていないが、温室栽培の歴史ははっきりしている。最初に温室を作ったのは、一世紀の初めにローマ皇帝ティベリウスに雇われた庭師の一団だった。雲母や透明石膏のような半透明の鉱物で屋根を作ることによって、皇帝の好物のメロン（現代のマスクメロンの一種）を一年中栽培することができた。[4] 大プリニウスは「皇帝にメロンが供されない日はなかった[5]」と記している。温室は富裕層の贅沢品だったが、産業革命で安価なガラス（のちにはプラスチック）がもたらされると、それを使って温室を安く大規模に作れるようになった。最初の頃は果物や野菜、花などさまざまなものが栽培されたが、まもなくヨーロッパの温室で最もよく実がつき、収益が上がる一つの作物が定着した。それがトマトである。特に第二次世界大戦後に栽培法の改良が進んだので、ベルギーやオランダ、イギリスのような高緯度の国々でも一年中栽培できるようになった。しかし北米では、トマトの温室栽培はずっとあとになるまで広まらなかった。フロリダやカリフォルニアのような気温の高い時期が長く続く地域で、伝統的なトマト栽培が盛んだったからである。一九九〇年代になってようやく、温室栽培の品種に対する需要が増加し始めたとき、カナダとアメリカの栽培農家は、まずヨーロッパの農家にアドバイスを求めた。そこで最初に学んだことの一つが、トマトの温室栽培に関する思いも寄らない金言だった。「電動歯ブラシをたくさん買いたくなければ、マルハナバチが必要になる」というのである。

ハナバチと電動歯ブラシに何の関係があるかというと、要するに「振動」である。試したことがない人のために説明すると、電動歯ブラシを使うと口の中に音叉を入れて噛んでいるような感じがする。

私が使っているモデルは、高いCの音程で甲高いブーンという音を立てて振動する。歯医者によれば、この周波数の振動が歯垢を取るのにとても効果があるのだそうだ。一方、この音は「振動授粉」という驚くべき送粉過程でマルハナバチが出す羽音にも似ているのだ。マルハナバチがトマト（あるいはナスやブルーベリーなど、振動授粉が必要な種）を訪れるのを観察していると、この授粉を見ることができるし、少なくとも音を聞くことはできる。マルハナバチは花の上にとまるたびに、甲高いブーンという短い羽音を立てるのだ。トマトもナス科の他の仲間と同様に、植物学者が「孔開葯《こうかいやく》」と呼ぶタイプの葯を備えている。この葯では、花粉は小さな袋に入っていて、先端にある小さな孔からしか出てこないようになっている。時間が経つうちに自然にこぼれ出てくる花粉もあるので、ある程度は自家受粉が起こる。だが、特定の周波数の振動が加わると、葯が共振して小孔から花粉を噴出させるのだ。植物の側からすると、この戦略によってトリックを見破った少数の送粉者と特別な絆を築くことになる。ミツバチには振動授粉させることができないので、温室でトマトを栽培する場合には、ヨーロッパで行なわれていることをする必要がある。つまり、マルハナバチを飼育して安定供給しなければならないのだ。そうでなければ、温室で栽培しているトマトの花を一つ一つ電動歯ブラシで授粉させる覚悟が必要になるだろう。

「一九九〇年代に数年間、アメリカの農家が女王バチをベルギーへ運んで育てていたことがある」とロビンは説明する。ヨーロッパではすでに温室栽培用のマルハナバチの飼育繁殖が行なわれていたので、アメリカの栽培農家がその技術を利用しようとしたのはもっともなことだ。管理された環境で栄養を十分に与えれば、一匹の女王バチはすぐに既製の段ボールの巣箱の中に大きなコロニーを生み出

図9.1　産業革命によって板ガラスの価格が下落したので、19世紀には温室が大いに栄えた。収益の上がる作物として温室栽培のトマトが定着した。
（左）©Dover Publications,（右）Boston Public Libraryより複製

すことができ、そうした巣箱はどこにでも運ぶことができる。そして、ベルギーで飼育された最初のハナバチがアメリカに戻ってきたときに、ヨーロッパの病原菌を持ち帰ったのではないかとロビンは考えている。「時期がぴったり合うんだ」と彼は言う。野生種が姿を消し始めた直前の一九九七年に、病気の発生で温室のマルハナバチが大量死しているのである。栽培農家は、「微胞子虫」と呼ばれる特殊で奇妙な微生物のせいで大量死が起きたと考えている。

「ノゼマが原因だという説を検証しようとしているのだが」とロビンは言うと、クスクス笑って、「ノゼマのことが何にもわかっていないってことしかわからない。なにせ、どの生物界に分類するかさえ決められないんだからな！」と付け加えた。ノゼマ・ボンビ（*Nosema bombi*）という微胞子虫は、以前は原生生物と考えられていたが、現在は菌類か、少なくともそれにきわめて近い生物に分類されている。小ぶりのライマメのような形をした単細胞生物で、ハナバチの胃壁に侵入する。感染した細胞はやがて破裂して、生殖用の胞子を大量に放出し、感染したハチが下痢のような症状を起こすこと

によって、胞子が急速に拡散する。そして汚染された花や巣内の糞から、他のハナバチが意図せずに胞子を取り込んでしまう（ミツバチでは、巣の清掃を担当する若い働きバチの感染率が最も高い）。マルハナバチの多くの種は、少なくとも低いレベルでは、この寄生者に対する耐性があるようだ。博物館の標本の研究から、北米では何世紀も前からノゼマが広く見られていたことがわかっている。しかし、フランクリンマルハナバチにきわめて近縁の亜属では、何らかの理由で感染率と感染強度が急激に高まったらしい。その結果、その亜属の多くの種が激減している。何が起きているのか、正確なところはまだ誰にもわからない。だが、ローガンにあるユタ州立大学内に設置されている農務省のハナバチラボが行なった研究の結果から、個体数が激減した理由はわかるかもしれない。ノゼマ属はハナバチを病気にするだけではなく、生殖を妨げてもいるのだ。

ハナバチラボのジェイミー・ストレンジという昆虫研究者は、「女王バチも働きバチも特に問題があるようには見えない。しかし、オスバチは体いっぱいに胞子が詰まって、飛べなくなってしまう。地面を飛び跳ねるだけなのだ」と言った。ジェイミーは同僚と一〇年にわたり、ニシマルハナバチを飼育して研究し、オスバチが陥っている苦境を間近で観察してきた。飛び上がれないのは始まりに過ぎない。感染がひどくなると、オスバチの腹部が膨れ上がってしまい、体を下方に曲げて女王バチの体の適切な部位に接触することができなくなる。「つまり、交尾できないのさ。そこまで行くと、もうおしまいだ。数世代で個体群は崩壊する」と、ジェイミーは手短に説明した。

ジェイミーの仮説は説得力があり、一連の証拠とぴったり合っている。ノゼマがハナバチを衰弱させるだけでも、時が経つにつれ個体数は激減するかもしれない。しかし、繁殖ができなくなれば、ロビン・ソープが調査地で観察したように、個体群全体が消滅してしまうだろう。ある日にはそこにいたのに、次の日にはもういないということが起こるのだ。それでも、腹部が膨れ上がってしまったオスバチは個体群激減の仕組みを説明しているのに過ぎないので、ジェイミーはまだ観察結果を論文にまとめて発表するつもりはない。もっと大きな疑問が解けていないのだ。

「被害の程度が種によって異なるのはどうしてなのか？」と、ジェイミーは考え込むように言った。マルハナバチのほとんどの種はノゼマに悩まされているようには見えないし、感染の影響を受けている亜属の種でも影響の出方が異なっているのだ。たとえば、フランクリンマルハナバチは姿を消してしまい、近縁のアフィニスマルハナバチは個体数が激減したので、最近米国の絶滅危惧種に指定された。しかし、ニシマルハナバチとテリコラマルハナバチの個体群の中には、安定しているように見えるものもある。また、モデラトスマルハナバチ（この亜属に属する五番目の種）は、最初からあまり影響が出ていないように見える。(6) 個体群には元から耐性に差があったのだろうか？　生息環境や行動に何か違いがあったのだろうか？　もし、博物館の標本が示しているように、ノゼマが昔からありふれた存在だったのなら、なぜ突然、これほど病原性が高くなったのだろうか？　ロビン・ソープは外国由来の病原性の高い系統が原因だと疑っていたが、遺伝子分析を行なったところ、温室のハナバチから見つかったノゼマの系統には、何の違いも見られなかった。同一の病原体でも、地域やハナバチの種によって、ずいぶん影響が異なるようだ。

「とても複雑で、結論を出すのはしばらくかかりそうだ」とジェイミーは言って、人間の病気と比較してみせた。人間の病気の研究では、潤沢な資金に恵まれた研究チームが何十、あるいは何百チームも参入し、たいてい数年から何十年もかけて、たった一つの病気のメカニズムを解明する。「うちらにはそんな資力は夢物語だけどね」と、少々不満げな口調だった。しかし、ハナバチラボがやる仕事が少ないわけではない。正式名を「農務省送粉昆虫生物学管理分類学研究ユニット」というこのラボには、常勤のハナバチ研究者六名ほどとサポートスタッフ一八名ほどに加えて、大学院生やポスドク研究生が途切れることなく所属している。ジェイミーとの電話インタビューはずいぶん長電話になっているが、誰にも中断されないのは、彼が事前に自室のドアを閉めておき、昼食に出かけていると思われるように取り計らってくれたからだ。

ジェイミーらはノゼマ研究プロジェクトだけでなく、一六州の四〇ヵ所に上る地域で採集された四〇〇〇個体のマルハナバチの標本から検出された、さまざまな病原体の分析も行なっている。菌類による病気は広範囲に及び、ウイルスやダニ、細菌、女王バチの生殖器に入り込んで破壊する線虫も見つかった。原生動物や寄生バエ、マルハナバチの脚にくっついて花から花へヒッチハイクする甲虫の幼虫もいた。「分析が終われば、マルハナバチに感染する生き物のものすごいデータセットができあがるだろう」とジェイミーは言った。最終的な望みは、ハナバチのそれぞれの種に特有の症状と個々の病原体とを結びつけられるようになることだ。それは、ノゼマのような病原体がどうやって突然致死性を高めたのかを解明するための重要な第一歩となる。ジェイミーらの研究結果は病気の図書館のような役割を果たし、将来マルハナバチの個体群が減少し始めたときに、研究者に何を調べればよいか教えてくれることだろう。この作業が重要なのは、ハナバチやその生息環境が脅威にさらされている現状では、次の激減はいつ起きてもおかしくない、とほとんどの専門家が考えているからだ。何しろ、世界一有名で分布域も広く、世話も行き届いているハナバチでさえ、最近は窮地に陥っているのである。飼育されているミツバチは、養蜂家が昔から「減少病」と呼んでいる病気で毎年減少することはあった。しかし、二〇〇六年の秋にミツバチの巣が大量にコロニー崩壊を起こし始めたとき、新たな名前をつけて検討すべき問題だということが明らかになった。

ダイアナ・コックス゠フォスターは危機が起きた最初の数ヵ月を振り返って、「みんな目の前で起きていることに腰を抜かしそうになったわ」と言った。現在はハナバチラボでジェイミー・ストレンジと共に研究をしているが、大量死が起きたときはペンシルベニア州立大学の昆虫学教授をしていた。「普通のハナバチの減少ではなかったから」とダイアナは言う。自然に少しずつ減っていくのではなく、ミツバチの巣の働きバチがごっそり姿を消してしまったのだ。働きバチは花粉を集めに出かけていったきり戻ってこなかったのである。出ていくときは健康そうで、問題がありそうには思えなかった。巣の中には蜂蜜や幼虫、うろたえている巣内バチが数匹と、世話してもらえずに瀕死の女王バチが残されていた。狼狽した養蜂家の要請を受けて、ダイアナらは昆虫病理学研究室で数十個に上る空になったミツバチの巣の調査を始めた。まもなくニューヨークからフロリダまでの研究者と協力しながら調査を進めるようになったが、西海岸でも大幅な減少が報告されていた。アメリカ養蜂家協会の年次総会の折に、ダイアナと各地の研究者仲間はある晩ホテルのバーに集まって、情報交換をした。「減少」ではなく「崩壊」という言葉の方が現状にはるかにふさわしいという意見が出され、「病気」と呼ぶのは正しくないし、誤解を招きかねないということで全員の意見が一致した。この急激な減少の原因が特定されていない状況で「病気」という言葉を使うと、巣が特定の病気や病原体の犠牲になっていると見なされる恐れがあったからだ。議論を続けた結果、バーを出るときには「蜂群崩壊症候群（CCD：Colony Collapse Disorder）」という表現を用いることで意見が一致した。この用語はすぐに、ミツバチの窮状に世界の目を向けさせることになる。

「状況を正確に表し、しかも前進すべき道筋も生み出してくれる名前が欲しかったのよ」とダイアナは説明した。彼女たちは両方の目的を果たしたと言えるだろう。養蜂家が巣の三五％ないし五〇％から九〇％までも失ったことが新聞や雑誌に報道されると、一般大衆の想像力が掻き立てられ、ＣＣＤはマスコミにもっと覚えやすい「ビーポカリプス」〔ミツバチ版黙示録（アポカリプス）〕というあだ名をつけられた。こうした高い関心が一役買って、ハナバチ研究史上最大とも言える大きなうねりが引き起こされ、ＣＣＤ研究が急増した。大学や政府機関の研究者や産業界がＣＣＤの研究計画に着手し、病原体（ダイアナの専門）から気候変動や携帯電話用の電波塔から出る電磁波まで、さまざまな影響の調査や研究が行なわれた。しかしそれから一〇年以上経ち、査読を受けた研究論文が何百本も発表されたが、この現象を「ディスオーダー（障害）」としか呼べない状況は変わっていない。原因を特定できる決定的な証拠が見つかっていないのだ。突飛な仮説のいくつか（電波塔や太陽の黒点など）は否定されたが、その他の多くの仮説はまだ検証中である。ミツバチの行動圏は一三〇平方キロないし二六〇平方キロから五二〇平方キロにわたるので、巣に及ぼす可能性のある影響をすべて分析することはきわめて難しいのだ[7]。決定的ではない結果や、時にはまったく相反するような結果が出て、激しい論争が巻き起こっている[8]。しかし、いくつかの問題が組み合わさってＣＣＤが引き起こされてい

図9.2　蜂群崩壊症候群（CCD）が発生すると、この写真のように健常に見えるハチの巣が、ものの数日のうちに空っぽになってしまう。何の前触れもなく、数千匹もの働きバチが巣箱に戻ってこなくなり、うろたえる巣内バチと世話してもらえずに瀕死の女王バチだけが残される。写真：Bookscorpions via Wikimedia Commons

るという点では意見が一致しつつある。この症状に「複合ストレス症候群」という新しい名前をつけることを提唱する人まで出てきた。

複合的なストレスが原因という説をどう思うかとダイアナに尋ねると、微妙な答えが返ってきた。「確かにいくつかの要因の相互作用によって引き起こされているように見えるわ」と認めたが、さまざまな問題にさらされて弱ったミツバチは、最後はたぶん病気で死ぬと思うと付け加えて、ある研究を挙げた。温室で行なわれたその研究では、感染して大量のウイルスを持っている働きバチは、例外なく人工巣を離れて、温室内の一番隅で死んでいたのである。野外でもこれと同じことが起こっているとすれば、病気になったミツバチが巣から飛び去り、周辺の地域に消えていくというコロニー崩壊現象になるだろう（このようにミツバチが消えてしまうことが、CCD研究のネックになっている。姿を消すせいで、証拠がほとんど残らないのだ。死体の見つからない殺人事件を捜査するようなものだ）。しかし驚いたことに、ダイアナの指摘によれば、まさしくCCDだと確認できる事例は著しく減ってきたのだという。

「最近起きている大量死のうち、CCD特有の症状が見られるのは五％以下なのよ」とダイアナは言う。しかし、北米の養蜂家が所有している巣の三〇％以上を毎年失うという状況は続いているし、ヨーロッパでもその喪失率は異常に高い。他の研究者にも話を聞いてみたが、みな異口同音に、ミツバチはCCDだけに留まらないもっと大きな問題に直面していると言っていた。ビーポカリプスという名称は有名になったが、この問題の一部を表しているに過ぎないようで、答えの出ていない疑問がたくさん残っている。なぜ二〇〇六年に急増し、今は減少しているのか？　どんな特定のストレス要因によって引き起こされるのか？　巣によって影響の受けやすさが異なるのはなぜか？　さらに、北米とヨーロッパでは広い地域で起きているのに、南米やアジア、アフリカで発生数が少ないのはなぜか？　こうした疑問も含め、CCDをめぐる謎をすべて解明することはできないかもしれないが、光明も見えている。この問題で研究が一気に進んだおかげで、ミツバチの健康全般や、人間が優位を占めている現代の世界でミツバチが直面している多くの脅威について、かつてないほど理解が深まったからだ。

「寄生者（parasite）、栄養不良（poor nutrition）、殺虫剤（pesticide）、病原体（pathogen）という四つのPを、私たちは検討しているの」と、電話でインタビューをしている私に対して、ダイアナは慎重な口調で説明した。自分の研究について語り慣れているが、誤解されないように少々警戒もしている、といった話しぶりだった。ミツバチの減少という異論の多い複雑な問題を語るのだから、そういう口調になるのも無理はない。それでも、ダイアナが話してくれた仮説はきわめて明瞭だった。それは、赤トウガラシのかけらに似たタチの悪い小さな生き物の話から始まる。脚が八本生え、二叉に分かれたストローのような鋭い管型の口を持つ生き物だ。

ダイアナはミツバチへギイタダニ（*Varroa destructor*）という寄生性ダニに言及して、「バロアは今でも大きな問題なの」と言った。このダニはミツバチだけに寄生するダニ類の小グループの一員だ。バロアという属名は古代ローマの政治家で学者だったマルクス・テレンティウス・ウァロにちなんでつけられたものだ。ウァロはユリウス・カエサルの司書を務めただけでなく、「ハニカム予想」として知られている仮説も提唱している。ミツバチを飼育していたウァロは、完璧な正六角形を隙間なく並べた巣に感心し、ミツバチは効率化を図るために、そのような形の巣を造るのだと提唱した。つまり、最小の量の蜜蝋で最大の量の蜂蜜を入れられる連結構造は他にない、と提唱したのである。一九九九年になってようやく、この仮説の正しいことが数学者によって証明され、ウァロに大きな名誉をもたらした。一方、ダニの分類学者は、ミツバチに寄生するダニに、バロア科バロア属という学名をつけた。その名によって、あれほど感嘆したミツバチに死の脅威をもたらすダニと永遠に結びつけられたことは、おそらくウァロにとっては不名誉な話だろう。

ミツバチヘギイタダニはミツバチの体液を吸って生きている。成虫に感染して弱らせるが、さらに甚大な被害を巣房の内部にもたらす。巣の中にいる幼虫を食べるのだ。残酷なことに、このダニは蓋をした巣房の中にいる無防備な幼虫の傍らで、幼虫を食い尽くしながら繁殖するのである。ウァロの時代には、このダニの生息域は東南アジアの森や林に限られていたし、その地域のミツバチの在来種に大きな害を及ぼす存在でもなかった（ミツバチ属は現在一一種が確認されている。飼育されるようになったセイヨウミツバチだけがアフリカ・ヨーロッパの在来種で、それ以外はすべてアジアの在来種だ）。しかし、東南アジアに飼育ミツバチが持ち込まれると、ミツバチヘギイタダニはすぐにそれに適応して、巣箱や女王バチ、養蜂用具の移動と共に、世界中に分布域を着実に広げていった。今ではオーストラリアを除く世界各地で大きな問題となっている。対処せずに放っておくと、感染によって幼虫の産出が損なわれ、巣全体が崩壊しかねないばかりか、ダニは致死性のウイルスも何種類か媒介するので、ミツバチをさらに弱らせてしまう。ヨーロッパと北米の一部地域で見られた野生化したミツバチの巣の減少は、ダニの出現と関係があると研究者は見なしている。ダイアナの仮説が正しけ

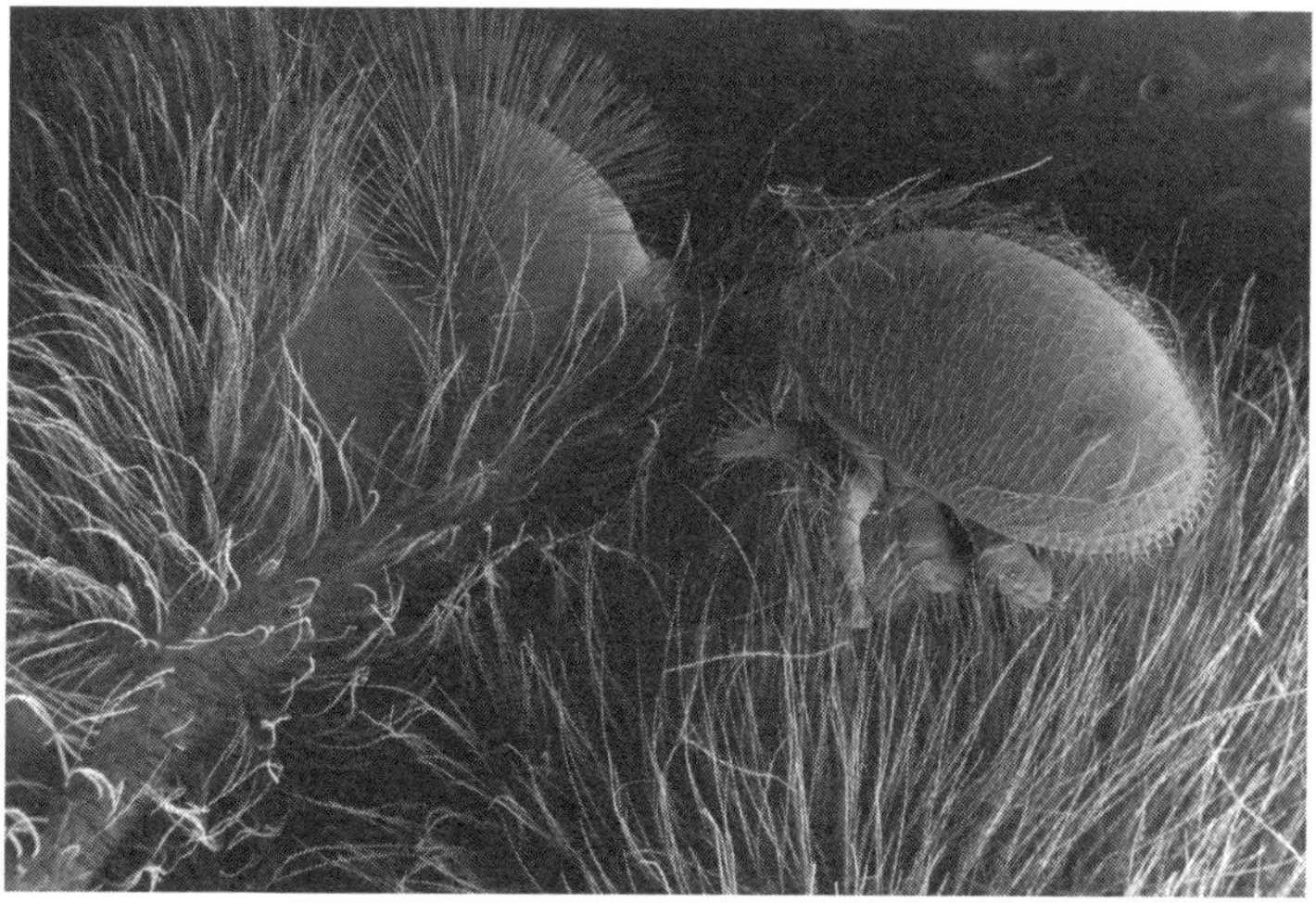

図9.3　走査電子顕微鏡で見たミツバチヘギイタダニ。ミツバチのメスの肩の上に、メスのダニがとまっているところ。写真：Electron and Confocal Microscopy Laboratory, Agricultural Research Service, US Department of Agricultureの厚意により掲載

れば、ダニは二つめのPである栄養不良と同じくらい、ミツバチの健康全般を損ねている。「花の資源が十分でないの」とダイアナは言って、四つのPに栄養不良を入れた理由を説明した。「普通の人は公園やゴルフ場を見渡して、緑がいっぱいだと思うかもしれないけど、ミツバチにとっては砂漠か化石の森みたいなもので、食べるものが何もないのよ」。公園に花が少なく、開発によって自然のままの地域が失われているだけでなく、農地でも生息環境が損なわれている。昔ながらの農地には生垣《ヘッジロー》があり、複数の作物を混作し、牧草地があったが、それが次々と単一栽培に取って代わられているのだ。農地だけでなく裏庭や道端まであらゆる場所で除草剤が使用されているので、アザミやエニシダ、ヒルガオのような花蜜と花粉の多い野草でさえ見られなくなった場所が多い。

ダイアナの話を聞いて、私はラリー・ブルーアー博士から聞いたことを思い出した。ラリーは農薬会社の委託で大規模な野外実験を行なっている会社の契約研究員で、会社では数百に上るミツバチの巣を管理している。新製品の影響を評価するためには、カノーラのようにハナバチが花粉を媒介する作物の広大な畑の真ん中に、ミツバチの巣を孤立させて置いて観察する必要がある。そしてラリーのチームは、開花の最盛期でも他の種類の花粉を持ち帰る個体が少なくとも数匹は必ずいることに気がついた。「必要なものを見つけるために遠くまで行くのだろう」とラリーは言って、いかに大量に咲き誇っていようとも、一種類の花だけではミツバチの必要を満たせないようだと指摘した。「周囲に申し分ない食事と思えるものがあっても、タンパク質や微量栄養素を得られる花を探しに行くんだ」と彼は言う。養蜂業者は作物の開花時期に合わせて、単一栽培の畑から畑へトラックでミツバチの巣を移動させる。そうしたミツバチにとって、こうした栄養問題は特に頭痛の種だ。アーモンドだけの週が続いたあとに、リンゴだけの週、さらにブルーベリーだけの週が続き、そうした週と週の間は、巣の中に閉じ込められて、車で長時間移動するのだ。ラリーは「自分の食事がそんなふうになったときのことを想像してみてほしい」と言った。養蜂業者はサプリメントを与えるが、ミツバチが摂取するように進化した、さまざまな野草や低木や樹木の花から得られる多様な栄養素を完全に代替できるものはない。栄養不良がもたらすストレスは時期や巣によって大きく異なるが、ダイアナのような専門家は、そうしたストレスがハナバチの全体的な健康や体力を徐々に損なっていき、環境に存在する他の脅威に対する脆弱性が高まるのだと考えている。そうした脅威には、最も異論の多い三つめのP（殺虫剤）も含まれる。

ハナバチの減少をもたらした要因のなかで、殺虫剤の影響ほど多くの論争を巻き起こしたものはない。しかし、この問題に入る前に、その根底にある根本的な疑問に触れておいた方がいいだろう。そもそも、ハナバチがこれほど化学物質に弱いのはなぜか？　殺虫剤の対象となった昆虫はみな耐性を得ているようなのに、なぜハナバチには耐性ができないのか？　それはハナバチと花の特別な関係がもたらした興味深い結果なのだ、というのがこうした疑問に対する答えだ。たとえば、植物の葉や茎、種子、根を食べるバッタ、イモムシ、甲虫、アブラムシ、カスミカメムシのような害虫は、複雑な化合物を無毒化することで生き延びてきた。こうした昆虫は何百万年にもわたり、自分たちが食べる植物が絶え間なく進化させている化学的防衛を無効化するために奮闘してきたのだ（殺虫剤メーカーはこの昆虫と植物の軍拡競争のことをよく知っているので、植物からヒントをもらえることを当てにして、あれこれと植物から抽出して新製品を作り出そうとしている）。しかし、ハナバチはこうした昆虫とは違う。ハナバチは花粉を媒介する送粉者なので、植物は彼らを撃退するのではなく、惹きつける必要があった。そこで植物は、甘い花蜜とタンパク質が豊富な花粉を進化させた。防衛に用いる化学物質はほとんど含まれていない[9]。そのおかげで、ハナバチは栄養不足に陥る心配はしないで済んだが、食物の中に有害な化合物が入っているという経験を、進化の過程でほとんどしたことがなかった。それゆえ、害虫には生得的な代謝経路があり、それを使って植物の化学物質を処理したり回避したりできるが、そうした経路をハナバチは持っていないのである。作物を食べる昆虫にとっては、殺虫剤はありふれた、たいていは一時的な化学的妨害に過ぎない。だがハナバチにとっては、どのような形をとるにせよ、殺虫剤はまさに毒なのである。

ダイアナは私がこれから聞こうとしていたことを予測していたかのように、「ミツバチの減少は一つの化学物質に結びつけることはできないのよ。一群の化学物質でも無理ね」とすぐに言った。ネオニコチノイド系と総称される殺虫剤について、私はダイアナの意見を聞きたかったのだ。農業用や一般の園芸用で好評を博している製品のいくつかは、ネオニコチノイド系殺虫剤だ。略して「ネオニクス」と呼ばれるようになったこの殺虫剤は、さまざまな形で利用することができるが、どの製品にも浸透性、つまり植物の組織に取り込まれるという特性がある。したがって、植物の葉や芽、根に毒性成分が行き渡り、それをかじる害虫に対して有害になるので、無差別に殺虫剤を散布する必要が減るのだ。しかし、ネオニクスは花蜜や花粉にも取り込まれ、訪花したハナバチがそのままそれを食べる。殺虫剤なのだから当然のことだが、ネオニクスを大量に摂れば有毒であることを疑う者はいない。見境なくネオニクスを散布したために、その地域でミツバチと在来のハナバチがどちらも大量死したという疑いのない事例もある。室内実験でも、ネオニクスのせいで採食や帰巣能力の低下から短命や生殖力の低下に至るさまざまな「亜致死性」の影響が出ることが示されている。しかし、意見が一致しているのはここまでである。野外のミツバチの巣では一貫した影響が見られないからだ。ネオニクスを散布した作物の中で育てられたミツバチの巣でも問題が見られないことも多いので、ネオニクスを擁護する者は、通常の状況では飼育ミツバチの大多数が出会うネオニクスはわずかな量に過ぎないと論じている。しかし、ネオニクスは野生のマルハナバチや単独性のハナバチに悪影響を及ぼしているという確かな証拠があるし、駆除の対象になっていない種（たとえば、昆虫食の鳥類など）の減少を引き起こしている可能性もある。議論が白熱してきたので、欧州委員会は二〇一三年に花をつける農

図9.4　作物につく害虫に対する化学戦（植物由来の毒物が使われることが多い）は、農耕と同じくらい古くから行なわれてきた。第二次世界大戦中に米国農務省が出したこのポスターは、実にうまくその戦いを描き出している。Wikimedia Commons

作物に対して数種類のネオニクスの使用を禁止した。さらに禁止する種類を増やすことを検討しているという報道もある。

私が話を聞いた他の研究者と同様に、ダイアナもネオニクスの全面的な使用禁止を主張してはいない。「今やるべきなのは、害虫と送粉者をもっと統合して管理することだと思う。殺虫剤の使用を禁止しなきゃいけないというわけではなく、『絶対に使う必要のある殺虫剤はどれなのか？　ハナバチに害を及ぼさないためには、どのように使用すればよいのか？』という問いかけをすることね」と言った（この言葉を聞いて、私はすぐにタチェット・バレーのアルファルファ農家が殺虫剤の使用に常に気を配っていたことを思い出した。ハナバチに少しでもやさしい製品を探し、使用量を試し、アオスジハナバチが安全な巣の中に入ったあと、日が落ちてから殺虫剤を散布していたのだ。マーク・ワゴナーは「いつでもそのことを考えている」と言っていた）。とはいえ、ネオニクスの使用が禁止されたヨーロッパの農地は重要なテストケースになるだろう。ハナバチの個体群の反応だけでなく、ネオニクスの代わりに使用されている殺虫剤の影響も評価できるからだ。一方、研究が進むにつれて、ネオニクスは複雑な殺虫剤問題の一面に過ぎないことがわかってきた。

花粉や蜂蜜、蜜蝋、ハナバチの体内に残留している化学物質について初めて行なわれた大規模な分析の結果を振り返り、「呆れかえった」とダイアナは語る。北米の各地から集められた何十個ものハナバチの巣を分析したところ、一一八種類の殺虫剤が検出されたのだ。ネオニクスのような新しい製品ばかりではなく、環境中に何年も、何十年も残留していたものもあった。「基本的には、これまでに使用されたものは全部検出された。ＤＤＴがまだ花粉の中に含まれているのよ！」と言うダイアナの声には、このインタビューで初めて、怒りのようなものがうかがえた。さまざまな殺虫剤の他にも、殺菌剤、除草剤、殺ダニ剤による汚染物質も認められた。こうした化学物質はただ種類が多いだけでなく、ほぼすべての標本から検出されたのだ。七五〇個の標本を分析したところ、化学物質に汚染されていなかったのは、蜜蝋が一つ、花粉が三粒、成虫が一二個体だけだった。その他の標本からは平均して六〜八種類の殺虫剤が検出された。その結果、実に興味深いことが起こる。

「相乗効果が起きるの。そのせいで、ハナバチにとって事態が深刻化することが多いのよ」とダイアナは言う。彼女の説明によれば、化学物質が混ざると組み合わさって相乗効果を起こし、一つの物質がもう一方の物質の効果を高めることがあるのだそうだ。[10] たとえば、殺菌剤は単独ならばハナバチに害を及ぼすとは限らないが、特定の殺虫剤と組み合わさると、その効果を一一〇〇倍にまで高めることがある。しかし、製品の検査は個別に行なわれるだけなので、「ハナバチに無害」と表示された製品でも、他の殺虫剤と一緒に使用された場合には思いも寄らない影響が出る可能性がある。ハナバチが遭遇する化学物質の数がこれほど多く、また相乗効果を起こす可能性のある組み合わせの数も膨大で、しかも、そうした化学物質はほとんど調べられていないことを考えると、野外研究の結果が混乱しているのは無理もない。混合物に含まれている「不活性成分」でさえ、何らかの役割を果たすことがあるのだ。私がダイアナに話を聞いたのは、液体ネオニクスの散布効果を高めるために使用されている一般的な界面活性剤が予期せぬ副作用をもたらすことを、彼女のチームが特定したばかりのときだった。この界面活性剤は、ウイルスに感染したハナバチの死亡率を二倍に高めるのだ。したがって、農薬は相互に作用し合うだけでなく、病原体（四つのPのうち、ある意味で最も恐ろしい存在である最後のP）が及ぼす影響を強めることもあるのだ。

「ミツバチは基本的には昆虫の病気のシンボル的存在ね。ウイルスや細菌、原生動物など、人間に病気をもたらすものはすべて、ミツバチにも見つかるの」とダイアナは言って、奇形翅ウイルスや急性麻痺ウイルス、チョーク病菌など、病名を冠した病原体を次々と挙げた。ミツバチに感染するノゼマもいるし、腐蛆病という恐ろしい病気を引き起こす腐蛆病菌もいる。この病気は、幼虫が詰まった巣を黒く臭いヘドロに変えてしまうのだ。ノゼマの名前がまた出てきたので、マルハナバチの状況を思い出したが、ミツバチについてははっきりしたことは何もわかっていない。CCDに触発されて研究が激増したので、ジェイミー・ストレンジが夢見ていたような、大規模な疫学的研究の成果が蓄積されてきた。ウイルスだけを挙げても、ミツバチに感染する二〇種以上の新種が分離され、命名されている。しかし、ダイアナのように長期にわたり研究を続けている研究者でも、状況が悪化している理由がいまだにわからないのだ。「つい二〇〇〇年には、ウイルスがまったくいない巣を見つけることができた」と彼女は当時を振り返る。「でも、今ではすべての巣にウイルスがいる」。さらに、ミツバチの病原体がマルハナバチやその他の在来種にも伝染するという証拠が挙がっている。依然として大量のミツバチの巣や女王バチが世界中を移動している現状を考えると、憂慮すべき問題である。ミツバチへギイタダニが原産地の東南アジアから広がったのと同じように、多くのミツバチの病気も、もともとは局地的な病気だった。カシミールハチウイルスやシナイ湖ウイルスなど、明らかに地名に由来する名前がつけられていることからそれがわかる。たいていの専門家は、ミツバチの研究で蓄積された知見は、いずれはすべてのハナバチの役に立つだろうと考えている。ダイアナが大学の教授職を辞して、ジェイミー・ストレンジをはじめとする在来ハナバチの研究者がいるユタのハナバチラボに加わることにしたのは、こうした希望を抱いていたからだ。

ダイアナはマルハナバチやツツハナバチ、アオスジハナバチなどの研究に転じた経緯を語り、「在来のハナバチを研究するのはとても難しいの」と打ち明けた。ミツバチは実験室で簡単に飼育できるが在来種はずっと難しい上、ミツバチなら一年中研究できるが、在来種は生活環が短くて季節性が強いので、研究できる時期が限られるからだ。「でも、予備的なデータが十分あるので、四つのPが在来ハナバチにも当てはまることはわかる」と付け加えた。四つのPモデルにさらに文字を付け足す研究者もいるかもしれない。たとえば、開発や工業型農法でたやすく失われてしまう営巣環境を示すN（Nest）や、新たに侵入してきた種（ハナバチと植物のどちらも含む）を示すI（Invasive）、そして気候変動を表すCC（Climate Change）だ。気候変動はすべてを包括する重要な問題で、何もかも悪化させる恐れがある。ハナバチの研究者は気候変動の影響を調べ始めたばかりだが、春の開花時期が早まると、休眠から覚めたときにはすでに好みの花が咲き終わってしまい、花蜜や花粉を集められないハナバチが出てくる恐れが十分ある。ハナバチが適応するまでにどのくらい時間がかかるのかはまだわかっていない。だが、北米やヨーロッパのマルハナバチの研究によると、南方や標高の低い地域では気温の高いところからハチの分布が縮小している一方で、温暖化している北方の環境でも、暖かくなった気候をうまく利用できていないという。また、異常気象が起きる頻度も上がっている。マーク・ワゴナーがアルファルファ畑で説明してくれたように、予想外の激しい雷雨に一度見舞われるだけでアオスジハナバチの個体群は全滅してしまうのだ。今後の数十年間に頻発することが予想される旱魃、洪水、熱波、山火事、季節外れの寒波に、他の種も同様に被害を受けるかもしれない。

四つのPを（さらにNやI、CCも）まとめて考えると、二一世紀はハナバチにとって前途多難なように思える。フランクリンマルハナバチの他にもすでに絶滅してしまった種がいるかもしれないし、分布域の少なくとも一部から姿を消してしまった種はもっと多い。すべてのハナバチが減少していると言ったら言いすぎだろうが、もしそうなったらどうなるかを示す教訓話がある。一九九〇年代の初めに、中国の四川省茂県にある有名なリンゴ産地でハナバチの個体数が激減し、じきに完全に姿を消してしまったのだ。何が起きたのか本当のところは誰にもわからないが、殺虫剤の不用意な使いすぎと栄養不良、さらに生息地の消失に伴う営巣場所の不足が重なったからだとほとんどの研究者が考えている。野生のハナバチは事実上絶滅してしまい、飼育している巣も導入するそばから崩壊したので、養蜂家が巣の持ち込みを拒否するに至った。事態の打開をはかるために、地元の果樹園主は何千人もの季節労働者を雇って人工授粉を始めたが、これが非常に骨の折れる作業だった。ナツメヤシは小さな花が房になっているので、綿球を一度当てるだけでたくさんの花に花粉をつけることができるが、リンゴの木には花が別々につくので、それぞれの花一つずつに花粉をつけていかなくてはならない。先端にニワトリの羽やタバコのフィルターを取りつけた長い棒で花粉をつけていくが、仕事の早い人でも一日に五～一〇本の木しか授粉させることができない。当然のことながら、こうしたやり方では採算がとれないことがわかった。ハナバチが無償でやってきてくれたことを、人手を使ってやろうとしても所詮無理なのだ。果樹園主はリンゴの木を切り倒して、他の作物を栽培し始めた。今日、かつて盛んだったリンゴ栽培のなごりを留めているのは、谷の縁に数軒残っているリンゴ園だけである。

図9.5　中国の茂県では、生息地の消失と殺虫剤の影響で、在来のハナバチ個体群が絶滅するに至った。果樹園主は労働者を何チームも雇って、花の一つ一つに人工授粉を施した。長い棒の先端につけた羽や、タバコのフィルター（上の写真）などを使って、丁寧に花粉を花に振りかけている。写真：©Uma Partap

そこでは近くの森で生き延びていたハナバチに花粉媒介をしてもらえるのだ。

興味深いことに、この谷の農家はかつてリンゴだけを育てていたが、現在は伝統的な混作に切り替えて、ビワやウメ、クルミと野菜を織り交ぜて栽培している。こうした変化を促したのは主に経済的要因だったが、この谷にハナバチを呼び戻すのに一役買っているかもしれない。農園では花粉と花蜜の多様性が豊かになり、殺虫剤の使用量も減ったからだ。したがって、茂県の話はハナバチの減少に対する警鐘として引き合いに出されることが多いが、最終的にはハナバチの回復力の象徴になるかもしれない。つまり、解決策が手の届くところにあることを気づかせてくれるのだ。

本章を執筆中に話を聞いた専門家のなかで一番現実的な助言をしてくれたのは、マルハナバチの専門家でサセックス大学の生命科学教授のデイヴ・ゴールソンだった。彼もハナバチにはさまざまなストレス要因が複雑に作用していることを認めているが、問題に対処するためにあらゆることを理解する必要はないと考えている。「さらに研究が進むまで何もしなくていいというわけじゃない。常識的に考えれば、こうしたストレス要因のいずれかを減らすだけでも役に立つはずだ」というEメールを送ってくれた。つまり、私たちは行動に移るだけの知識を持っているし、行動の仕方も知っているのだ。たとえば、ハナバチの生息地に花や営巣場所を増やして、殺虫剤の使用を減らし、飼育されているミツバチ（とミツバチに感染している病原体）の長距離移動をやめる。そして、科学者や、農家、園芸家、保全活動家、一般市民がいち早く学び始めて、このような単純な考えの一部を実行に移すだけでも、大きな変化が期待できるだろう。

第10章　ハナバチのいる美しい絵

この原生花園では、陽光をいっぱいに浴びてハナバチが浮かれ騒ぎ、飛び回っている。しきりにキイチゴやハックルベリーの花によじ登り、マンザニタの無数の釣り鐘型の花を鳴らし、花粉たっぷりのヤナギやモミの樹冠へと飛び上がっては、ヒメハナシノブやキンポウゲの根元の灰土へ降り立つ間もなく、真っ白い花に覆われたサクラやクロウメモドキの木の中へ飛び込んでいく。ユリも見つけては中に入り込むが、ユリと同じく働きはしない。水の力で水車が回るように、太陽の力に後押しされているからだ。押し寄せる水やたっぷりの日差しによって、水車もハナバチも、同じように元気な音を立てながら動くのだ。(1)

ジョン・ミューア『カリフォルニアのハナバチの草原』（一八〇四年）

ここで真空掃除機《バキュームクリーナー》を見ることになるとは、予想だにしていなかった。アーモンド農園を訪れるためにカリフォルニアへ飛んだとき、ナッツの大規模生産を目の当たりにすることになるのはわかっていたのだが。カリフォルニアのセントラルバレーでは、アーモンドの栽培だけで三八万ヘクタールを超える面積を誇り、年間生産量は世界の収穫量の何と八一％を占める。毎年夏にツリーシェイカーという油圧式の機械が農園の中を動き回り、パッドつきのアームで幹を一本ずつ掴んで揺する。すると、埃と葉と干からびた殻と共に、熟したアーモンドの実が地面に落ちる。アーモンドの収穫がこれだけで済むのならば、農園には在来のハナバチがあふれていたかもしれない。二月にはアーモンドの花が咲くのでその蜜を吸い、春から夏へ季節が移り変わる間は、下層に生えたさまざまな野草や被覆《ひふく》作物の花を満喫することができるはずだ。しかし、車でサクラメントから北に向かい、幹線道路沿いにアーモンド農園が見え始めたとき、なぜハナバチの保全がアーモンド産業にとって課題なのかすぐにわかった。アーモンドの木の下には、何も生えていないのだ。花も、野草も草の葉一枚さえない。念入りな草刈りや除草剤で下草を減らした、というのではない。下草は完全に取り除かれて、月面のように潤いのない茶色い裸地が露出しているのである。

「収穫のためさ。アーモンドの実を真空式ハーベスターで吸い込んで集めなきゃならないんだ[2]」と、案内役のエリック・リー゠メーダーが言う。エリックは送粉者の専門家だ。彼の説明によると、木を揺らすシェイカーのあとからスウィーパーという機械がやってきて、あちこちに散らばった実を掃き集めて整然とした列にする。そうすると、続いてやってくるハーベスターという真空掃除機に似た機械が実を吸い込んでいくのだ。きわめて効率的ではあるが、この作業を行なうためには、地面をできるだけきれいにしておかなければならない。業界のマニュアルにアーモンドの木の下の地面が「床」と記されているのもうなずける。毛足の長いカーペットからパンくずを拾い上げるときと同じように、草が繁茂した地面からアーモンドの実を拾い集めるのは大変なのだ。さらに、木の下に下草が生えていると、アーモンドの実を食べる齧歯類が身を隠すことができるし、水が溜まるのでサルモネラ菌などに実が汚染される危険も高まる。床をきれいにしたおかげで、清潔な実を効率よく収穫できるようになったが、そのせいでカリフォルニアの広大なアーモンド農園には、ハナバチの生息できる環境がほとんどなくなってしまった。その結果、受粉のためにハナバチを絶対に必要とする作物に影響が出てきたのだ。

図10.1　典型的なアーモンド農園の林床はまっさらに掃き清めたような状態なので、収穫には便利である。しかし、ハナバチが生息できる環境はほぼない。写真：Wikimedia Commons. USDA Natural Resources Conservation Serviceの厚意により掲載

「僕らは今、四〇〇〇ヘクタール以上のアーモンド農園と一緒に活動しているんだ」とエリックは述べ、ハナバチのためになることをしたいと望んでいる栽培農家の数が急増していると語った。「ザーシーズ協会」で送粉者保全プログラムの共同理事を務めるエリックは、ユニークな立場からハナバチを援助しようとしている。この協会は一九七一年に創設され、絶滅したカリフォルニアのシジミチョウにちなんで名づけられた[3]。昆虫などの無脊椎動物の保護に取り組んでいる北米で唯一の主要なNPOである。エリックがこの協会に入ったのは、蜂群崩壊症候群（CCD）によるミツバチの窮状が国際的な注目を浴びた二〇〇八年のことだった。それ以来、送粉者に対する一般大衆の関心が高まるなかで、協会は拡大を続けている。エリックは「僕は五番目か六番目に入った職員だと思うけど、今で

は五〇人もいるよ」と言った。イギリスでも同じような時流に乗って、「バグライフ」（二〇〇二年創立）と「マルハナバチ保全トラスト」（二〇〇六年創立）という二つの保護団体が誕生して活躍している。こうした団体の活動が一体となって、ハナバチに対する市民意識を高め、具体的な行動を起こすのに一役買っている。たとえば、ハワイのメンハナバチ属が絶滅危惧種に指定されたこと、殺虫剤政策を改善したこと、スコットランドのリーヴン湖に世界最初のマルハナバチ保護区が創設されたりしたことが挙げられる。私はこれまで、毎年寄付金を寄せるサポーターが遠くから応援するような気持ちで協会の活動を見てきたが、今はもっと具体的なことを知りたいと思うようになっていた。たとえば、ハナバチのために「生息地の保全や再生を促進する」とは、いったい何を意味するのか？　そして、もっと重要なことだが、それは役立つのだろうか？　そうした折に、エリックが一緒に農園を一日見て回らないかと誘ってくれたので、その機会に飛びついたのだ。

「今日はビフォー・アフターをお見せしよう」と、エリックは車を走らせながら言った。窓の外はアーモンドの木の数がますます増えてきたが、ピスタチオやオリーブの木もあったし、ときおりヒマワリやトマトの畑や稲田も見られた。私たちは予定より少し遅れて、最初の目的地であるハナバチの保全活動を始めたばかりの農園に向かっていた。そこを視察したあとに、しっかり根づいた一・六キロに及ぶ生垣《ヘッジロー》（彼がザーシーズ協会で最初に手がけたプロジェクトの一つ）を見学する予定だった。だが、オーランドという小さな町の近くで、幹線道路を曲がって農園の間を走る道に入ったときに、似たような道が何本もあったのでカーナビが混乱してしまったのだ。突然、エリックは「あそこに在来植物があるぞ！」と言ってブレーキを踏んだ。溝いっぱいに咲いているグリンデリアの黄色い花を見て、目的地に着いたことがわかったのだ。

　エリックの二人の同僚はもう到着していた。アーモンドの木が整然と並んだ農園と道路を隔てている埃っぽい土手にいる二人のところへ、私たちは歩いていった。二人は、がっしりして背の高い男性と話し込んでいた。このような場所でなかったら、プロのスポーツ選手と見間違われそうな人物だった。その男性はブラッドリー・バウアーという四代目の農園主で、この広大な農園の他にも多くのアーモンド農園を所有し、急成長を遂げている有機アーモンド市場でかなり大きなシェアを占めている生産者である。大口顧客であるゼネラルミルズが最近、送粉者の保全を生産工程に組み込むことを栽培農家に義務づけた。そこで、バウアー農園はザーシーズ協会に援助を求めて連絡してきたのだ。

「そして、協会の提案をすぐに受け入れてくれたよ」とエリックは言った。実際、ブラッドリー自身も何年にもわたって在来の植物で実験を試みていたのだ。溝に生えていたグリンデリアはブラッドリーが植えたものだし、土手にはルピナス、ポピー、ファセリア、クラーキアの種子も一緒に播いていた。私たちが農場を訪れたときは真夏だったので、こうした初夏に咲く花のほとんどは枯れてしまっていたが、ポピーとアサガオはまだ元気なように見えた。私たちが握手しているとき、私は鮮やかな花の間を飛び回っているアメリカタテハモドキの目玉模様のついた黒い翅に気づいて、幸先のよさを感じた。

　エリックは「私たちがアーモンド農園に取り入れて、よい結果を出してきた手法は三つあります」と述べ、生垣と在来種の被覆植物《カバープランツ》と道路脇の植物帯の三つを組み合わせれば、バウアー農園にハナバチを呼び戻すことができると説明した。熱意と自信のこもったエリックの話を聞くと、誰でも安心するだろう。四〇代半ばで、短く刈り込んだ髪にまっすぐに見据える目をしたエリックには、プロらしい洗練された雰囲気が感じられる。それは彼がかつてテクノロジー業界で働いていたキャリアから培われたのかもしれない。エリックはあとで「僕はザーシーズでは名ばかりの役員だよ」と冗談を言っていた。しかし、同僚は昆虫学の学位を持っているかもしれないが、エリックの真の力はもっと深いところにある。彼はノースダコタ州の養蜂農家で育ったからだ。これまでにさまざまな仕事をしてきたが、今の仕事ではこの生い立ちが協力者たちとの橋渡しをしてくれている。「真の友情を築きたいんだ。この仕事では、信頼関係を築くことが一番大事だからね」とエリックは打ち明けた。

その日、ブラッドリー・バウアーは慎重ながらも楽観的に、エリックらの提案を聞いているようだった。ハナバチの生息環境を増やすことに本当に関心を持っているだけでなく、他の農家と同様に、どの植物が適しているかということにも強い興味を示していた。さまざまな野草の寄せ植えから、花をつける低木や雑草の管理へと話題を変えながら、私たちはアーモンド畑の縁や放棄された池など、農園で使われておらず、植物を植えられる場所を見て回った。しかし、ブラッドリーには農家として実務的な問題や収益に関する心配もあったので、「アーモンドの花と競合するようなことは避けたいね」とか「従業員がその雑草を全部刈り払うには丸々二日間かかるだろう」とか述べて、話を現実に引き戻した。昼食時間には、農園の事務所にある空調が利いて心地よい社員用の部屋で休息をとった。屋外の気温は摂氏三五度もあったので、ありがたかった。しかし、これでもまだ涼しい方で、数週間もすればもっとひどくなるそうだ。「四五度になれば収穫時だ！」と、ブラッドリーはバウアー一家に伝わる言い回しを引用して笑った。その朝採ったばかりの新鮮なスイカをご馳走になりながら、彼の曽祖父母がラバを列車に乗せて東部から国を横断してきた話や、バウアー家の五世代目になる赤ん坊がもうじき生まれる予定だという話など、家族の話をいろいろ聞かせてもらった。最後に話はハナバチと、アーモンド栽培で最も難しい問題の一つに戻った。それは、何千本にも上るアーモンドの木を授粉させるという問題だ。

「大量死が起きてからは、ハナバチの入手に苦労している」とブラッドリーは認めた。彼は正直で感情がすぐに顔に出るタイプで、ポーカーをするには苦労するだろう。その顔が、今は心配で曇っていた。しかし、それは彼だけではなく、他のアーモンド農家も同じだっただろう。授粉は毎年、一か八かの賭けのようになっていたからだ。カリフォルニアには在来のハナバチがほとんどいないので、アーモンドの栽培農家は確実に実らせるために昔から養蜂業者のミツバチを借りて、花粉媒介を頼ってきた。養蜂業者はフロリダやメイン州からはるばるやってきて、この収益の大きい世界最大の授粉市場に参入し、三週間にわたるミツバチとアーモンドの花の狂乱の宴が催される。一エーカー〔約四〇〇〇平方メートル〕当たり二つの巣箱を置くことが推奨されているので、カリフォルニアのアーモンド栽培農家が必要とするミツバチの巣は一八〇〇万個以上に上る。しかし、その需要を満たすことがますます難しくなっているのだ。CCDが起きて以来、ミツバチの供給が回復していないからだ。一〇年前には五〇ドルで借りられたミツバチの巣が、現在では四倍の値段になることもある。ミツバチの巣が貴重品になったので、マスコミが「ミツバチ泥棒」と呼んでいるミツバチの巣の盗難が相次ぐようになった。毎年、アーモンド農園から何千個ものミツバチの巣が消えていくのだ。泥棒たちは夜陰に乗じて巣箱を持ち去り、ペンキを塗り直して商標を付け替え、別の栽培農家に貸しつけるのである。

盗難の被害額は驚くほど高額だ。二〇一七年には、一〇〇万ドル近い盗難品のミツバチの巣の世話をしていた男が二人逮捕された。

これほどミツバチの巣の賃貸料が高騰していることを考えると、在来のハナバチの可能性を探るアーモンド農家が増加の一途をたどっているのは少しも不思議ではない。ただ、少々の花を植えたり、生垣を造る程度では効果がない、とエリックはすかさず指摘する。ハナバチに最もやさしい環境を整えている農園でも、いまだに毎年ミツバチを借りているのだ。しかし、野生種がいれば結実が増加するという関係を示す研究結果や、自然の植物を植えると果樹園の送粉者の多様性がすぐに三倍になることがあるという研究結果も出ている。また、花を植えることはミツバチのためにもなる。栄養状態がよくなり、絶え間のない移動によるストレスも減るのだそうだ[4]。アーモンドの花が咲き終わったあとも巣箱を置いたままにして、さまざまな花粉や花蜜をミツバチに採食させてくれる農園があれば、養蜂業者にはありがたい話だ（そして彼らはそうした農園を探している）。環境保全の用語で言えば、ハナバチの生息地は「環境に積層的利益」をもたらすのである。つまり、さまざまな有益な昆虫やその他の生き物の暮らす環境を与えるだけでなく、二酸化炭素の大気中への排出を抑制したり、土壌の水分や有機物を増やしたりするのだ。しかしハナバチの保全に取り組もうという決意を突き詰めれば、たいていはもっと捉えどころのない本質的なものに行きつく。ブラッドリーの言葉を借りれば、ハナバチを助けることは「やるべきこと」なので、バウアー農園は自らの行動で手本を示したい、と考えたのだ。ブラッドリーとエリックは長い時間かけて、植栽が幹線道路から魅力的に見えるようにする方法を話し合っていた。「みんなに見てほしいからね」とブラッドリーは言った。

私たちはバウアー農園を出る前に、ブラッドリーの母と妹に会い、義弟とはトラクターの話をし、母屋の裏に生えている木からとれた新鮮なモモをご馳走になった。ハナバチの生息地造りの具体的な案も浮かんできた。ザーシーズ協会が技術指導を行なうと共に、種子の費用の一部を負担し、バウアー農園は労働力を提供する。まず優先して道路脇に野草を植え、次いでフェンス沿いに生垣を設け、数エーカーの古い池や牧草地に野草を植える。こうした事業を実行すれば、バウアー農園は「ビー・ベター」という新しい認証プログラムで確実に認証を得られるだろうとエリックは考えている。有機栽培やフェアトレード運動をモデルにしたこのプログラムは、ハナバチにやさしい生産物を認定して、ビー・ベター認証ラベルを与え、その価値を高めることを目的としている。私たちが挨拶をしてレンタカーに乗り込んだとき、ブラッドリーはエリックの案を検討すると約束した。「みんなをうちの農園に迎えられてうれしいよ」と、ブラッドリーは別れ際に言った。私はただのオブザーバーに過ぎなかったが、スタッフの一員に間違われたのがうれしかったので、あえて否定はしなかった。

エリックと私は飛行機に乗る予定だったが、彼が見せたいと言っていた成熟した生垣に立ち寄るだけの時間がまだあった。「劇的に風景が一変したんだ。文字通り土埃だったのが花になり、生命があふれて……とにかく、すごいんだ」とエリックは説明した。彼が環境の復元を手がけた場所には、期待していたハナバチだけでなく、ハチドリ、チョウ、コヨーテ、キジ、ヘビ、猛禽などさまざまな生き物が訪れていた。頭の上でハヤブサがいきなりホシムクドリをさらっていったこともあったそうだ。「こうした生き物がいったいどこから来るのか、見当もつかない」とエリックは言う。ギリギリまでアーモンド農園や畑が迫っている道路を何キロも車で走っていると、エリックが驚くのも無理はないと思った。かつてナチュラリストのジョン・ミューアが世界最大のハナバチの草原と呼んだ地域には、自然のままの植生はほとんど残っていない。ミューアは一八六八年の春に初めてこの地を訪れたときのことを回想して、「滑らかに敷き詰めた寝床のように、蜜を出す花がはるかかなたまで広がっている。六四〇キロ以上も離れた向こうの端まで歩いていけば、あまりにも豊かに花が一面に咲き乱れているので、一歩ごとに一〇〇本以上の花を踏みつけてしまうだろう(5)」と述べている。だが、一世紀にわたり徹底的な耕作が行なわれてきたにもかかわらず、在来のハナバチや他の野生生物がわずかでも残っているということは大いに希望が持てた。ミューアが見た草原のなごりがそこかしこに隠れていて、返り咲く機会が訪れるのを待っているかのようだ。

いざ生垣に到着すると、エリックの口調が急に弁解がましくなった。さんざん期待を持たせるような話をしたので、私ががっかりするのではないかと思ったらしい。ハナバチをたくさん見るにはもう時期が遅いし、この生垣はそれなりに問題を抱えているんだ、と先回りして釘を刺した。「ここはほんとについていない場所なんだ」と言って、洪水や地ならし機の暴走、飲酒運転の車が植栽したばかりの若木をなぎ倒した事故など、一連の災難を立て続けに挙げた。しかし、そうしたことがいろいろあったにもかかわらず、生垣がうまく機能しているのが、車を降りる前から見て取れた。砂漠の浜辺に打ち寄せる緑の波のように、道沿いに青々と茂った生垣が続いている。セアノサス、ニガヨモギ、ハマアカザが人の背丈まで育ち、ソバカズラやノコギリソウのような多年草の茂みが点在していた。向かい側の乾ききって埃まみれの道端には外来種のイガヤグルマギクの枯れた茎が点在しているだけだが、生垣のあるこちら側では植物が涼しげな日陰を作り出していて、滑稽なほど際立った対照をなしていた。道路脇に車を寄せて停まったときにエリックに電話が入ったので、私はよく見るために車から猛暑の中へ出た。

七月だったら、ジョン・ミューアもセントラルバレーの生垣で花を探すのに苦労しただろう。焼けつくように熱さが続く乾燥した夏は、ミューアの言葉を借りると、地元の植物にとって「休眠の季節」なのだ。(6) だから私は、低木や多年草のほとんどがとっくに種子を実らせてしまったのを見ても驚きはしなかった。しかし、生垣にはまだ生命が息づいていた。クモやカリバチがいたし、小枝や枝の先には細身のトンボがたくさんとまっていた。頭上でタイランチョウが甲高い声で鳴き、ニワトコの藪の陰ではマネシツグミがくり返しさえずっていた。そのとき、グリンデリアがまだ咲いているのに気づいた。バウアー農園の溝でエリックが見つけた花だ。黄色い花が陽の光を浴びて輝いていた。しばらくすると、アメリカチャマダラセセリが二匹とモンシロチョウが一匹、花蜜を吸いにやってきた。それから、ハナバチが一匹現れた。小さな光沢のあるコハナバチで、腹部に黒と白の細かい縞模様が整然とついている。後脚には花粉がついていたので、近くにある巣へ餌を運んでいるのがわかった。ハナバチがせっせと花粉を掻き取っては後脚につけている様子を私は眺めた。在来のハナバチが在来の花で当たり前のことをしているだけなので、他の場所だったら、この光景は取り立てて注意を引くものではないだろう。しかし、世界有数の集約農業地帯の中に孤立したこの場所では、この小さなハナバチが、自然の回復力と、ほぼどこででもハナバチを復元できることを示す力強い象徴のように思えた。ザーシーズ協会がさまざまな土地所有者と連携をとって、裏庭や庭園からゴルフ場や公園、空港まで、ありとあらゆる場所でハナバチの新たな生息地を生み出しているのは、驚くには当たらない。

図10.2　在来のコハナバチが在来の野草で採食している。世界でも指折りの集約農業地帯であるカリフォルニア州セントラルバレーに、ハナバチを呼び戻す希望が持てる兆候だ。写真：©Thor Hanson

エリックは「誰にでもできることだよ」と言っていた。のちにエリックの上司に当たるザーシーズ協会の専務理事のスコット・ホフマン・ブラックと話をしたときも、再び同じ言葉を聞いた。

「私は長いこと保全活動をしてきた」と、電話インタビューをしたときにスコットは言った。「オオカミ、サケ、ニシアメリカフクロウ……いろいろと保護活動を手掛けたが、どうすればすぐに目に見える結果を出せるのか、そのやり方を皆に説明することができたのは今回が初めてだ」。すぐに満足感が得られるのは、ある意味では規模のおかげでもある。ハナバチは小さくて繁殖が速いので、小さな変化にすぐに反応できる。ハナバチの多くの種は安全な営巣場所と数週間分の花を確保してやるだけで、個体数が増えるのだ。そのおかげでハナバチ保全の仕事はやりがいのあるものになったが、課題の規模が小さくなるわけではない。確かに生垣などの生息場所を作るプロジェクトは盛んになってきているのかもしれない。それでも、そうした場所を見るために、エリックと私は車で一時間以上も農村地帯を走らなければならなかった。さらに、殺虫剤や病気から気候変動まで、ザーシーズ協会のような団体が取り組んでいる問題は他にも山のようにある。スコットにハナバチの将来に期待を持っているかと尋ねたところ、彼はクスッと笑って慎重に「その日によるね」とはぐらかした。

飛行場へ行く途中で、エリック・リー゠メーダーにも同じ質問をしてみた。長い沈黙のあと、彼は直接には答えず、人々とのつながりが励みになるという話をくり返した。農園主などの地主がハナバチ保全活動を受け入れ、支持するようになるのを見ると希望を感じる、と彼は言った。エリックが関わったある果樹園は、予想を超えて他の果樹園のモデルになるようなところに生まれ変わった。今ではその周囲にも内部にも一〇キロ近い生垣やハナバチの生息環境が設えてある。しかも、そこはバウアー農園のような家族経営の有機農家ではなく、シンガポールに本社を置く農業関連の多国籍コングロマリットが所有しているのだ。「最初は、向こうは乗り気ではなかったんだ」とエリックは打ち明けた。しかし、最初に植栽した木が花を咲かせてハナバチでにぎわうようになると、懐疑的だった態度が手の平を返したように変わって乗り気になり、この事業は順調に進んでいる。ただ、ハナバチの将来を確かなものにするためには、生垣をいくつか作るだけでは足りない。そこで、ザーシーズ協会のエリックの同僚は、殺虫剤の使用を減らして自然の生息地を守り、絶滅危惧種を保全することを目指す事業も行なっている。そうした事業は長期的な政策による取り組みや「積層的利益」のような抽象概念から成り立っているのかもしれないが、花を訪れるハナバチを眺めるという目に見える張り合いも得られる。そして、より多くの人にこうした発見をしてもらうことから、ハナバチの将来に対する確かな望みが生まれるのかもしれない。「僕は美しい絵を壁に掛ける手伝いをしていると考えたいんだ」と、エリックはぴったりの表現で簡潔にまとめた。「世の中にあることすら誰も知らなかった、美しい絵をね」

終章　ハチの羽音が響く草地

夏が森を黄金色のハナバチで満たすとき、
私はその中を彷徨う(1)……
ウィリアム・バトラー・イェイツ『ゴル王の狂気』（一八八九年）

私が住んでいる島では、毎年八月になると、田舎の伝統的な祭りであるカウンティフェアが数日にわたり催される。遊園地の乗り物や家畜の競売からさまざまなコンテストまで、あらゆる伝統的な催し物が行なわれる。馬術コンテストはいつも人だかりができるし、ニワトリレースやパイ食いコンテストも大人気だし、廃棄物やリサイクル品だけから洋服を作るファッションショーも催される。このフェアでは、案山子からフラワーアレンジメントまでさまざまなものに賞が授けられ、多少の賞金がもらえるチャンスがある。うちの家族は長年にわたってスイカや豆、フサスグリ、サーモンの瓶詰を出品して、いい成績を収めている。カウンティフェアは毎年特定のテーマを決めて行なわれるのだが、この年は実行委員会がハナバチをテーマに選んだ。町中に貼られたポスターには、ヒマワリとツメクサを背景に飛んでいる五匹の鮮やかなマルハナバチと蜂蜜の大きな雫、そして「ワイワイやろうぜ！」というお祭りの新しいスローガンが描かれている。

小さな町では住民は互いの職業を知っているものなので、実行委員から電話が入り、ハナバチの講演を依頼されたときには別に驚きはしなかった。私は了承したが、講演ではなく、参加者を連れてお祭り会場の中を歩き、そこに生息しているさまざまなハナバチを見てもらうのはどうかと提案した。すると、ちょっとした沈黙が続いた。おそらく電話の向こうでは、目が点になっていたのではないだろうか。しかし、結局はそうすることで了解してもらい、数日後に私は、銀行強盗のいう「現場の下見」をするために、祭りの会場へ出かけた。

お祭りの開催日まで二週間を切り、会場は準備に追われていた。さまざまな納屋や小屋には仕上げのペンキ塗りがされていたし、家禽やウサギを入れるテントも設置されていた。そして、地元の彫刻家が製作した二階建ての金属製のハチの巣が建造されて、馬場を見下ろしていた。会場を一見しただけで、ハナバチを観察して歩こうという私の提案に懐疑的な目が向けられた理由がわかった。建物がないところには駐車場か、短く刈り込まれた芝生しかなく、その芝生も陽にさらされて茶色く枯れているのだ。しかしそのとき、ブタナと呼ばれる雑草の黄色い花が点在していることに気がついた。ほどなく、コハナバチや小さな黒いヒメハナバチの仲間がこの花を訪れていることもわかった。祭りの運営事務所のそばにちょっとした花壇が設えられて観賞用のスマックが植えてあったが、そこでミツバチが花粉を集めていた。簡易トイレとフードコートの間の角を回るとラベンダーの花壇があり、マルハナバチが三種と威勢のいい小さなハキリバチが夢中になって、芳香を放つ紫の花から蜜を集めていた。祭りが始まって人々が集まってきても、ハナバチたちはまだそこを離れず、人混みの中を気づかれずに一心不乱に飛び回っているに違いない。人間の命を支えるのに不可欠なドラマが私たちのまわりでくり広げられているのだが、その縁の下の力持ちであるハナバチは、人々の目にとまらないのだ。

ハナバチについて学ぶのは新しいことのように感じるかもしれない。だがその道のりでは、まったく新しいことを発見するより、再発見の方が多い。人間はこれまでずっと、ハナバチのそばで一緒に暮らしてきた。注意を払わなくなったのはつい最近のことなのだ。したがって、私たちが再びハナバチに関心を持てば、古くからのつながりがよみがえり、きわめて大きな成果が得られるだろう。私の友人に、妻を若くして突然亡くした人がいる。稀なガンにかかり、最初の症状が現れてからわずか数週間で亡くなってしまったのだ。彼女はミツバチを飼っていて、友人と娘が病院から家に帰ったとき、ハチの巣が大騒ぎになっていたのだそうだ。働きバチは新しい女王の巣房の世話に余念がなく、数日すると巣分かれして、何万ものミツバチが飛び出して群飛を始め、玄関から六メートルほどのところにあるカエデの枝に群がって塊になった。友人はその分蜂するミツバチの群れを何時間も眺めていた。のちにその体験について書いた文章の中で、「不思議で、スピリチュアルで、この世のものとは思えない、心癒やされる体験」と感動的に述べている。驚くようなできごとだが、昔ならばよくあることだったろうし、効果があらかじめ期待されることさえあっただろう。昔のヨーロッパや北米には、「ミツバチに告げる」という慣習があった。作物の生育状況から子供の誕生や結婚、家族の病気まで、ありとあらゆるニュースを飼育しているミツバチのコロニーに伝えるのだ。誰かが亡くなると、人々は歌を歌ってミツバチをなだめ、喪の印の黒い布が巣箱にかけられた。そうしないとミツバチたちの怒りを買う恐れがあり、腹を立てたミツバチは連れだって巣を出ていってしまうと誰もが思っていた。こうしたことが行なわれたのは、さほど昔のことではない。ハチの存在に安らぎを得るのも、当時はごく普通のことだった。ウィリアム・バトラー・イェイツがそうした安らぎを求め、『イニスフリーの湖島』という詩を詠んだことはよく知られている。

そこには豆の畝《うね》を九つと、ミツバチの巣箱を一つ据えよう
そして、ハチの羽音が響く草地で一人で暮らそう
そこでは心穏やかに暮らせるだろう(2)……

その姿を見たのがどこであろうと、ハナバチは羽音を立てて飛び回り、生命そのものの活力に満ちあふれている。私たちはハナバチが作る蜂蜜を味わい、送粉者というハナバチの役割を理解しているかもしれない。だが、人間がハナバチに親近感を抱いているのは、ハナバチが役に立つからだけではない。

レイチェル・カーソンの『沈黙の春』は、鳥のさえずりのない世界という最強の比喩《メタファー》を環境運動にもたらした。しかし、カーソンは花が満開に咲いているのにハナバチの羽音がしないことについても警鐘を鳴らしており、その警鐘が現実のものになりそうな地域もすでにある。だが、そのほとんどは私たち次第なのだ。私たちが気にとめて用心し、行動を起こすことにかかっている。うちの家族はい

つも、春先にハナバチが初めて現れるのを心待ちにしている。少し前にも、休眠から覚めたばかりのマルハナバチの女王バチが数匹、陽の当たる南向きの壁にとまって体を温めているのを息子と一緒に眺めていた。黄色とオレンジ色の個体が三匹、もう一匹はインクのように真っ黒な体に金色の縞模様が入っている。動くインクの雫のようだ。「パパ、ハナバチは特別だよね」とノアが言ったので、私もそうだとうなずいた。すると、ノアは無造作に子供の知恵ともいうべき名言を口にした。本書の最後を締めくくるのにふさわしい一言だった。「人間なんかいなくても世界は回るけど、ハナバチがいないと回らないんだ」

謝辞

本を書くのは孤独な作業のように思われるかもしれないが、実際には熟練の技を持つ大勢の人たちの協力や助けに支えられている。有能なエージェントで、困ったときにはいつも助言をしてくれるローラ・ブレイク・ピーターソンに今回もたいへんお世話になった。ベイシックブックス社のT・J・ケラーとその優秀なスタッフ（キャリー・ナポリターノ、ニコル・カプト、イザベル・ブリーカー、サンドラ・ベリス、キャシー・ストレックファス、イザドラ・ジョンソン、ベッツィー・デヘス、トリッシュ・ウィルキンソンや裏方の大勢の方々）とまた仕事ができたことをたいへん光栄に思っている。また、情報や知見を提供し、仕事を説明してくれた研究者や果樹園主や農園主をはじめとする専門家の方々に心よりお礼申し上げる。言うまでもないが、本書の記述に誤りがあればすべて私の責任である。

さらに、本書の執筆をさまざまな形で後押ししてくれた次の方々や団体に、順序不同でお礼申し上げたい。なお、私の不注意によりお名前を挙げていない方がいるならば、心よりお詫び申し上げる。

マイケル・エンゲル、ロビン・ソープ、ブライアン・グリフィン、グレッチェン・レボーン、ジェリー・ラスムッセン、ジェリー・ローゼン、リゴベルト・バルガス、ローレンス・パッカー、サム・ドロージ、スティーヴ・ラッチマン、デイヴィッド・ルービック、コナー・ギンリー、ブッチ・ノーデン、ベス・ノーデン、ジョン・トンプソン、ショーン・ブレイディ、カーラ・ダヴ、ウィリアム・サザーランド、ソフィー・ロイズ、パトリック・キルビー、ギュンター・ゲルラッハ、ガブリエル・ベルナルデージョ、アン・ブルース、スー・タンク、グレアム・ストーン、ブライアン・ブラウン、アリッサ・クリテンデン、ゲイナー・ハナン、ジョージ・ボール、マイク・フォクソン、リミンジ歴史協会、マーティン・グリム、ロバート・カジョベ、デレク・キーツ、ジェイミー・ストレンジ、ダイアナ・コックス＝フォスター、スコット・ホフマン・ブラック、アン・ポッター、サンファアン自然保護トラスト、ディーン・ドハティー、ロブ・ロイ・マグレガー、ラリー・ブルーアー、ユマ・パータップ、エリック・リー＝メーダー、マシュー・シェパード、メース・ヴォーン、サンファアン島図書館、ハイジ・ルイス、アイダホ大学図書館、ティム・ワゴナー、マーク・ワゴナー、シャーラ・ワゴナー、デイヴ・ゴールソン、フィル・グリーン、グリス・ルーニー、ジム・ケイン、キャメロン・ニューウエル、キティー・ボルト、ザーシーズ協会、ブラッドリー・バウアー、バウアー有機農園、ジョナサン・コッチ、スティーヴ・アルボーク、およびクリス・シールズ。

最後になったが、妻と息子をはじめ、身内や友人が辛抱強くしっかり支援してくれることに、いつも心から感謝している。

付録

A　世界のハナバチの仲間

B　ハナバチの保全

付録A　世界のハナバチの仲間

ハナバチは自然界で最も繁栄している昆虫のグループで、南極大陸を除く全大陸に二万種以上が分布している。以下のページでは、ハナバチの多様性の一端を理解してもらうために、チャールズ・ミッシュナーの『世界のハナバチ』という名著で分類されている七科を紹介する。稀少なグループもいるが、多くの種は住宅の裏庭や公園、原生自然地域、農地、草地、道端など、どこにでも見ることができる。〔付録中のハナバチの名に付した（　）内は英語の一般名を、またイタリック体は学名の属を表す。〕

ケブカムカシハナバチ科　Stenotritidae

オーストラリアだけに生息する独特なハナバチで、二属二〇種ほどが属する小さな科である。いずれの種も体つきががっしりして、飛ぶのが速く、体色は鮮やかな黄色から黒やメタリックグリーンまで見られる。生態はまだわかっていないことが多いが、クテノコレテス属の数種で驚異的な交尾飛行が観察・報告されている。なんとメスはオスにマウントされたまま、通常と変わらない食料探しを続け、満載の花粉を運んだのだ。[1] この科のハチが訪れるのは、多くのオーストラリアの固有種の花、特にユーカリノキやフェザーフラワーなどのフトモモ科の花だ。単独性で地中で営巣し、時にはまばらな集団で営巣することもある。挿絵はユーカリの花で採食しているこの科の一種（*Ctenocolletes smaragdinus*）。

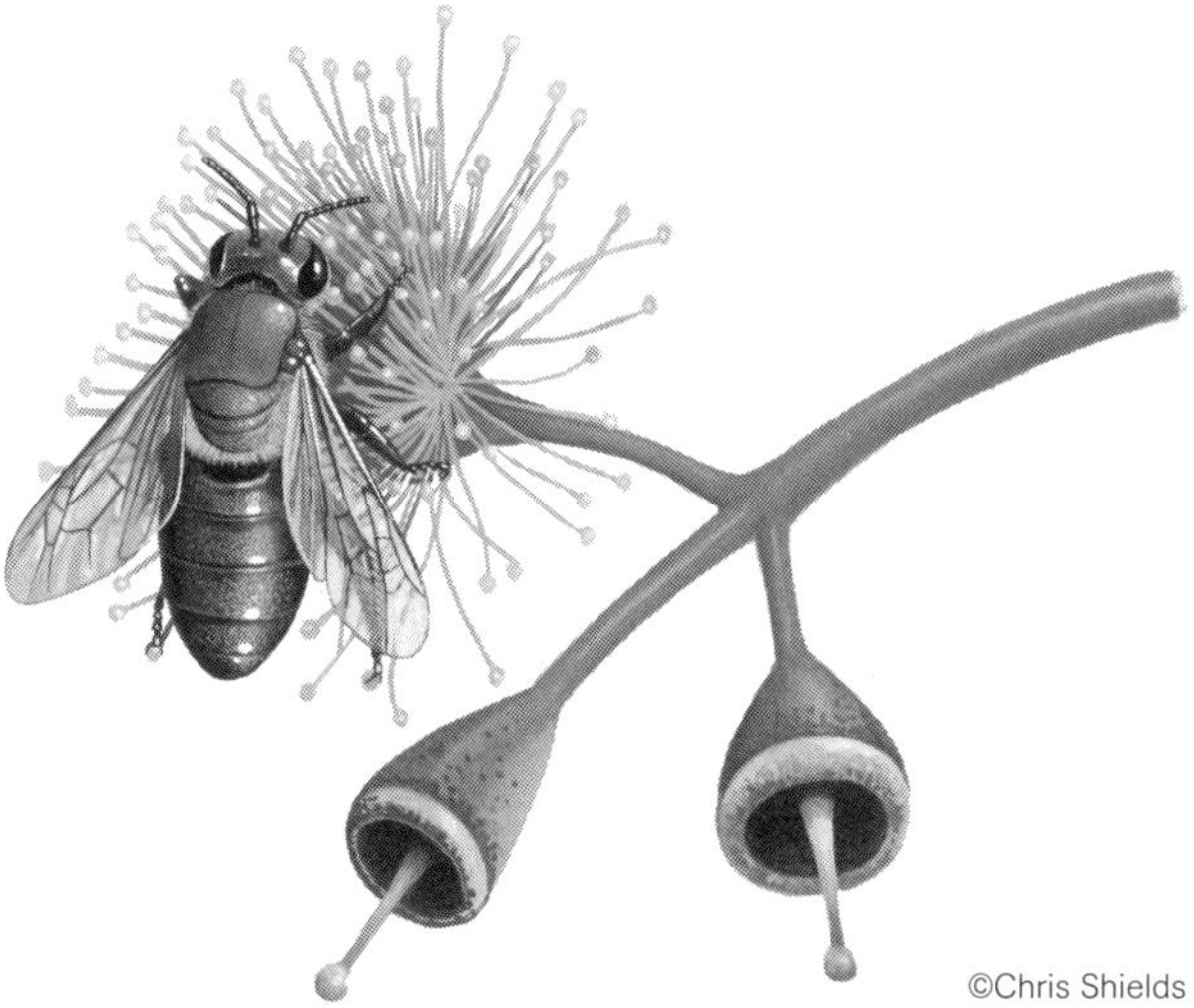

©Chris Shields

ムカシハナバチ科　Colletidae

（主要な属）ムカシハナバチ（*Colletes*）、メンハナバチ（*Hylaeus*）

分布域が広く、多様性も豊かで、二〇〇〇種がこの科に分類されている。オーストラリアに生息するハナバチの半分以上、ニュージーランドの在来種の九割近くがこの科に属している。この科で最も数が多くよく知られているのは、ムカシハナバチ属（Plasterer Bee）とメンハナバチ属（Masked Bee）である。ムカシハナバチはハート形の顔をした毛深いハナバチで、先が二つに分かれた独特な舌を使って、巣房の壁に防水性と抗菌性を備えた分泌物を塗る。この「漆喰《プラスター》」は乾くと柔軟で透明な合成樹脂のような壁になるので、英語で「ポリエステルバチ」というあだ名がついている。

一方、メンハナバチは顔に模様があり、毛のない小さなカリバチに似ている。花粉を飲み込んで胃に入れて運ぶ風変わりな習性を発達させたので、脚や体に毛を生やす必要がないのだ。巣に戻ると、巣房の一つ一つに花粉と花蜜の混ざったものを吐き戻し、その上に卵を一つだけ産む。メンハナバチは遠距離を移動したことでも知られている。遠く離れたハワイ諸島に到達した唯一のハナバチで、他の地域には見られない少なくとも六三種が進化した。最近、こうしたハワイの固有種の七種がハナバチとしては初めて、米国の「絶滅の恐れがある野生動植物のリスト」に挙げられた。挿絵は、ユーラシア大陸に生息するムカシハナバチ類の一種（*Colletes daviesanus*）と、花粉と花蜜の混合物が詰まった巣房の断面図。

©Chris Shields

ヒメハナバチ科　Andrenidae

（主要な属）ヒメハナバチ（*Andrena*）

東南アジアには個体数が少なく、オーストラリアには生息していないが、それ以外の地域ではほとんどどこでも見られ、種数は三〇〇〇近くに上る。特に、巣穴を掘れる開けた地面がたくさんある乾燥した環境でよく見られ、大型の種では巣穴の深さは三メートル近くに達することもある。この科のハナバチはいずれも単独性だが、集まって営巣する種もいて、時には同じ巣穴を共同で使用することもある。最も種数の多い属は、およそ一三〇〇種を擁するヒメハナバチ属（Mining Bee）で、どの種も花粉を集めるための毛の房（花粉刷毛《はけ》）を後脚全体に備えている。ヒメハナバチ属は一種ないし二、三種の花に特化していることが多く、小型のペルディタ属（*Perdita*）も同様だ。ペルディタ属（七〇〇種ほどが属している）はとてもおとなしく、針を失った種が多い。

砂漠に生息するヒメハナバチの繁殖戦略と、依存する植物の種子を比較した研究が行なわれている。そうした研究によると、ヒメハナバチは種子と同様に、地中で長期にわたって休眠できる。雨が降って、生きるために必要な花が咲くまで、三年も休眠して待つこともあるそうだ。[2] 挿絵は、花粉を満載して巣穴に戻ってきたヒメハナバチ属の一種（*Andrena fulva*）。

©Chris Shields

コハナバチ科　Halictidae

（主要な属）コハナバチ（*Lasioglossum*）、アオスジハナバチ（*Nomia*）

コハナバチ科はまさにコスモポリタンと言うべき科で、世界中に分布している。四三〇〇種以上に上り、生息できるところならば、ほとんどどこででも見られる。気温の高い地方では、ヒトの汗に寄ってくる種も多いので「スウェットビー」というあだ名がついている。この科に属する種の社会的行動は多様で、完全に単独性の種もいれば、巣を共有して数世代が同居し、明確な働きバチの階級がある種もいる。多くの種は小さくて目立たないが、虹色に輝く鮮やかな体色をしているものもいる。

この科にはコハナバチ属（Sweat Bee）以外にも、新世界に分布し、鮮やかな緑色の宝石のように見えるアガポステモン属（*Agapostemon*）や、オパールのような光彩を放つ縞模様で有名なアオスジハナバチ属（Alkali Bee）が属している。アオスジハナバチを含むコハナバチ科のハチは、アルファルファ、ツメクサ、ニンジン、マリーゴールド、ヒャクニチソウなどの種子作物だけでなく、果実やベリー類にとっても重要な送粉者である。コハナバチ科のほとんどの種は地中で営巣するが、なかには小枝や腐った木に穴を掘る種もいる。挿絵は小枝に巣を作るメガロプタ・ゲナリス（*Megalopta genalis*）という中米に生息する種で、原始的な真社会性行動と夜間に飛翔するという珍しい習性で知られている（大きな複眼と単眼に注意してほしい）。

©Chris Shields

ケアシハナバチ科　Melittidae

（主要な属）ケアシハナバチ（*Melitta*）

現存する最古の化石記録にはこの仲間が含まれるので、ほとんどの分類学者がケアシハナバチ（Oil-Collecting Bee）は太古の系統の残存群だろうと考えている。二〇〇種余りの小さな科で、高度に特殊化した種が多く、一種ないし二、三種の花だけを訪れて花粉を集める。レディヴィヴァ（*Rediviva*）とクサレダマバチ（*Macropis*）の二属はどちらも、訪れた花から油滴を集める習性がある。その油滴は巣房の内部に塗りつけられるが、幼虫の補助食としても利用される。

アフリカ南部には、花から油滴を集めるために、体長の二倍に達する長い前脚を進化させたグループがいる。近縁の種から成るグループで、挿絵に描かれているレディヴィヴァ・ロンギマヌス（*Rediviva longimanus*）もその一つだ。ディアスシア・バルベラエというゴマノハグサ科の花は奥深くに油を蓄えており、その油を探るのにこの不格好な前脚が役に立つのだ。両者は共進化を遂げており、この花の二本の距はこのハチの脚がぴったりと収まるようになっている。ケアシハナバチはたいてい単独性で、地中や腐った木で営巣する。

©Chris Shields

ハキリバチ科　Megachilidae

（主要な属）ハキリバチ（*Megachile*）、ツツハナバチ（*Osmia*）、モンハナバチ（*Anthidium*）

四〇〇〇を超える種がいる大きな科で、分布域も広く、腹にあたる部分に花粉をつけて運ぶという面白い習性が全種に共通して見られる。また、ほとんどの属が独特な材料を使って巣を造る。ツツハナバチ（Mason Bee）は巣に泥や粘土で蓋をし、モンハナバチ（Wool-Carder Bee）は植物の毛を使ってフェルト状の壁を作る。ハキリバチ（Leafcutter Bee）は強力な顎を使って葉の一部を切り取り、それを組み合わせて巣を作るが、小石や花弁を張り合わせるグループもある。ハキリバチ科の仲間は花粉媒介をする送粉者としてきわめて有能なので、果樹やアーモンド、アルファルファを受粉させるために商業的に売買されている種もいる。

また、この科には世界最大のハナバチが属している。翅を広げると六三・五ミリを超える「ウォーレス・ジャイアントビー」（*Megachile pluto*）がそれである。博物学者のアルフレッド・ラッセル・ウォレスが一八五九年に一個体だけ見つけて標本にしたが、その後は見た人がほとんどいない。知られている分布域はインドネシアの三島だけに限られており、樹上性のシロアリの巣に生息している。ウォーレス・ジャイアントビーを含め、群居する種が少数いるが、この科のほとんどは単独性である。挿絵は、ハキリバチ属の二種とウォーレス・ジャイアントビー（下）である。

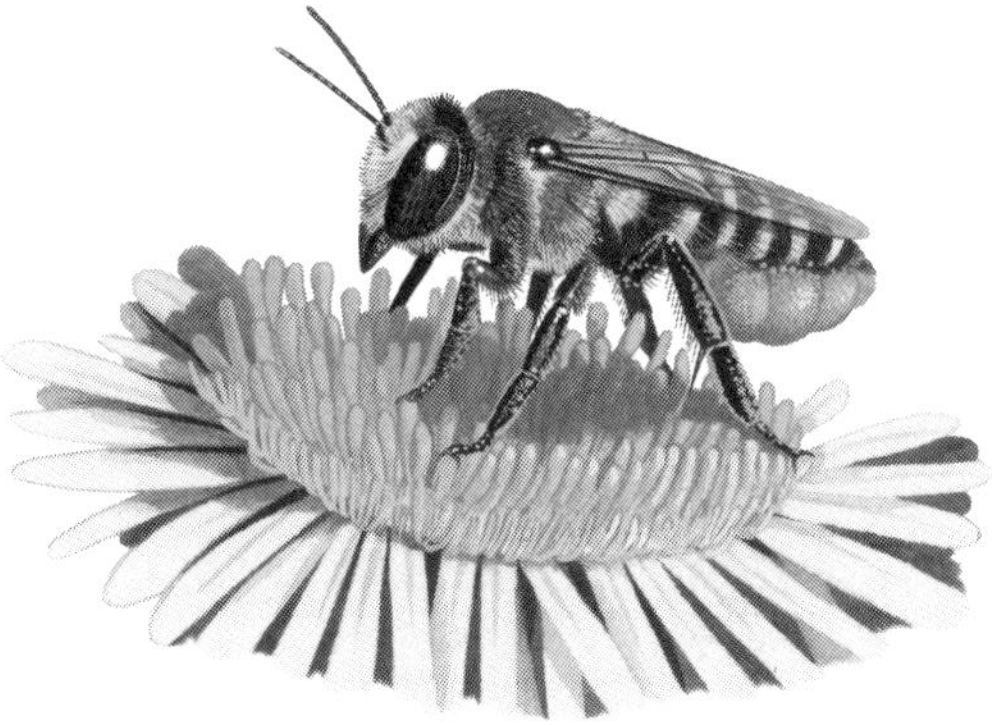

ミツバチ科　Apidae

（主要な属など）マルハナバチ（*Bombus*）、クマバチ（*Xylocopa*）、コシブトハナバチ（*Anthophora*）、ミツバチ（*Apis*）、ヒゲナガハナバチ（*Eucera*, *Melissodes*）、シタバチ（*Euglossa*）、スクワッシュビー（*Peponapis*, *Xenoglossa*）、ハリナシミツバチ（*Trigona*）、オオハリナシミツバチ（*Melipona*）

ミツバチ科は種数が五七〇〇を超えるハナバチ最大の科であり、また分類学者がいうように、この科に属するハチの外見と習性はどちらも「並外れて多様性が大きい[3]」。この科には、マルハナバチ属（Bumblebee）やミツバチ属（Honeybee）のような身近な仲間の他にも、フサフサの青い毛を生やしたクマバチ属（Carpenter Bee）の一種（*Xylocopa caerulea*）や、虹色に輝くシタバチ属（Orchid Bee）、体より長い風変わりな触角を備えたヒゲナガハナバチ属（Long-Horned Bee）といったあまり知られていないグループも数多く含まれている。コシブトハナバチ（Digger Bee）、およびスクワッシュビー（Squash Bee）と呼ばれるペポナピス属とゼノグロッサ属もこの科に属する。

営巣場所は、崖や地中のトンネルから齧歯類の古巣や樹洞まで多岐にわたる。泥で巣を造るもの（エウラエマ属：*Eulaema*）や植物樹脂で巣を造るもの（オオハリナシミツバチ属）もいれば、木材に穴を掘るもの（クマバチ属）や折れた幹や小枝の髄を取り除いて営巣するもの（ツヤハナバチ属：*Ceratina*）もいる。この科は単独性の種が多いが、高度な社会性のあるミツバチやハリナシバチ族Stingless Bee）は、数万ものメンバーからなる複雑な社会を構築する。

ミツバチ科のうち三〇％以上の種は盗み寄生者（寄生ハナバチ）である。これらのハチは巣造りも花粉集めもせず、他の種の巣に卵を産みつけて繁殖している（この繁殖戦略は大成功を収めているので、ハナバチのほとんどの科で見られ、今までに二〇回以上も独立に進化している）。

現存する最古の化石バチであるクレトリゴナ（*Cretrigona*）は、現生のハリナシミツバチ属（*Trigona*）に非常によく似ている。そのため、ミツバチ科は早い時期に進化を遂げて、依存する顕花植物と共に繁栄してきたと考えられている。挿絵は上から、マルハナバチのメス、ヒゲナガハナバチのうちメリッソデス属のオス、ハリナシミツバチ属のメス。

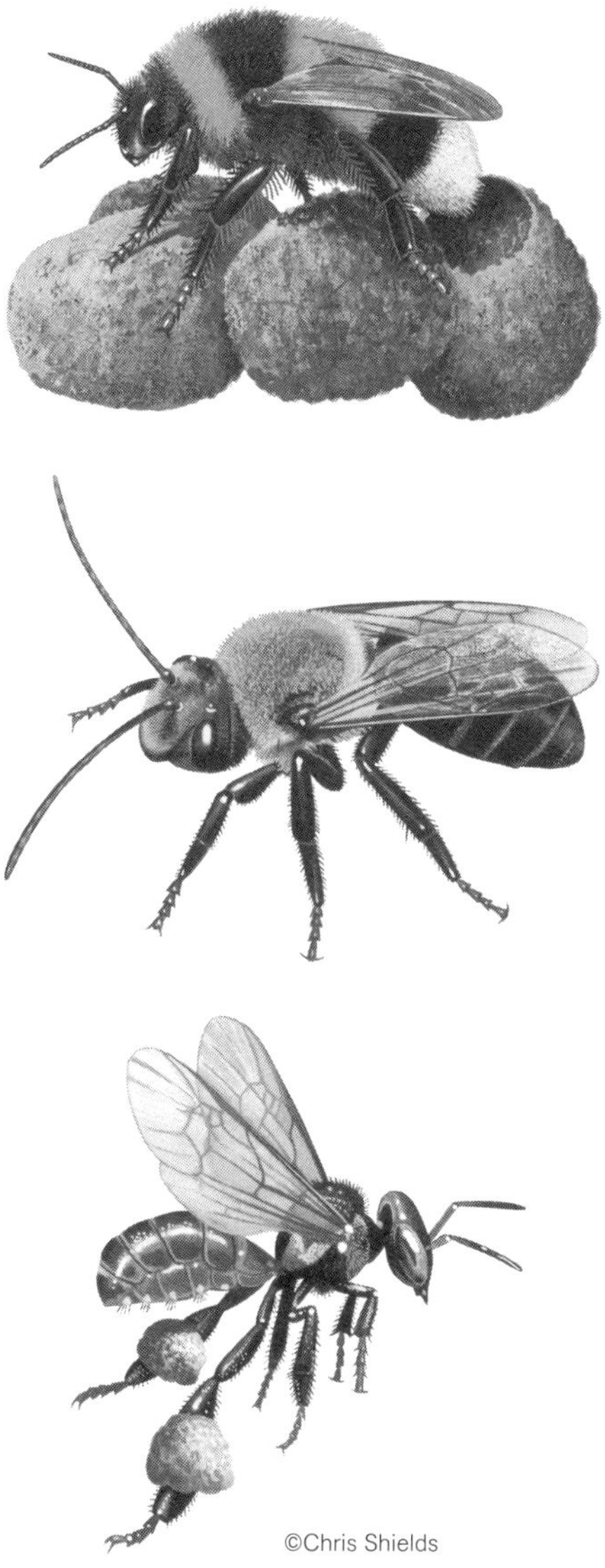

©Chris Shields

付録B

ハナバチの保全

本書の収益の一部は、野生のハナバチの保全に役立ててもらうために寄付するつもりだ。ハナバチ保全活動に直接寄付したい方や自宅の庭でハナバチの手助けをする方法を知りたいと思っている方は、左記の団体と連絡をとってほしい。

ザーシーズ協会

The Xerces Society

628 NE Broadway, Suite 200

Portland, OR 97232 USA

Phone: 855–232–6639

www.xerces.org

マルハナバチ保全トラスト

Bumblebee Conservation Trust

Beta Centre

Stirling University Innovation Park

Stirling FK9 4NF United Kingdom

Phone: 01786 594130

www.bumblebeeconservation.org

バグライフ　無脊椎動物保全トラスト

Buglife

Invertebrate Conservation Trust

Bug House

Ham Lane Orton Waterville

Peterborough

PE2 5UU United Kingdom

Phone: 01733 201210

www.buglife.org.uk

用語集

越冬場所（ハイバーナキュラム）　マルハナバチの女王バチが越冬する場所。コケや落ち葉に覆われた平坦な地面や傾斜地に掘った浅い穴であることが多い。

大顎《おおあご》　ハナバチが掴む、噛む、砕く、切るために使用する一対の口器。

雄しべ（雄蘂《ゆうずい》）　花にある「オス」の生殖器官で、先端に「葯《やく》」と呼ばれる花粉の入った袋がついている。

界面活性剤　液体の表面張力を低下させる化合物。通常は洗剤に使われているが、液状の殺虫剤にも効果を高めるために加えられている。

果糖　果実や蜂蜜に含まれている糖の一種。

花粉刷毛《はけ》　花粉を集めて効率よく運ぶために、ハナバチの脚や腹部に密生した刷毛状の毛。

寄生ハナバチ（クックービー）　他のハナバチの巣に卵を産みつけて托卵する寄生性ハナバチの総称。高度な社会性のある種に対しては、女王バチを殺して巣を乗っ取り、働きバチを引き継ぐこともある。

キチン質　糖分子の長い鎖でできた丈夫な繊維質の物質。節足動物の外骨格の主成分である。

キャロー　最初に羽化してくるマルハナバチの成虫。

胸部　昆虫の中央の体節で、脚や翅を動かす大きな筋肉がついている。

クチクラ　ハナバチの外骨格を保護する一番外側の硬い層。

原生動物　伝統的にアメーバ、鞭毛虫、繊毛虫を含む単細胞生物の大きなグループの総称。

孔開葯《こうかいやく》　中央の袋に入っている花粉が、一方の先端にある小さな孔からしか出られないタイプの葯。ナス科やツツジ科に多い。

後体部（メタソーマ）　ハナバチの腹部に当たる部分を指す専門用語。

コシブトハナバチ（ディガービー）　コシブトハナバチ属のハナバチ。がっしりした毛深いハナバチの大きなグループで、地中や土手、崖に密集して巣を造ることもある。

固有種　特定の地域だけに限定して分布している動植物。

左右相称　文字通りの意味は「二つの面」が対称であること。特定の軸に対してその両側が鏡像になる形。ハナバチが花粉を媒介する花は左右相称のものが多い。キンギョソウやランのように左右が対称になっている花について、植物学では「zygomorphic」という用語が使われる。

産卵管　昆虫の体の後尾にある卵を産む器官。ハナバチや近縁のカリバチでは、この器官が針に変形している。

脂質　さまざまな脂肪や蝋、脂溶性ビタミンを含む分子群。

シタバチ（オーキッドビー）　熱帯地方に生息する、マルハナバチやミツバチに近縁のハナバチのグループ。単独性、または原始的な社会性のあるグループで、手の込んだ仕方でさまざまなランの花粉を媒介することで知られている。

種分化　新しい種が形成されること。

触角　ハチの頭部にある長い感覚器官で、匂いや味から気流や温度、湿度まであらゆるものを感知できるように微調整されている。

ショ糖　果糖とブドウ糖が結合した糖の一種。ショ糖は砂糖の主成分であり、サトウキビやビートを精製して作られることが多い。

新石器時代　人類史の年代区分の一つ。一般的に農耕、畜産、磨製石器の出現によって区分される。

振動授粉（ソニケーション）　翅を振動させて高周波音を発生させ、その振動で花の葯（特に孔開葯）から花粉を落とさせる方法。孔開葯も参照。

巣房《すぼう》　単独性のハナバチの巣内の一つの部屋。一匹の幼虫が必要とする花粉と花蜜が備えられている。ミツバチやハリナシバチのような高度に社会性のある種の巣の場合、巣内の一部屋も指す。

生殖隔離　近縁の個体群間の交配が、物理的・環境的障壁によって妨げられている状態。新しい変種や種の形成を促す重要な要因と考えられている。

節足動物　昆虫、甲殻類、クモなど、体が外骨格で覆われている無脊椎動物を含む大きな分類群。

送粉シンドローム　特定の送粉者を総じて惹きつける花の一連の形質。

相利《そうり》**共生**《きょうせい》　互いに関わり合う二つの種の双方が利益を得る関係。

属　生物分類上の集合単位の一つで、単一の共通祖先から進化した近縁種のグループ。

単眼　ハナバチの頭部にある光を感知する器官で、半透明のドーム型のものが三個ある。定位や航行（ナビゲーション）の役に立っている。

ツツハナバチ（メーソンビー）　泥で巣房を造るハキリバチ科の数属を指す。泥に小石や砂、植物性の素材を混ぜることもある。

適応放散　単一の共通祖先から、多様な形質が急激に分化する進化現象。

テルペン　揮発性の化合物の大きなグループの総称。植物が生産し、植食者から身を守るために使うことが多い。

突然変異　生物の遺伝コードに生じるランダムな変化。自然界の変異を生み出す主要な要因の一つである。

盗み寄生　食物やその他の資源の横取りを伴う寄生の一形態。ハナバチでは最も一般的な寄生形態である。

ネオニコチノイド（ネオニクス）　物議をかもしているニコチン様化学物質による殺虫剤の総称。昆虫の神経系に作用する。大量に摂ればハナバチは死亡し、摂取量が少ない場合は死には至らない（亜致死性）ものの、さまざまな悪影響を受ける。

ハキリバチ（リーフカッタービー）　緑の葉を円形や細長い形に切り取って巣房を作るハキリバチ属のハナバチ。

微胞子虫　微小な菌類あるいは菌類に似た生物で、胞子で繁殖する。ハナバチがよく感染する病原体ノゼマは微胞子虫である。

ヒメハナバチ（マイニングビー）　地中で営巣する単独性のヒメハナバチ属のハナバチ。しかし一般的に「マイニングビー」という場合は、地面に穴を掘って営巣するハナバチの総称である。

フェロモン　嗅覚を通じて情報を伝えるために用いられる化学物質。ハナバチの情報伝達に欠かせないものである。

腹部　ハチや他の昆虫の後部の体節を指す一般用語。

ブドウ糖　細胞活動のエネルギー源となる糖の一種で、脳の機能にとって特に重要である。蜂蜜に特に豊富に含まれている。

プロポリス　ミツバチや数種のハリナシバチが巣造りの素材として植物の芽から集めてくる樹脂を含んだ物質。「蜂ヤニ」とも呼ばれている。

分類学　進化的系統関係を明らかにすることを目的として、種の命名や分類を行なう科学の分野。

変態　幼虫から成虫へと完全に形態が変わること。昆虫の発達過程で一般的に見られる変化だが、すべての昆虫で見られるわけではない。

捕食寄生者　幼虫が他の生物の体内でその生物を食べながら成長して、やがては宿主を殺してしまう寄生者。ほとんどのハナバチは、こうした捕食寄生をするカリバチの犠牲になっている。

マルハナバチ（バンブルビー）　マルハナバチ属に属するおよそ二五〇種が該当する。毛深い大きな体に鮮やかなオレンジや黄色の縞模様が入っている、おなじみの社会性ハナバチである。英語の口語では、「ハンブルビー」や「ダンブルドア」などとも呼ばれる。

無脊椎動物　文字通りには「背骨のない動物」という意味である。節足動物だけでなく、ミミズや貝類、クラゲのような背骨のない多細胞生物も指す一般用語。

訳者あとがき

本書は元のタイトルを*Buzz*といい、それには数種類の意味が込められている。ブザーなどの音を表す語なのだが、ハチなどの「ブンブンという羽音」、「がやがやという人声のざわめき」から始まって、「噂話」や「話題などが盛り上がること」まで含まれる。とはいえ、こうした複層的な意味合いを一言で言い表せる日本語が見つからず、意味をわかりやすくするために場面に応じて、平凡ではあるがそれぞれに訳し分けた。また、*The Nature and Necessity of Bees*（ハナバチの生態と必要性）というサブタイトルは内容を表しながら、うまく語呂を踏んだ表現で著者の人柄がよく現れている。

本書は4部構成になっており、第1部では、ハナバチが植物食のカリバチの系統から進化した生い立ち、第2部では、花を咲かせるようになった植物とそれを利用するようになったハナバチの共進化の過程と、ハナバチの生息環境（ハビタット）を説明する。第3部ではハナバチが作る蜂蜜を人が利用するようになり、ミツバチで起きたような家畜化の過程や関係が取り上げられ、第4部では、二一世紀の現代においてミツバチを中心としたハナバチが直面する脅威の話題になる。蜂群崩壊症候群

（ＣＣＤ）という語を耳にしたことのある読者も多いと思うが、それによるミツバチの激減や、集約農業の結果としてハナバチ全体の生息環境が失われている現状を紹介する。重苦しくなりがちな話題だが、終章にはハナバチの復活のために尽力する人々の姿と、その行程が一筋の光明のように示されている。

諸国のうちでも日本には自然に親しみ、昆虫のことにも興味を持つ文化があるというイメージがあると言われるが、私たちにとってハチは身近な存在といえるだろうか？　たしかに、欧米の一般的な人々よりは、日本人の方が昆虫一般を身近に感じており、詳細に区別している人は相対的に多いかもしれない。しかし、近年のハナバチ・ミツバチの激減に際して、自発的・積極的にハナバチの保全に力を貸そうとする保全意識の高い人は欧米やアメリカで多いように思われる。また、アメリカの農業地帯では、極端なまでに集約化が進んでおり、在来の動植物の生息環境がなくなった結果、送粉者がいなくなり、その度合いは農業生産に支障をきたすほど深刻になっている。さらに、ＣＣＤなどのダメージが加わったことで、市民の間でハナバチに対する関心は急速に高まっており、ハナバチ関係の新著が続々と刊行されている。ハナバチは見過ごしてしまうような小さな存在だが、ハエやカと同じくらい私たちの身のまわりのどこにでもいる。本書を読めば、ハナバチが私たちの生活を支えている縁の下の力持ちだという点を改めて思い出させてくれる。もし、この小さな力持ちをなくしたら、人類はまたとない貴重なパートナーを失うことになるだろう。

本書を翻訳するにあたっては、ハチの名称についてかなり悩むことになった。その理由は、英語と日本語で用語の違いだけでなく、集合の範囲が違うことからきていた。そもそも、日本語の「ハチ」

にあたる集合は英語には存在しない。英語のbeeは花の蜜や花粉を食べる「ハナバチ」だけを指す語で、bee＝蜂（ハチ）ではないのだ。また、肉食性のハチは総じてwasp（カリバチ）と呼ぶ。そこで、本書では、基本的にはbeeを「ハナバチ」、waspを「カリバチ」と訳した。ちなみに、日本語の「ハチ」をあえて英語訳すればbees and waspsになる。また、カリバチのなかには「スズメバチ」という有名なグループがいるが、英語では一言で表せる用語がなく、hornet（スズメバチ属＋ホオナガスズメバチ属の一部）とyellow jacket（クロスズメバチ属＋ホオナガスズメバチ属の多く）を合わせた集合になる。

さらに悩ましいことに、昆虫には決まった標準和名のない種が多い。本書はハナバチについて形態や生態などの説明もあるが、学術書ではなく、一般向けの教養書である。そこで、学名だけで表示するのはばかられる点があった。ハナバチ関係の既刊の図書を見ると、一般によく知られた英語名がある場合は英語名を、そうでない場合は学名をカタカナ書きにしているものが多かった。本書も原文が英語なので、同じ集合や概念を表せる英語名をおおむね文中に残したが、文の流れ上、読みやすさを考慮して仮の和名を付けておいた種もある。そうした仮名については、註や用語集、付録Aに学名を付しておいた。

さらにハチの種について詳細を知りたい場合は、註や付録を参照したり、学名から図鑑やインターネットなどの外部資料を利用して検索していただきたい。ちなみに、本書が参考にした資料としては、『日本産ハナバチ図鑑』（文一総合出版　二〇一四年）や『世界のミツバチ・ハナバチ百科図鑑』（河出書房新社　二〇一五年）などがある。また、日本では、ミツバチに特化しているものの、玉川大学のミツバチ科学研究センターという研究機関があるので、そちらのサイトも参考になるだろう。
(https://www.tamagawa.jp/research/academic/center/honey.html)

本書は、以前に同じ著者による『羽』という本を翻訳したご縁で、白揚社の阿部明子氏から打診されて翻訳をお引き受けしたものである。鳥類分野が専門である訳者にとっては畑違いの仕事となり、編集者からはいつも以上のお力添えをいただくことになった。また、稲荷尚記博士にはハナバチの基本的な知識を教えていただいた。こうした方々のご支援がなければ、本書の和訳は完成を見なかったかもしれない。ここに重ねて、お礼を申し上げたい。

黒沢令子

二〇二〇年十二月十六日

終章

1. Yeats 1997, 15.
2. Yeats 1997, 35.

付録 A

1. Houston 1984.
2. Danforth 1999.
3. Danforth et al. 2013.

例研究になると見なしている（たとえば、Watson & Stallins 2016）。

9. 植物が花蜜の中にアルカロイドやその他の防御用の毒物を入れることは、一般的ではないが皆無というわけではなく、少なくとも10科以上の植物で知られている。この現象についてはあまり研究が進んでいないが、特殊化した送粉者と関係を築くことにつながるだろう。たとえば、リシリソウを訪れるアンドレナ・アストラガリというヒメハナバチ属のハナバチは、その花の花蜜と花粉に含まれる強力な毒性のアルカロイドを解毒することができるらしい。他の送粉者でこれができるものは知られていない。私は一度、寄生ハナバチがリシリソウの花蜜を吸っているのを見かけた。あまりに動きが緩慢なので、手に取って30分も指の上に乗せていたが、それでもまだ呆然としていたので、最後には別の（毒のない）植物の上に置いてやった。それでもまだボーッとしていたようだ。有毒な花粉についてはBaker & Baker 1975, Adler 2000を参照されたい。
10. ハナバチは、きわめて毒性の強い化学物質の組み合わせを、少なくともいくつかは認識できるのかもしれない。最近、「花粉封じ込め」という現象が増えてきていることが研究でわかってきた。ハナバチは巣の中の異物をプロポリスで覆って隔離する行動が知られているが、花粉の詰まった巣房を放棄して、プロポリスで栓をすることが増えているのだ。こうして封じ込められた花粉は妙な色をしており、また特定の殺菌剤やその他の殺虫剤の残留濃度が高いことがわかった。vanEngelsdorp et al. 2009を参照。

第10章

1. Muir 1882b, 390.
2. のちほど、私はアーモンドを収穫するハーベスターの製作会社の技術者に話を聞いてみた。ほとんどのモデルは、実を掬い上げる動きを組み合わせて吸い込み、実を集めるのだそうだ。いずれにしても、効率よく作業するためには、果樹園の林床は裸地にしてきれいにしておくのが欠かせないという。
3. *Glaucopsyche xerces* というシジミチョウの一種は、サンフランシスコに近い沿岸の砂丘だけに生息して、在来のルピナスとスイレンの蜜を食べていたが、1940年代に生息環境の喪失により絶滅した。人間の活動によって絶滅に追い込まれた、北米で最初のチョウと考えられている。
4. その日の午後、私たちは真っ盛りに咲いた広大なヒマワリ畑の横を車で通り過ぎた。畑の周縁にはミツバチの巣箱が一定間隔で置かれていた。速度を落として近づき、よく見てみると、各巣箱の上には砂糖水を入れた大きな缶が置かれていた。信じられない光景だった。夏の盛りに豊かな農地の真ん中にいるのに、栄養を補給しなければミツバチは生きていけないのだ！　エリックはノースダコタ州で幼い頃に見た蜂蜜たっぷりのにぎやかなミツバチの巣を思い出してショックを受け、少々腹も立てたようだった。「なんだか、飢え死にしそうな三本足のウシを見ているみたいだな」と彼は言い、私たちはその場を走り去った。
5. Muir 1882a, 222.
6. Muir 1882a, 224.

は分布範囲がもっと広い黄色いマルハナバチ（*B. fervidus*）の単なる局所的な色彩変異型かもしれない。

3. ロビン・ソープのフランクリンマルハナバチ探しを扱ったすばらしい短い特集が以下にアーカイブされている。www.cnn.com/videos/world/2016/12/08/vanishing-sixth-mass-extinction-domesticated-bees-sutter-mg-orig.cnn/video/playlists/vanishing-mass-extinction-playlist
4. ティベリウスがキュウリ（*Cucumis sativus*）を好んだと報告されていることが多いが、中世以前にヨーロッパにキュウリが存在した証拠はない。当時、手に入った近縁の果実で毎日食べられるようなものは、メロン（*Cucumis melo*）の果実だと思われる。これをもとにして、カンタロープメロン、ハネデューメロン、カサバメロンといったさまざまな甘いマスクメロンの品種が生まれたのだろう（Paris & Janick 2008）。
5. Paris & Janick 2008 に引用されている（H. Rakham 訳）。
6. モデラトスマルハナバチ（仮名。*Bombus moderatus*）はアラスカとカナダ北部に生息している。この地域に生息しているニシマルハナバチ（仮名。*B. occidentalis*）は、ノゼマ病原体がいても安定しているようだ。ジェイミー・ストレンジをはじめとする研究者は、このノゼマが異なる系統に属するからなのか、あるいは環境や気候などの条件によってその効果が異なるのかを知りたがっている。〔本文に登場するテリコラマルハナバチは *B. terricola* の仮名、アフィニスマルハナバチは *B. affinis* の仮名〕
7. ミツバチはどのくらい遠くまで飛べるのかという問いに対する一番よい答えは、「行く必要があるところまで」だ。食料の探索範囲は差が大きく、花があるかどうかに直接に関係している。典型的には 3.2 キロメートルほどだが、花がまばらな場所では（あるいは特定の時期には）、働きバチはもっと遠くまで花蜜と花粉を採りに行き来しなければならないこともある。1933 年に行なわれた興味深い研究では、ミツバチはシナガワハギ（スイートクローバー）の畑から隣接する藪地に置かれた巣箱まで 13.6 キロメートルも飛んでいたと報告されている（Eckert 1933）。このような条件下ではコロニーは繁栄しなかったが、この実験で、必要があれば働きバチがどのくらいの距離を探索できるのかがわかった。この数値は、ある現代の研究からも裏付けられている。その研究は、イギリス・ヨークシャーの荒野で食料探しをするミツバチの尻振りダンスを解読し、開花しているヒースに到達するのに 14.4 キロメートルも移動していたことを突き止めた（Beekman & Ratnieks 2000）。
8. 蜂群崩壊症候群（CCD）について、科学界が原因を確定できず、意見の一致を見なかったことがすぐに一般社会にも広まり、特に殺虫剤と遺伝子組み換え作物の役割をめぐって議論が沸騰している。さまざまな結果や解釈が提出されたせいで、どの論者も自分の意見を裏付ける証拠を少なくともいくつかは見つけられるため、論戦は熱を帯びて長引いている。実際、CCD 論争自体が今では学問研究の対象になっている。社会学の研究者は、この論争には相容れない利害や強い感情、重要な政策的合意などが入り混じっているので、科学に対する社会認識の事く行なわれる（Smith 2012）。

3. この油を生産するカラシナの英語名はレイプという。そのままの名では市場に流通させるのに具合が悪いので、マニトバ大学の穀物研究者たちが（Canadian oil, low acid）の頭文字をとってCanola（カノーラ）と名づけた。
4. レタスの送粉の研究は驚くほど少ないが、Jones（1927）によると、同一の花の内部でも、一株のレタスに咲く複数の花の間でも、ハナバチは花粉媒介するのに一役買っており、どちらの場合でも受精率は上がり、花が受け取る花粉粒の数も増えていた。D'Andrea et al.（2008）は、遺伝的技法を使って、40メートルも離れた花まで花粉が移動していることを発見した。こうした他家受粉はときおり生じており、おそらくハナバチが関わっていると考えられる。これは、これまでに確認された最長距離である。
5. 風によるナツメヤシの受粉は非常に効率が悪いので、かつては（少なくとも一部は）昆虫に頼っていた時代があったのではないかと考える研究者もいる。栽培種のもとになったのが野生種のどの系統かは不明だが、ヤシ科では風媒よりも、ハナバチや甲虫、ハエが花粉を媒介する方が圧倒的に多い。また、雌花の組織はまだ花蜜を生産できるようだし、オスの木が芳香のある花を咲かせる品種もあるようだ。ブライアン・ブラウンによると、ときおりハナバチが雄花を訪れているのを見るが、大量の花粉に覆われたせいで「ふらふら」になっているそうだ。Henderson 1986, Barfod et al. 2011 を参照。
6. こうした花粉媒介のことは、実用的な知識としては広く知られていたのに、奇妙なことに18世紀の半ばになるまで、科学界ではまったく知られていなかった。花粉媒介の詳細、特に昆虫が果たす役割については、1860年代にチャールズ・ダーウィンや同時代の人たちが真摯に研究するまで未解明だった。
7. 古代のナツメヤシ栽培者たちは、ハナバチを商売から締め出そうとするかのように、人工授粉で実ったナツメヤシの果実を使って、ハナバチに残された「蜂蜜の生産」というもう一つの典型的な役割も奪い取った。古代の世界では、ナツメヤシのシロップである「デーツ・ハニー（ナツメヤシ蜜）」を、本物の蜂蜜だとごまかして売りつけたり、ハナバチが少ない地域では安い代替品として売ったりしていた。現在ではアラビア語でルッブとか、ヘブライ語でシランと呼ばれており、中東からアフリカ北部で料理の甘味料として広く使われている。
8. Theophrastus 1916, 155.
9. バニラビーンズを生産するランは通常は特定の熱帯性ハナバチに依存しているが、つまようじでも簡単に人工授粉することができる。19世紀初頭にこの技法が考案されたとき、バニラビーンズの生産地はメキシコ（そのランと共生ハナバチの原産地）から、熱帯地方の各地へと移っていった。メキシコ地方の生産者はそれまでバニラ生産を独り占めして巨万の富を得ていたが、その後はできなくなった。

第9章

1. Miller 1955, 64.
2. 遺伝的証拠によれば、カリフォルニアマルハナバチ（仮名。*Bombus californicus*）

5. 養蜂に関する本は何十冊とあるが、なかでもすばらしいのは、スー・ハベルの回想記*A Book of Bees*（1988）〔『ミツバチと暮らす四季』片岡真由美訳、晶文社〕、ウィリアム・ロングッドの*The Queen Must Die*（1985）、リチャード・ジョーンズとシャロン・スウィーニー゠リンチによる実用書*The Beekeeper's Bible*（2010）である。
6. プラスは他の種類のハナバチのことも明らかに知っていた。ハチが地中に掘った鉛筆のように細い巣穴を覗き込むところを書いた詩は、個人的経験がなければ書けなかっただろう。いつの日か、昆虫好きな英文学者が登場してすばらしい論文を書き、プラスのハナバチの隠喩に関する現在の誤った文学的解釈をすべて正してくれることだろう。たとえば、プラスがひとりぼっちのハナバチと言うとき、彼女が述べているのが迷子になったミツバチではないのは明らかなはずだ。
7. Plath 1979, 311.
8. このミソサザイは私たちのハナバチをやっつけてしまったが、時には形勢が逆転することもある。マルハナバチの女王が鳥を巣箱から追い出す事例を報告している研究がいくつかあるし、時には鳥が産卵し始めたあとになってからでも追い出すこともあるという。韓国で2種のカラ類の鳥に対してプレイバック実験を行なったところ、ハチのブンブンという音を聞かせただけで、抱卵していたメス鳥が巣箱から飛んで逃げたという（Jablonski et al. 2013）。
9. Coleridge 1853, 53.
10. ここで話題になっているのはシトカ・バンブルビー（*Bombus sitkensis*）とファジーホーンド・バンブルビー（*Bombus mixtus*）という2種のマルハナバチだ。マルハナバチは世界中に250種いて、一見しただけで見分けるのは容易ではなく、つい最近まで英語名がついていない種も多かった。北米西部のマルハナバチのフィールドガイドを書いた主著者のジョナサン・コッチは、出版の直前まで名前をつけ続けていたそうだ。「ファジーホーンド・バンブルビー（房毛触角マルハナバチ）」と名づけたのは、オスの触角の内側にオレンジ色の房毛のようなものがついているからだ、とコッチはEメールで教えてくれた。それにこの名前が「可愛い感じがするから」だそうだ。
11. 『種の起源』で、ダーウィンはムラサキツメクサの花粉を媒介するのはマルハナバチだけだと言い切ったが、のちにミツバチもこの花を訪問することがわかった（さらに何種もの単独性ハナバチも訪花する）。ダーウィンは自分の誤りに腹を立て、友人への手紙にこう書いている。「自分のことも、ツメクサもハナバチも大嫌いだ」（1862年9月3日、ジョン・ラボックに宛てた手紙）
12. Darwin 1859, 77.

第8章

1. ビッグマックの材料は、国によっては多少異なっている。たとえば、南アフリカではトマトが一切れ載っているし、インドではウシが聖なる動物なので、牛肉のパティの代わりに鶏肉か羊肉を使う。
2. 穀物価格が高騰している際には、ウシに菓子類などの妙なものを与えることがよづけるもとになった行動を保全するための試みでもある。

6. 飢餓状態に陥ってブドウ糖がほとんどないか手に入らないときには、脳は短時間ならば脂肪酸を分解してできるケトンを利用することができる。
7. 現在では、「くるみ割り人」と呼ばれる化石人類をパラントロプス（頑丈なアウストラロピテクスという意味）という別の属に分類する大家もいる。また、リーキー一家が最初に提案したジンジャントロプスという名で呼ばれることもある。名前の混乱はさておき、この系統が人間の直接の祖先ではなかったということと、東アフリカでヒト属が進化したのと同時代に近縁のヒト族が何種か存在していたという点についてはおおむね意見が一致している。
8. Bernardini et al. 2012 と Roffet-Salque et al. 2015 は十分な証拠を挙げて、新石器時代に蜂蜜が利用されていたことを示している。
9. キスという話題ばかりがマスコミに取り上げられたが、この研究はネアンデルタール人の食性について多くの見識をもたらしてくれた。特に、住んでいる地域によって食性が大きく異なり、ケブカサイから野生のヒツジ、キノコ、マツの実に至るまで、その地域でとれるものを利用していることがわかった。ただこの著者たちは化学的証拠ではなく、微量なDNAを分析したので、蜂蜜の存在を確かめることはできなかった（Weyrich et al. 2017）。
10. 肉、果実、イモ類やその他の採集してくる食物と同様に、蜂蜜もハッザ族の間では皆で共有される。しかし、特に好まれる食物なので、欺き行為が起こることもある。十分に全員に行き渡るだけの量がない場合、蜂蜜採りの男たちが自分の妻や子供に与えるために、シャツの下にハチの巣の一部を隠しておくのをアリッサはよく見かけた。
11. ハッザ族の蜂蜜食は特に変わったものではない。蜜を作るハナバチが周囲にいる場所ではどこでも、蜂蜜は狩猟採集民たちの重要な食料源となってきた。たとえば、コンゴのイツリの森で暮らすムブティ族も、一番好きな食べ物としてハチの巣の産物を挙げる。毎年、花が咲き乱れてハナバチが一番大量に飛び回る「蜂蜜の時期」（2ヵ月ほど続く）には、ムブティ族は少なくとも10種以上のハナバチの巣を採りに行き、蜂蜜、花粉と幼虫を食べ、それでカロリーの80%を得ている（Ichikawa 1981を参照）。
12. Crittenden 2011, 266.
13. Brine 1883, 145.
14. Stableton 1908, 22.

第7章

1. Thoreau 1843, 452.
2. Sladen 1912, 125. 私もこの方法を試してみたところ、木製スプーンの端が一番うまくいった。さらに、作業をしている間、溶けた蜜蝋の良い香りが台所に漂うという素敵なおまけもある。
3. Tolstoy（1867）1994, 998.
4. Doyle 1917, 302.

水を求めて水源へ80回も往復飛行をする（Brooks 1983）。

11. 折り畳みできる捕虫網は、見えないところへさっと隠すことができるので、昆虫収集が歓迎されないような場所では重宝する。昆虫学者の間では、こうした網は「国立公園用特製」と呼ばれている。
12. このよく知られているフレーズは1989年の映画『フィールド・オブ・ドリームス』からちょっと間違って引用されたものだ。映画の主人公のアイオワ州の農夫は「それを作れば、彼はやってくる」というささやきを耳にして、トウモロコシ畑を切り開いて野球場を建設する。
13. アルファルファの花から蜜を盗むミツバチの習性は、さらに高度な盗みの技を用いるお膳立てになった。私たちがタチェット・バレーを見回っている間にマーク・ワゴナーは、養蜂業者がアルファルファ畑に囲まれた空き地を借りてミツバチを飼う場所を見せてくれた。小さな場所に何十個もの巣箱が置かれ、ミツバチたちが盛んに出入りしており、蜂蜜もたくさん溜まっていたのは間違いない。しかし、こうしたミツバチたちは花を訪れても花粉を媒介しないので、いわばお返しなしに蜜だけを奪い取ってくる海賊のようなものである。そうすると、農家としては結実も収穫も利益も減ってしまうのだ。「わしはミツバチが嫌いだというわけじゃないが、養蜂家は虫が好かん」とマークは難しい顔をした。

第6章

1. 「ヒト族（ホミニン）」は、現在では私たちヒト属と絶滅した近縁種のアウストラロピテクスとアルディピテクスなどを含む特定の霊長類のグループを指すのに使われている。この語はときおり、「ヒト科（ホミニド）」と混同されることがある。ホミニドとは、ヒト族にチンパンジー、ゴリラ、オランウータンを加えた、大型の類人猿をすべて含むヒト科のことである（古い時代の霊長類の分類では、大型類人猿を別の科に分類していたので、どちらの語を使っても変わりがなかった）。しかし、人類の古生物学の例に漏れず、こうした定義はいつも議論の的になっている。今では、現存するうちヒトに最も類縁関係の近いチンパンジーをヒト族に含める方がよいと考える研究者もいる。〔本文ではホミニンを人類と訳した。〕
2. このフレーズは、エラスムスがラテン語で記した“Neque Mel, neque Apes”という格言の訳としてよく知られている（Bland 1814, 137）。
3. Cane & Tepedino（2016）は、北米の在来種に対する外来ミツバチの悪影響は、農耕地や開発された地域ではなく、野生の在来種の生息地で一番大きいと述べている。特に問題なのはアメリカの西部だ。そこでは、飼育ミツバチが多様な作物で送粉作業を終えたあとに、たいてい何ヵ月も「放牧」されるからである。
4. Sparrman 1777, 44.
5. ミツオシエが人と密接な関係を築いてきた証拠は、そうした関係がない場合の方が見分けやすい。都市、町や農村などの近くでは、今ではほとんど蜂蜜を採る人がいない。すると、鳥は蜜のありかを教える習性を次第になくしてきているのだ。アフリカの国立公園では、伝統的な蜂蜜採りを再導入するべきだと述べる保全家もいる。それは、ノドグロミツオシエを保護するためだけでなく、この鳥を特徴

2. このすばらしい施設は、「ハナバチラボ」というくだけた名称で知られているが、正式名はもっと長く、「米国農務省送粉昆虫生物学管理分類学研究ユニット」という。
3. コシブトハナバチの属名 *Anthophora* は「花を運ぶ者」という意味のギリシャ語から来ている。しかし、この種の特徴を表しているのは、*bomboides* という種小名の方で、これはマルハナバチの属名 *Bombus* に似ていることから来た語だ。その結果、この種は *Anthophora bomboides*（マルハナバチに似たコシブトハナバチ）という見事に明確な学名になった。
4. Fabre 1915, 228.
5. Nininger 1920, 135.
6. こうした戦略はベイツ型擬態と呼ばれており、有毒だったり針で刺したりする危険な生物の警戒色を無害な生物が身にまとうという戦略である。無害な種は、有害な種の正直な信号を利用して天敵や捕食者を回避するという利を得るのだ。このタイプの擬態の名前は、19 世紀のイギリス人の探検家で博物学者のヘンリー・ウォルター・ベイツにちなんで名づけられた。ベイツはアマゾン地方の多様なチョウを最初に記載した人物である。
7. このコシブトハナバチ（*Anthophora bomboides*）が人を刺すことはないが、他の防衛行動を発達させた証拠はいくつかある。本章の執筆のために私がこの崖を訪れたとき、1 匹のメスバチが捕虫網にからまってしまい、それを取り出すのにひとしきりかかったことがあった。そのすぐあとで、ハナバチが私の周囲をホバリングしているのに気づいた。ハチたちは近づいてはまた少し下がるという行動をくり返していた。それまでに私は何度もこの崖に近づいたが、こんなことは一度もなく、ハナバチたちは私の存在を完全に無視していたのだ。しかし、今回は違い、12 匹以上ものハナバチが私の周囲につきまとってきた。浜辺に引き下がってからもあとを追いかけてきたのだ。もしかして、先ほど網にからまったメスバチが警報フェロモンを出したのだろうか？　この考えを試すために、私は崖に沿ってずっと長い距離を歩きながら、違う場所で捕虫網を何度もコロニーの前に差し伸べてみた。すると、すかさずハナバチたちが寄ってきて、網の近くでホバリングするのだ。コシブトハナバチ類は単独性なので、その進化史上、協力して防衛するという行動を身につけたことはないが、群れたり、時には同じ巣穴を共有することはある。社会性の進化を定義する上で決め手になるのは防衛行動だ。この初期的な攻撃行動は、その道を歩み出す第一歩なのだろうか？　私がインタビューした研究者は誰も答えられなかったが、Brooks 1983 も同じ種で同じ行動を認めていたし、Thorp 1969 もコシブトハナバチ属の別の種で似たような行動を観察している。これは、大学院生の論文テーマとしてはぴったりの話題に間違いない。
8. Brooks 1983, 1.
9. Nininger 1920, 135.
10. コシブトハナバチ属は蜜胃に水を入れて運ぶこともする。それを使って土を濡らし、トンネルや巣房、煙突を造るのだ。造巣のピーク時には、メスバチは毎日淡

16. ハナバチの好む真っ青な色から、鳥をもっと惹きつけそうな紫色に花の色を変えた植物が少なくとも1種あった（Sun et al. 1996を参照）。
17. ブレイディが述べたことは、進化を研究するときの基本原理である、「共通の遺伝的形質」の論理に基づいている。近縁の生物群がある形質（枝分かれした毛など）を共有する場合、その形質は個別に何度も生じたわけではなく、共通の祖先から受け継いだと考えるのが一番単純な説明だ。
18. こうした魅力的な研究について、よりくわしくはSchemske & Bradshaw 1999, Bradshaw & Schemske 2003を参照されたい。
19. Hoballah et al. 2007を参照。
20. 実験してみると、ハナバチは手に入るうち一番濃い砂糖水を常に選ぶ（Cnaani et al. 2006）。この行動は野外で簡単に観察することができる。ハナバチは、ハチドリ用の餌台などの確実な甘味源を訪れることをすぐに覚えるのだ。たとえば、コスタリカのラセルバ生物研究ステーションでは、ハリナシミツバチ属のハナバチを見るのに最適な場所は、カフェテリアのポーチなのだ。現地で必ず供されるリザノソースという調味料があり、テーブルに置かれたその瓶の縁から液を舐めるために、ハリナシバチたちが列を成して待っている。
21. 蜂蜜は糖分が80%以上あるので、ハナバチが花粉を媒介する平均的な花の花蜜よりおよそ2倍くらい甘い。
22. シタバチ属のオスがこうした香りをどのように使うのかはよくわかっていないが、レックと呼ばれる集団求愛の舞台を設けるのに一役買っているのかもしれない。レックでは、多くのオスが集まって求愛ディスプレイを競い、メスにアピールする。一つ確かなことは、この香りだけではメスを惹きつけられないということだ。というのも、メスはこのランの花を訪問することがないからである。
23. Darwin 1877, 56.
24. オフリス属のランのこの過程については興味深い研究が数多くあるが、なかでもBreitkopf et al. 2015を参照されたい。
25. 口吻（舌）が長くなる傾向は、ハナバチの進化で一番わかりやすい傾向の一つだろう。花の距がどんどん深く伸びるにつれて、そこに到達するために舌も長くなり続けた結果だと思われる。距を発達させれば、花はより限定された送粉者を惹きつけることができるので、その結果、種分化も進むだろう。トリカブト属やデルフィニウム属などのように距が発達している系統では、両方とも数十種に分化している。だが、近縁のクロタネソウ属には距がなく、種の数も少ない。
26. 植物は特定の送粉者と特殊化した関係を築いたあとでも、リスク回避のためにある程度自家受粉の可能性を残している。つまり、自分の花粉で種子を生産できる能力を維持しているのだ。実際、このような安全策があるおかげで、花は進化の上で比較的容易に、新しい香りや色などの送粉形質を試すことができたようだ。

第5章

1. このフレーズはフランス人経済学者ジャン＝バティスト・セイが『経済学概論』（1803年初版）の中で述べた原理を一般向けに要約したものである。

3. チャーチルの演説の原稿全体と動画の一部を国際チャーチル協会のウェブサイトで見ることができる。www.winstonchurchill.org/resources/speeches/1946-1963-elder-statesman/120-the-sinews-of-peace
4. 今ではトンプソンをはじめとする大家がこの用語をよく使っているが、この語が最初に使われたのは1984年の『植物上の昆虫』(Strong et al. 1984)である。
5. ハナバチと毛と花粉の関係は密接なもので、どの部分を変更しても全体がすぐ変わってしまう。たとえば、寄生ハナバチは花粉を集めないので、毛を持つ必要性はない。そこで、寄生ハナバチの多くはほとんど毛がなく、カリバチのような滑らかな姿をしている。しかし、顕微鏡下でよく観察してみると、必ずといってよいほど脚、顔や体に枝分かれした毛が何本か残っているのがわかる。
6. カリバチは花蜜を食べるが、送粉者としてはあまり当てにならないので、植物にとって献身的なパートナーになることはめったにない。例外は、イチジクコバチや顔に鉤型の毛のある花粉食のカリバチ類、そしてランの花に偽交尾を誘われるいくつかの種のオスバチなどである。
7. Darwin 1879(Friedman 2009の複写より)
8. 被子植物がいつ頃出現したか、確実な時代はまだ議論されているところだが、化石と遺伝的データによって、ジュラ紀に誕生した可能性が示唆されている。おそらく白亜紀に多様化する前には、熱帯林の低木として細々と生息していたのだろう(Doyle 2012のレビューより)。
9. "Flowers," Longfellow 1893, 5.
10. 考え方によっては、赤色でさえも限度があるかもしれない。鳥類が赤い花を好むのはチャンスが多いからであって好物だからではないという研究者もいる。鳥類は多様な色の花を訪れるが、ハナバチは赤色が見えない(か見つけにくい)ので、鳥にとっては競争者が少ない花蜜源になり、赤色の花と鳥とが特殊化した関係を結ぶようになったというのである。それを促す原動力であるハナバチとの競争がなくなると、フアン・フェルナンデス諸島のハナバチのいない植物相と同様に、鳥は他の色の花をも訪れるようになる。この植物相では、ハチドリが花粉媒介している14種の花のうち、赤色をしているのはたったの3種なのだ。
11. "Give Me the Splendid Silent Sun," Whitman (1855) 1976, 250.
12. Sutherland 1990, 843.
13. フッカーに宛てた1862年1月30日付の書簡。ケンブリッジ大学ダーウィン書簡プロジェクト(www.darwinproject.ac.uk)に保管。Kritsky 1991も参照。
14. セルカークがその船に抱いた直感は正しかった。シンク・ポーツ号は3ヵ月後にコロンビア沖で浸水して沈没し、船長と生き残った乗組員はスペインの植民地当局に捕らえられて投獄された。
15. フアン・フェルナンデス諸島の植物相を精査した研究(Bernardello et al. 2001)によると、在来の花の73%が白色、緑色、茶色だった。黄色い花は12%で、青色(ハナバチに最も特化した色)の花は5%しかなかった。同様に、75%の花は丸い形か目立たない形をしており、ハナバチに特化した花に見られる左右対称形(旗弁など)は、2%しか見られなかった。

コウという鳥の習性からできた語で、この比喩はハナバチの寄生行動が語られるようになるずっと前から知られていた。英語で「cuckold」という語が初めて使われたのは、「cuckoo bee」(クックービーと呼ばれる托卵性の寄生ハナバチ)という語が登場するより600年近くも前のことだった。

6. こうした恐ろしげな口器の目的は明白だ。こうした口器は、托卵性の寄生ハナバチの幼虫が生まれてごく初期にしか現れない。宿主の幼虫を無事に除去してしまえば、寄生ハナバチの幼虫は武器を失い、通常のハナバチの幼虫のように発達する。
7. ハナバチの成虫の大きさは、幼虫のときに食べた食物量を直接に反映している。アオツツハナバチのような単独性の種では、そのおかげでメスはたいてい一目でわかるほど大きな体になるが、母バチの餌集めの能力と繁殖期の環境条件を示してもいる。悪天候が続いたり、花の資源が乏しかったりした繁殖期の翌年には、成虫の体が小さい。ミツバチやマルハナバチなどのような社会性の種では、女王になるべく選ばれて育てられた幼虫が特に多くの食物を受け取るので、体の大きさと共に生殖力も強大になる(ミツバチでは、女王になる幼虫に提供するべく、さらに栄養価の高い「ロイヤルゼリー」という物質を生産する)。
8. Cane, 2012, 262-264.
9. シマウマの縞模様の目的についての論争は、ダーウィンとウォレスの間に交わされた議論にまで遡る。最近の研究では、シマウマの体温を上昇しすぎないように保ち、サシバエなどを遠ざけるのに役立つとも言われる。しかし今でも、視覚的効果の重要性を示唆する証拠も挙げられている(How & Zanker 2014, Larison et al. 2015を参照)。
10. E・O・ウィルソンのインタビュー。"E. O. Wilson on the 'Knockout Gene' That Allows Mankind to Dominate Earth," Big Think, n.d., http://bigthink.com/videos/edward-o-wilson-on-eusociality.
11. Virgil 2006, 79.
12. Michener 2007, 15.
13. 同上、354.
14. メスが1匹以上のオスと交尾して精子を受け取り、それを貯蔵することは何種かで知られているが、その場合はこの血縁度は減少する。

第4章

1. Thoreau 2009, 169.
2. 花粉食のカリバチで最も重要な群集は南西アフリカに見られる。Gess & Gess (2010)によると、地中に営巣するカリバチが数種おり、数千匹にも上る群れで定期的にキクやキキョウなど多数の科の花を訪れている。こうした花粉食のカリバチは同じ花を訪問するタイプのハナバチと比べると、送粉者としての重要性は一般的に低いと考えられている。だが、ある年の特定の時期に特定の花に限ってみれば、その花を訪れるカリバチの数はハナバチよりもずっと数が多いので、最も効果的な送粉者になっているかもしれない。

チの種に見られる、神風攻撃のように自分の命を犠牲にして噛みつくハチは、利他行動の証だと説明されている。しかし、そもそも社会性を得る助けとなった「針で刺す」という能力をなぜ維持しなかったのかという点については、まったくわかっていない（Wille 1983, Cardinal & Packer 2007, Shackleton et al. 2015 を参照）。

29. ミツバチの毒針は実に極悪非道だ。針はミツバチの体から分離したあとも毒を注入し続け、また相手の体の奥へ奥へと尖針を押し込み、さらに警報フェロモンを出して、もっと多くの姉妹バチを攻撃へ駆り立てる。
30. Maeterlinck 1901, 24–25.

第 3 章

1. 引用したこの文章にはさまざまなバージョンがあり、19 世紀の戯曲家オノレ・ド・バルザックのものだとされることが多い。しかし、それは誤りで、彼はこの種のことを一言も語ったことも書いたこともない。この文章はジャン゠ルイ・ゲ・ド・バルザック（親戚ではない）という 17 世紀の作家が書いたものだ。後者のバルザックは随筆や書簡を多く残した作家であり、アカデミー・フランセーズの最初の会員だった。Balzac 1854, 280. 翻訳は S. Rouys（私信）に点検してもらった。
2. 昆虫の変態の進化についてはあまりよくわかっていないが、少なくとも 2 億 8000 万年前の化石で、明らかに幼虫段階のものが発見されている。幼虫の形態で長時間過ごす種では特に、変態は幼虫と成虫の間で起こる競争を減らすのに役立つだろう。変態は生活戦略として非常に成功を収め、ハナバチ、カリバチ、アリ、ハエ、ノミ、甲虫、ガやチョウなど、昆虫の 80% 以上がこの戦略をとるようになった。
3. ハナバチの一部（アオツツハナバチに近縁な種のいくつかなど）には、繁殖期ごとの子孫の一部に、休眠状態でさらにもう 1 年過ごすものがいる。これは理論的には、悪天候、花粉や花蜜資源の欠乏や、羽化するときに壊滅的なできごとが起こったときに、同時に生まれた子が全滅するのを防ぐ手段として進化したと考えられる。しかし、この戦略にも危険がないわけではない。巣の中に長いこと残っていればいるほど、寄生者や病原菌の脅威にさらされやすくなる。また、2 年目のハナバチが入り口近くにいる場合は、後ろから掘り進んできた 1 年目のハナバチに噛み殺されてしまう（Torchio & Tepedino 1982 を参照）。
4. このコメントをさらに興味深い方向へ進めると、針で刺すタイプのカリバチ、アリ、ハナバチの共通の祖先は寄生者だったという証拠に行き当たる。こうしたグループの幼虫は成長段階のかなりあとになるまで体内の排泄物を排出しないが、それは寄生者が宿主をあまりすぐに弱らせないための習性である。それは共通の祖先から受け継いだ共有の形質であるらしく、寄生者としての生活様式は、ハチという多様なグループの進化史の中で数回にわたり、失われたり（ハナバチやアリ）、再び獲得されたり（スズメバチの数種）したようだ。
5. 「妻を寝取られた男」を表す「cuckold（カッコウルド）」という英単語は、カッバチが赤い花を見つけることができるのは、緑色の背景に対して赤が生み出す光強度の差を感じとっているのだ（Chittka & Wasser 1997を参照）。

19. 「ハチの紫色」や、それ以外の紫外線による花の現象については、Kevan et al. 2001を参照。
20. 砂漠の花は蒸発を減らすために花蜜を深い袋状器官の奥深くに隠しているものが多い。この種はこれほど長い口器を持っているおかげで、蜜が奥深くにある花でも、縁にとまって採食することができ、口吻（舌）を伸ばして中の蜜を吸いながら、周囲の危険を見張り続けることができる（Packer 2005）。
21. マニャンの言は印刷に残っている唯一の事例である。この話の別のバージョンでは、ドイツの物理学者ルートヴィヒ・プラントルか、スイスの航空工学技士ヤコブ・アッカレットか、あるいはその学生の誰かが出席していたカクテルパーティーで、有名なマルハナバチの計測の話が出たとされている。だが、おそらくそれは作り話だろう。
22. Hershorn 1980の引用より。
23. Heinrich 1979を参照。
24. ハナバチの空気力学面についてはAltshuler et al. 2005のレビューがくわしい。
25. Dillon & Dudley（2014）は、中国西部の山岳地帯で在来種のマルハナバチ（*Bombus impetuosus*）を捕獲し、それを標高の高いところを模して圧力を下げられる減圧室に入れて飛行させた。そのハチは羽ばたきの頻度は増やさずに、翅の広さを増やして（つまり、毎回翅をより広げて羽ばたいて）飛行したのだ。
26. ハナバチの体は小さいので、呼吸器系と循環器系は単純で、体腔の中を血液が自由に流れ、細胞から直接に栄養と廃棄物を交換している。空気も広く拡散しており、肺などの凝った組織やヘモグロビンを介した酸素運搬は必要ない。
27. 一般向けのイメージの問題にハナバチは悩まされている。ハチに刺されたという事例はたいてい、実際はカリバチ、特にイエロージャケットやホーネットと呼ばれるスズメバチやペーパーワスプと呼ばれるアシナガバチなど、社会性のスズメバチ科のハチによるものなのだ。こうしたハチは興味深い相手ではあるが、残念なことに実に気が短く、攻撃的でさえある。昆虫学者ですら、そうしたハチのまわりではそっと歩く。ある社会性カリバチの研究者が講演を始めるにあたって、最初にこう述べたのを聞いたこともある。「社会性のカリバチを好きな人は誰もいない」
28. E・O・ウィルソンやその他の進化生物学者は、巣を集団防衛することが真社会性の生活様式を発展させた根本的な条件だと考えているので、ミツバチのような高度に社会性の発達した種に刺されたときが最も痛いのは驚くには当たらない。一方、真社会性のハナバチのなかでも最大のグループが、ほとんど実害を与えないほど小さな針しか持っていないというのは驚きだ。熱帯には500種ほどのハリナシバチ族がいる。その進化についてはまだまだ議論が続いているが、針を失くしたのは真社会性を獲得したあとのようだ。その後、多くの種は針がないことを補うために嫌な匂い、モビング行動、噛みつき（焼けつくような痛みや水ぶくれをもたらす化学物質も加えて効果を増大させる）を進化させてきた。ハリナシバった。ダーウィンが収集した植物標本の大半はケンブリッジ大学にある植物標本室で保管されているが、Porter 2010 がそれを見直したところ、2700 種類の標本が 1476 枚の標本シートに張りつけられていた。これ以外にダーウィンは地質学、古生物学などの標本も大量に収集していたことを注記しておく。

6. ウォレスは『マレー諸島』(Wallace 1869, xi) に記載されているように、哺乳類、爬虫類、鳥類、貝類、昆虫類などを含む大量の標本を収集した。そのうち、全体の 3 分の 2 に当たる 8 万 3200 点は甲虫類が占めていた。
7. この現象は甲虫やチョウの鱗粉にも見られ、Berthier 2007 にくわしい説明がある。
8. Graves 1960, 66 を参照。
9. 専門的に言えば、ハナバチ、カリバチとアリは腹部の第一節が胸部に融合しており、きわめて異例な形になっている。しかし、機能的にはこの区別はあまり意味がないので、たいていの研究者はくびれの後ろ部分を他の昆虫と同様に腹部（後体部／メタソーマ）と呼んでいる。
10. Aristotle 1883, 64.
11. Schmidt 2016, 12.
12. この能力を調べるのに、研究者は単純な Y 型をした迷路で実に突飛な実験を行なった。Y 型迷路の入り口で放されたハナバチは、枝分かれした 2 本の先のどちらかに置かれた匂いの源を簡単に見つけ出すことができる。しかし、ハナバチの触角を交差させた形で糊づけすると、常に反対側の触角のシグナルをたどって、Y 型の何も置かれていない側の先端へと行ったのだ（Winston 1987)。
13. 空気中を漂う匂いの流れ（プルーム）を野外で測定するのは容易ではないので、探索中のハナバチが花を見つけるときの手がかりは匂いなのか、視覚などの他の感覚なのか、その効果を区別するのはほとんど不可能だ。だが、ジム・アッカーマンは、パナマのガトゥン湖の中央にある隔離された島でシタバチのオスを惹きつける実験を行なって、見事にこの難題を克服してみせた。この島にはシタバチは分布していないので、アッカーマンが設置した匂いの源に惹かれてやってきたハナバチは、湖水を 800 メートルほど越えた彼方の森から、匂いだけを頼りに飛んできたことになる（David Roubik による個人情報)。
14. Evangelista et al. 2010.
15. Porter 1883, 1239–1240.
16. 単眼は昆虫、クモ、カブトガニまで多様な節足動物に見られるが、その能力には幅があり、あまりくわしいことはわかっていない。ハナバチの単眼に関しては、光の少ない状況で航行するための役割を担っているという証拠が積み上がってきている。薄暮性や夜行性の種の数は多くないが、みな単眼が大きく発達している（Wellington 1974, Somanathan et al. 2009)。
17. ハナバチは動いている最中でもこの能力を発揮できるので、近くで静止している物体との距離を判断するのに役に立つ。方向を感じとれる優れた嗅覚と相まって、ハナバチは周囲について豊かな三次元的知覚を持つことができる（Srinivasan 1992)。
18. 少数の例外を除けば、ハナバチの眼には赤い色を識別するのに必要な視覚受容器がない。その例外はニホンミツバチ（*Apis cerana japonica*）である。多くのハナ

7. サンドフライのうちサシチョウバエの腸内にはリーシュマニア症という病気の原因となる原生動物がいる。昆虫が媒介する病気には他にも睡眠病、シャーガス病などがある。Poinar & Poinar 2008を参照。
8. 花が樹脂を生産する例は、主に熱帯産の数百種で知られている。この習性は種子や花弁を食べる植食動物に対する防衛として始まったと思われるが、現在では花の樹脂はすべて送粉者（特にハナバチ）に対する報酬として機能している。Armbruster 1984, Crepet & Nixon 1998, Fenster et al. 2004を参照。
9. その後、化石化した樹脂は可燃性というもう一つの元来の性質を残していることに私たちは気づいた。書斎脇の花壇のブロックの上に小さな琥珀を一つ置いて燃やしてみたところ、どっと炎を上げ、数分間は真っ黒い煙を出して燃えた。この実験で、ドイツ人が琥珀を「ベルンシュタイン（燃える石）」と呼ぶ理由がわかった。琥珀の取引に関わる人や、琥珀の産地の出身者にはときおりベルンシュタインという姓の人がいる。

第2章

1. リンネはこの引用文を、中世の学者であるセビリャの聖イシドールス（560頃〜636年）のものとしている。有名な『語源』第1巻に、この考え方がやや違う表現で述べられている。
2. Dr. Laurence Packer, “An Inordinate Fondness of Bees,” n. d. www.yorku.ca/bugsrus/PCYU/DrLaurencePacker/（2016年9月5日にアクセス）
3. ミツバチの眼に生えている毛は風向きと対空速度の変化を物理的に感じとる機械的受容器だと考える人もいる。ある有名な実験で、飼育下のミツバチの眼の毛をそり落としてみると、風の強い条件下で航行（ナビゲーション）能力がかなり損なわれることがわかった（Winston 1987）。別の研究では、毛の根元には特に感覚神経があるわけではなく、年をとると摩耗して毛がなくなっていくが特別な悪影響を被っているようには見えないという指摘もある（たとえばPhillips 1905）。
4. ハナバチ研修会を終えて帰宅するとき、昆虫学者が飛行機で移動するときによく体験する緊張感を味わった。空港の保安検査の列に並んでいたときに突然、自分の持ち込み荷物の中に青酸カリ入りの毒瓶が2本入っているのを思い出したのだ。その荷物がX線透過機の中に消えていく様子を見たときは、まるで車のヘッドライトの前で立ちすくんだシカのような気持ちだったが、その荷物は特に引っ掛かることなく通り過ぎていった。青酸カリはなかなか入手できないので、その瓶を手放さずにすんでとてもうれしかった。とはいえ、自分が手荷物の中に簡単な栓をしただけの毒薬を持っていることを考えると、周囲にいる他の乗客も何を持ち込んでいるかわからないという不安が嵩じてきた！
5. Keynes 2000はビーグル号での航海中にダーウィンがとったノートを徹底的に調べ、動物標本をリスト化している。それによると、ワインに保存された標本が1529点、それ以外の酒に保存された標本が3344点、酒以外のもので保存された標本が576点あった。大量に収集した珠玉の品のうち、フォークランド諸島で手に入れた#1934は「その国で撃ちとられたタカの胃の中にあったネズミの歯」だ量が定められたが、それが2倍に増量された。『ローマ建国史』にはそれ以上はコルシカ人に関する記述は登場しない。おそらくハチの巣から蜜蝋を収穫するのに忙しくなりすぎて、何か事件を起こす暇もなかったのだろう（Livy 1938）。

12. 「スタイラス（stylus）」の語源をたどると、ラテン語の「sti」という語根（引っ掻くという意味）に行きつく。「ハチの針（sting）」という単語も同じ語根だ。そこで、古代ローマの書記官は蜜蝋のタブレットの上に、「stingers（ハチの針）」と言語学的には同じ意味の道具で文字を書いていたという魅力的な考えが思い浮かんだ。
13. メリッサ（複数形はメリッサエ）という女性名は今でも人気がある。同じく人気のあるメリナという名も同類で、ギリシャ語で「蜂蜜」という意味だ。ヘブライ語ではハナバチは「ドゥヴォラ」と呼ばれ、これまたなじみのあるデボラという名の語源である。

第1章

1. サンドワスプ（アナバチ科とギングチバチ科を含む総称）は、単独性のハナバチと同様に、「大勢でいれば安全」の恩恵に浴しているかもしれない。巣穴を近くにまとめて作ることで、捕食者や寄生者から個体が受ける危険性を減らすことができるからだ。
2. 一般的に、カリバチの成虫は自分の食物として花蜜や果肉を食べており、獲物や死肉を探すのは幼虫に与えるためである。
3. データはO'Neill 2001より。
4. カリバチのような興味深い形質を備えたハナバチが、ビルマ産の琥珀から発見されたと記載された（Poinar & Danforth 2006）。しかし、その後何人かの専門家から疑問視されている。その標本は個人が所有しているので再検討することができないのが残念だ。しかし、ビルマ産琥珀から採れる化石は、白亜紀中期の約1億年前頃という、ハナバチの進化においてはまったく記録がない貴重な時期のものなので、大きな期待が寄せられている。
5. メンハナバチ属のうちイエローフェイスと呼ばれるハナバチは、見た目がカリバチに似ていることと花粉を飲み込む習性などから、原始的なハナバチだとかつては考えられていた。最近の研究では、この仲間が進化したのはもっとあとのことで、花粉を飲み込む習性を身につけたことでカリバチに似てきた可能性があるという。初期のハナバチが利用していた戦略がどんなものだったのかはまだ議論が尽きないが、功績あるハナバチ研究者のチャールズ・ミッシュナーは、原ハナバチは体に生えた何らかの毛を利用して、花粉を体の外側につけて運んだだろうと考えている（Michener 2007）。
6. 琥珀の中に昆虫が閉じ込められているのを見ると、実に皮肉だと感じる。そもそも木を傷つけて樹脂を出す原因を作ったのは、特に甲虫などの昆虫だからだ。樹脂は樹木の防衛機構として発達したもので、攻撃してくる相手を撃退するのに成功する場合もあるし、うまく撃退できない場合もある。しかし、少なくともそうした相手や、無害な通りすがりの虫を保存するのにはたいそう成功している。

註

序章

1. 恐怖反応の説明についてはSeligman 1971を、実験の事例はMobbs et al. 2010を参照。Lockwood 2013はより深く掘り下げている。
2. 昆虫に対するこの反応はかなり幼いうちに現れるので「心底からの嫌悪」だと考えられている。Chapman & Anderson 2012が嫌悪感についてうまくまとめている。
3. おそらくコオロギを可愛がることにかけては中国人が一番だろう。ペットとして飼育し、洗練された品評会さえ行なわれている。一時的に竹籠に入れて運んだり展示したりもするが、たいていヒョウタンや壺に入れて見えないようにしてコオロギを飼っている（そうした容器の中では鳴き声が増幅することだろう）。
4. Roffet-Salque et al. 2015を参照。
5. 家畜化された時代を特定するのはかなり難しいことで、熱い議論のタネとなることが多い。ここでは、ハナバチの飼育が始まったのは6500年前という控えめな推定に基づいている。この年代は、Roffet-Salque et al. 2015が養蜂の兆候が見られると述べた最初期の年代と、古代エジプト人が高度な養蜂技術を駆使していた時代の中間ぐらいだ。家畜や作物の年代についてはDriscoll et al. 2009とMeyer et al. 2012を基にした。
6. Herodotus 1997, 524.
7. 現在わかっているところでは、蜂蜜酒かそれに似た飲料の最古の物理的証拠は、古代中国の甕に残っていた遺物の分析である（McGovern et al. 2004）。しかし、蜂蜜は自然界でも発酵することがあるので、人類の祖先がこのアイディアをもっと早くに思いついていたという興味深い可能性も否めない。
8. 蜂蜜酒だけでなく、ハナバチが麻薬性のある植物の花蜜を集めて蜂蜜を作った場合には、蜂蜜そのものが酔いをもたらすことがある。幻覚作用のある蜂蜜の例は、マヤ族、ネパールのグルン族、パラグアイのイシル族に知られており、ある特定の階級のシャーマンは「蜂蜜を食べる者」と呼ばれている（Escobar 2007, 217）。
9. シリア語で書かれた『医術の書』によれば、医者は喉の痛み、しゃっくり、吐き気、鼻血、心臓の痛み、弱視、精子数の減少まで、何にでも蜂蜜を勧めることができたという。また、蜜蝋も万能薬で、歯のぐらつき、睾丸痛、「剣、槍、弓など」による傷の治療にまで使われた（Budge 1913, CVI）。
10. Ransome 2004, 19.
11. 紀元前173年にプラエトル（法務官）のキケレイウスが率いるローマ軍がコルシカ人を7000人殺害し、1700人を捕虜にした戦闘について述べたリウィウスの著作に、この数値が挙げられている。それより8年前に起きた反乱で貢物の蜜蝋の

by beekeepers in the fall of 2006. Mid-Atlantic Apiculture Research and Extension Consortium（MAAREC）–Colony Collapse Disorder Working Group, 22 pp.

VanEngelsdorp, D., J. D. Evans, L. Donovall, C. Mullin, et al. 2009. "Entombed Pollen": A new condition in honey bee colonies associated with increased risk of colony mortality. *Journal of Invertebrate Pathology* 101: 147–149.

Virgil. 2006. *The Georgics*. Translated by P. Fallon. Oxford: Oxford University Press.（ウェルギリウス『牧歌／農耕詩』小川正廣訳、2004 年、京都大学学術出版会ほか）

Wallace, Alfred Russel. 1869. *The Malay Archipelago*. New York: Harper and Brothers.（ウォーレス『マレー諸島』新妻昭夫訳、1993 年、ちくま学芸文庫ほか）

Watson, K., and J. A. Stallins. 2016. Honey bees and Colony Collapse Disorder: A pluralistic reframing. *Geography Compass* 10: 222–236.

Wcislo, W. T., L Arneson, K. Roesch, V. Gonzolez, et al. 2004. The evolution of nocturnal behaviour in sweat bees, *Megalopta genalis* and *M. ecuadoria*（Hymenoptera: Halictidae）: An escape from competitors and enemies? *Biological Journal of the Linnean Society* 83: 377–387.

Wcislo, W. T., and B. N. Danforth. 1997. Secondarily solitary: The evolutionary loss of social behavior. *Trends in Ecology and Evolution* 12: 468–474.

Wellington, W. G. 1974. Bumblebee ocelli and navigation at dusk. *Science* 183: 550–551.

Weyrich, L. S., S. Duchene, J. Soubrier, L. Arriola, et al. 2017. Neanderthal behaviour, diet, and disease inferred from ancient DNA in dental calculus. *Nature* 544: 357–361.

Whitfield, C. W., S. K. Behura, S. H. Berlocher, A. G. Clark, et al. 2007. Thrice out of Africa: Ancient and recent expansions of the honey bee, *Apis mellifera*. *Science* 314: 642–645.

Whitman, W.（1855）1976. *Leaves of Grass*. Secaucus, NJ: Longriver Press.（ホイットマン『草の葉』酒本雅之訳、1998 年、岩波文庫ほか）

Whitney, H. M., L. Chittka, T. J. A. Bruce, and B. J. Glover. 2009. Conical epidermal cells allow bees to grip flowers and increase foraging efficiency. *Current Biology* 19: 948–953.

Wille, A. 1983. Biology of the stingless bees. *Annual Review of Entomology* 28: 41–64.

Wilson, E. O. 2012. *The Social Conquest of Earth*. New York: Liveright.（ウィルソン『人類はどこから来て、どこへ行くのか』斉藤隆央訳、2013 年、化学同人）

Winston, M. L. 1987. *The Biology of the Honey Bee*. Cambridge, MA: Harvard University Press.

Wood, B. M., H. Pontzer, D. A. Raichlen, and F. W. Marlowe. 2014. Mutualism and manipulation in Hadza-honeyguide interactions. *Evolution and Human Behavior* 35: 540–546.

Wrangham, R. W. 2011. Honey and fire in human evolution. Pp. 149–167 in J. Sept and D. Pilbeam, eds. *Casting the Net Wide: Papers in Honor of Glynn Isaac and His Approach to Human Origins Research*. Oxford: Oxbow Books.

Yeats. W. B. 1997. *The Collected Works of W. B. Yeats*. Vol. 1, *The Poems*, 2nd ed. Edited by J. Finneman. New York: Scribner.

Macmillan.

Smith, A. 2012. Cash-strapped farmers feed candy to cows. CNN Money, http://money.cnn.com/2012/10/10/news/economy/farmers-cows-candy-feed/index.html.

Somanathan, H., A. Kelber, R. M. Borges, R. Wallén, et al. 2009. Visual ecology of Indian carpenter bees II: Adaptations of eyes and ocelli to nocturnal and diurnal lifestyles. *Journal of Comparative Physiology A* 195: 571–583.

Sparrman, A. 1777. An account of a journey into Africa from the Cape of Good-Hope, and a description of a new species of cuckow. In a letter to Dr. John Reinhold Forster, FRS *Philosophical Transactions of the Royal Society of London* 67: 38–47.

Srinivasan, M. V. 1992. Distance perception in insects. *Current Directions in Psychological Science* 1: 22–26.

Stableton, J. K. 1908. Observation beehive. *School and Home Education* 28: 21–23.

Stokstad, E. 2007. The case of the empty hives. *Science* 316: 970–972.

Stone, G. N. 1993. Endothermy in the solitary bee *Anthophora plumipes*: Independent measures of thermoregulatory ability, costs of warm-up and the role of body size. *Journal of Experimental Biology* 174: 299–320.

Strong, D. R., J. H. Lawton, and R. Southwood. 1984. *Insects on Plants: Community Patterns and Mechanisms*. Cambridge, MA: Harvard University Press.

Sun, B. Y., T. F. Stuess, A. M. Humana, M. Riveros, et al. 1996. Evolution of *Rhaphithamnus venustus* (Verbenaceae), a gynodioecious hummingbird-pollinated endemic of the Juan Fernandez Islands, Chile. *Pacific Science* 50: 55–65.

Sutherland, W. J. 1990. Biological flora of the British Isles: *Iris pseudacorus* L. *Journal of Ecology* 78: 833–848.

Theophrastus. 1916. *Enquiry into Plants, and Minor Works on Odours and Weather Signs*. Translated by A. Hort. London: William Heinemann.

Thoreau, H. D. 1843. Paradise (to be) regained. *United States Magazine and Democratic Review* 13: 451–463.

———. 2009. *The Journal, 1837–1861*. Edited by D. Searls. New York: New York Review Books.

Thorp, R. W. 1969. Ecology and behavior of *Anthophora edwardsii*. *American Midland Naturalist* 82: 321–337.

Tolstoy, L. (1867) 1994. *War and Peace*. New York: Modern Library.（トルストイ『戦争と平和』藤沼貴訳、2006年、岩波文庫ほか）

Torchio, P. F. 1984. The nesting biology of *Hylaeus bisinuatus* Forster and development of its immature forms (Hymenoptera: Colletidae). *Journal of the Kansas Entomological Society* 57: 276–297.

Torchio, P. F., and V. J. Tepedino. 1982. Parsivoltinism in three species of *Osmia* bees. *Psyche* 89: 221–238.

VanEngelsdorp, D., D. Cox-Foster, M. Frazier, N. Ostiguy, et al. 2006. “Fall-Dwindle Disease”: Investigations into the causes of sudden and alarming colony losses experienced

Timber Press.
Pyke, G. H. 2016. Floral nectar: Pollination attraction or manipulation? *Trends in Ecology and Evolution* 31: 339–341.
Ransome, H. M. 2004. *The Sacred Bee in Ancient Times and Folklore*.（Reprint of 1937 edition.）Mineola, NY: Dover.
Reinhardt, J. F. 1952. Some responses of honey bees to alfalfa flowers. *American Naturalist* 86: 257–275.
Roffet-Salque, M., M. Regert, R. P. Evershed, A. K. Outram, et al. 2015. Widespread exploitation of the honeybee by early Neolithic farmers. *Nature* 527: 226–231.
Ross, A., C. Mellish, P. York, and B. Crighton. 2010. Burmese amber. Pp. 208–235 in D. Penny, ed., *Biodiversity of Fossils in Amber from the Major World Deposits*. Manchester, UK: Siri Scientific Press.
Roubik, D. W., ed. 1995. *Pollination of Cultivated Plants in the Tropics*. Rome: Food and Agriculture Organization of the United Nations.
Roulston, T., and K. Goodell. 2011. The role of resources and risks in regulating wild bee populations. *Annual Review of Entomology* 56: 293–312.
Rundlöf, M., G. K. S. Andersson, R. Bommarco, I. Fries, et al. 2015. Seed coating with a neonicotinoid insecticide negatively affects wild bees. *Nature* 521: 77–80.
Saunders, E. 1896. *The Hymenoptera Aculeata of the British Islands*. London: L. Reeve.
Savage, C. 2008. *Bees: Natures Little Wonders*. Vancouver, BC: Greystone Books.
Schemske, D. W., and H. D. Bradshaw, Jr. 1999. Pollinator preference and the evolution of floral traits in monkeyflowers（Mimulus）. *Proceedings of the National Academy of Sciences* 96: 11910–11915.
Schmidt. J. O. 2014. Evolutionary responses of solitary and social Hymenoptera to predation by primates and overwhelmingly powerful vertebrate predators. *Journal of Human Evolution* 71: 12–19.
———. 2016. *The Sting of the Wild*. Baltimore: Johns Hopkins University Press.（シュミット『蜂と蟻に刺されてみた』今西康子訳、2018年、白揚社）
Schwarz, H. F. 1945. The wax of stingless bees（Meliponidæ）and the uses to which it has been put. *Journal of the New York Entomological Society* 53: 137–144.
Schwarz, M. P., M. H. Richards, and B. N. Danforth. 2007. Changing paradigms in insect social evolution: Insights from halictine and allodapine bees. *Annual Review of Entomology* 52: 127–150.
Seligman, M. E. P. 1971. Phobias and preparedness. *Behavior Therapy* 2: 307–320.
Shackleton, K., H. A. Toufailia, N. J. Balfour, F. S. Nasicimento, et al. 2015. Appetite for self-destruction: Suicidal biting as a nest defense strategy in *Trigona* stingless bees. *Behavioral Ecology and Sociobiology* 69: 273–281.
Slaa, E. J., L. Alejandro, S. Chaves, K. Sampaio Malagodi-Braga, et al. 2006. Stingless bees in applied pollination: Practice and perspectives. *Apidologie* 37: 293–315.
Sladen, F. W. L. 1912. *The Humble-Bee: Its Life-History and How to Domesticate It*. London:

e9754. https://doi.org/10.1371/journal.pone.0009754.

Nichols, W. J. 2014. *Blue Mind*. New York: Little, Brown.

Nininger, H. H. 1920. Notes on the life-history of *Anthophora stanfordiana*. *Psyche* 27: 135–137.

O'Neill, K. M. 2001. *Solitary Wasps: Behavior and Natural History*. Ithaca, NY: Cornell University Press.

Ott, J. 1998. The Delphic bee: Bees and toxic honeys as pointers to psychoactive and other medicinal plants. *Economic Botany* 52: 260–266.

Packer, L. 2005. A new species of *Geodiscelis*（Hymenoptera: Colletidae: Xeromelissinae）from the Atacama Desert of Chile. *Journal of Hymenoptera Research* 14: 84–91.

Paris, H. S., and J. Janick. 2008. What the Roman emperor Tiberius grew in his greenhouses. Pp. 33–41 in M. Pitrat, ed., *Cucurbitaceae 2008: Proceedings of the IXth EUCARPIA Meeting on Genetics and Breeding of Cucurbitaceae*. Avignon, France: INRA.

Partap, U., and T. Ya. 2012. The human pollinators of fruit crops in Maoxian County, Sichuan, China. *Mountain Research and Development* 32: 176–186.

Peckham, G. W., and E. G. Peckham. 1905. *Wasps: Social and Solitary*. Boston: Houghton Mifflin.

Phillips, E. F. 1905. Structure and development of the compound eye of the honeybee. *Proceedings of the Academy of Natural Sciences of Philadelphia* 56: 123–157.

Plath, O. E. 1934. *Bumblebees and Their Ways*. New York: Macmillan.

Plath, S. 1979. *Johnny Panic and the Bible of Dreams*. New York: Harper and Row.（プラス『ジョニー・パニックと夢の聖書』皆見昭・小塩トシ子訳、1980年、鷹書房）

Poinar, G. O., Jr., K. L. Chambers, and J. Wunderlich. 2013. *Micropetasos*, a new genus of angiosperms from mid-Cretaceous Burmese amber. *Journal of the Botanical Research Institute of Texas* 7: 745–750.

Poinar, G. O., Jr., and B. N. Danforth. 2006. A fossil bee from early Cretaceous Burmese amber. *Science* 314: 614.

Poinar, G. O., Jr., and R. Poinar. 2008. *What Bugged the Dinosaurs: Insects, Disease and Death in the Cretaceous*. Princeton, NJ: Princeton University Press.

Porter, C. J. A. 1883. Experiments with the antennae of insects. *American Naturalist* 17: 1238–1245.

Porter, D. M. 2010. Darwin: The botanist on the *Beagle*. *Proceedings of the California Academy of Sciences* 61: 117–156.

Potts, S. G., J. C. Biesmeijer, C. Kremen, P. Neumann, et al. 2010. Global pollinator declines: Trends, impacts and drivers. *Trends in Ecology & Evolution* 25: 345–353.

Potts, S. G., V. L. Imperatriz-Fonseca, and H. T. Ngo, eds. 2016. *The Assessment Report of the Intergovernmental Science-Policy Platform on Biodiversity and Ecosystem Services on Pollinators, Pollination and Food Production*. Bonn, Germany: Secretariat of the Intergovernmental Science-Policy Platform on Biodiversity and Ecosystem Services.

Proctor, M., P. Yeo, and A. Lack. 1996. *The Natural History of Pollination*. Portland, OR:

Schlesinger. Cambridge, MA: Harvard University Press. Archived online at Perseus Digital Library, Tufts University, www.perseus.tufts.edu/hopper.（リウィウス『ローマ建国以来の歴史』岩谷智ほか訳、2008 年、京都大学学術出版会ほか）

Lockwood, J. 2013. *The Infested Mind: Why Humans Fear, Loathe, and Love Insects*. New York: Oxford University Press.

Longfellow, H. W. 1893. *The Complete Poetical Works of Henry Wadsworth Longfellow*. Boston: Houghton Mifflin.

Lucano, M. J., G. Cernicchiaro, E. Wajnberg, and D. M. S. Esquivel. 2005. Stingless bee antennae: A magnetic sensory organ? *BioMetals* 19: 295–300.

Lunau, K. 2004. Adaptive radiation and coevolution—Pollination biology case studies. *Organisms, Diversity & Evolution* 4: 207–224.

Maeterlinck, M. 1901. *The Life of Bees*. Translated by A. Sutro. Cornwall, NY: Cornwall Press.（メーテルリンク『蜜蜂の生活』山下知夫・橋本綱訳、2000 年、工作舎ほか）

Marlowe, F. W., J. C. Berbesque, B. Wood, A. Crittenden, et al. 2014. Honey, Hadza, hunter-gatherers, and human evolution. *Journal of Human Evolution* 71: 119–128.

McGovern, P., J. Zhang, J. Tang, Z. Zhang, et al. 2004. Fermented beverages of pre- and proto-historic China. *Proceedings of the National Academy of Sciences* 101: 17593–17598.

McGregor, S. E. 1976. *Insect Pollination of Cultivated Crop Plants*. USDA Agriculture Handbook no. 496. Updated version available at US Department of Agriculture, Agricultural Research Service, http://gears.tucson.ars.ag.gov/book.

Messer, A. C. 1984. *Chalicodoma pluto*: The world's largest bee rediscovered living communally in termite nests (Hymenoptera: Megachilidae). *Journal of the Kansas Entomological Society* 57: 165–168.

Meyer, R. S., A. E. DuVal, and H. R. Jensen. 2012. Patterns and processes in crop domestication: An historical review and quantitative analysis of 203 global food crops. *New Phytologist* 196: 29–48.

Michener, C. D. 2007. *The Bees of the World*. Baltimore: Johns Hopkins University Press.

Michener, C. D., and D. A. Grimaldi. 1988. The oldest fossil bee: Apoid history, evolutionary stasis, and antiquity of social behavior. *Proceedings of the National Academy of Sciences* 85: 6424–6426.

Miller, W. 1955. Old man's advice to youth: Never lose your curiosity. *Life*, May 2, 62–64.

Mobbs, D., R. Yu, J. B. Rowe, H. Eich, et al. 2010. Neural activity associated with monitoring the oscillating threat value of a tarantula. *Proceedings of the National Academy of Sciences* 107: 20582–20586.

Moritz, R. F. A., and R. M. Crewe. 1988. Air ventilation in nests of two African stingless bees *Trigona denoiti* and *Trigona gribodoi*. *Experientia* 44: 1024–1027.

Muir, J. 1882a. The bee-pastures of California, Part I. *Century Magazine* 24: 222–229.

———. 1882b. The bee-pastures of California, Part II. *Century Magazine* 24: 388–395.

Mullin, C. A., M. Frazier, J. L. Frazier, S. Ashcraft, et al. 2010. High levels of miticides and agrochemicals in North American apiaries: Implications for honey bee health. *PLoS ONE* 5:

Kerr, J. T., A. Pindar, P. Galpern, L Packer, et al. 2015. Climate change impacts on bumblebees converge across continents. *Science* 349: 177–180.

Kevan, P. G., L. Chittka, and A. G. Dyer. 2001. Limits to the salience of ultraviolet: Lessons from colour vision in bees and birds. *Journal of Experimental Biology* 204: 2571–2580.

Keynes, R., ed. 2010. *Charles Darwin's Zoology Notes and Specimen Lists from H.M.S.* Beagle. Cambridge: Cambridge University Press.

Kirchner, W. H., and J. Röschard. 1999. Hissing in bumblebees: An interspecific defence signal. *Insectes Sociaux* 46: 239–243.

Klein, A., C. Brittain, S. D. Hendrix, R. Thorp, et al. 2012. Wild pollination services to California almond rely on semi-natural habitat. *Journal of Applied Ecology* 49: 723–732.

Klein, A., B. E. Vaissière, J. H. Cane, I. Steffan-Dewenter, et al. 2007. Importance of pollinators in changing landscapes for world crops. *Proceedings of the Royal Society B* 274: 303–313.

Koch, J. B., and J. P. Strange. 2012. The status of *Bombus occidentalis* and *B. moderatus* in Alaska with special focus on *Nosema bombi* incidence. *Northwest Science* 86: 212–220.

Kritsky, G. 1991. Darwin's Madagascan hawk moth prediction. *American Entomologist* 37: 205–210.

Krombein, K., and B. Norden. 1997a. Bizarre nesting behavior of *Krombeinictus nordenae* Leclercq (Hymenoptera: Sphecidae, Crabroninae). *Journal of South Asian Natural History* 2: 145–154.

———. 1997b. Nesting behavior of *Krombeinictus nordenae* Leclercq, a sphecid wasp with vegetarian larvae (Hymenoptera: Sphecidae, Crabroninae). *Proceedings of the Entomological Society of Washington* 99: 42–49.

Krombein, K. V., B. B. Norden, M. M. Rickson, and F. R. Rickson. 1999. Biodiversity of the Domatia occupants (ants, wasps, bees and others) of the Sri Lankan Myrmecophyte *Humboldtia lauifolia* (Fabaceae). *Smithsonian Contributions to Zoology* 603: 1–34.

Larison B., R. J. Harrigan, H. A. Thomassen, D. I. Rubenstein, et al. 2015. How the zebra got its stripes: A problem with too many solutions. *Royal Society Open Science* 2: 140452.

Larue-Kontić, A. C., and R. R. Junker. 2016. Inhibition of biochemical terpene pathways in *Achillea millefolim* flowers differently affects the behavior of bumblebees (*Bombus terrestris*) and flies (*Lucilia sericata*). *Journal of Pollination Ecology* 18: 31–35.

Lee, D. 2007. *Nature's Palette: The Science of Plant Color*. Chicago: University of Chicago Press.

Lewis-Williams, J. D. 2002. *A Cosmos in Stone: Interpreting Religion and Society Through Rock Art*. Walnut Creek, CA: AltaMira Press.

Linnaeus, C. 1737. *Critica Botanica*. Leiden: Conradum Wishoff.

Litman, J. R., B. N. Danforth, C. D. Eardley, and C. J. Praz. 2011. Why do leafcutter bees cut leaves? New insights into the early evolution of bees. *Proceedings of the Royal Society B* 278: 3593–3600.

Livy. 1938. *The History of Rome*, Books 40–42. Translated by E. T. Sage and A. C.

in insectivorous birds are associated with high neonicotinoid concentrations. *Nature* 511: 341–343.

Hanson, T., and J. S. Ascher. 2018. An unusually large nesting aggregation of the digger bee *Anthophora bomboides* Kirby, 1838（Hymenoptera: Apidae）in the San Juan Islands, Washington State. *Pan-Pacific Entomologist* 94: 4-16.

Hedtke, S. M., S. Patiny, and B. N. Danorth. 2013. The bee tree of life: A supermatrix approach to apoid phylogeny and biogeography. *BMC Evolutionary Biology* 13: 138.

Heinrich, B. 1979. *Bumblebee Economics*. Cambridge, MA: Harvard University Press.（ハインリッチ『マルハナバチの経済学』加藤真ほか訳、井上民二監訳、1991 年、文一総合出版）

Henderson, A. 1986. A review of pollination studies in the Palmae. *Botanical Review* 52: 221–259.

Herodotus. 1997. *The Histories*. Translated by G. Rawlinson. New York: Knopf.（ヘロドトス『歴史』松平千秋訳、1971 年、岩波文庫ほか）

Hershorn, C. 1980. Cosmetics queen Mary Kay delivers a megabuck message to her sales staff: 'Women can do anything.' *People*, http://people.com/archive/cosmetics-queen-mary-kay-delivers-a-megabuck-message-to-her-sales-staff-women-can-do-anything-vol-13-no-17.

Hoballah, M. E., T. Gübitz, J. Stuurman, L. Broger, et al. 2007. Single gene-mediated shift in pollinator attraction in Petunia. *Plant Cell* 19: 779–790.

Hogue, C. L. 1987. Cultural entomology. *Annual Review of Entomology* 32: 181–199.

Houston, T. F. 1984. Biological observations of bees in the genus *Ctenocolletes*（Hymenoptera: Stenotritidae）. *Records of the Western Australian Museum* 11: 153–172.

How, M. J., and J. M. Zanker. 2014. Motion camouflage induced by zebra stripes. *Zoology* 117: 163–170.

Ichikawa, M. 1981. Ecological and sociological importance of honey to the Mbuti net hunters, Eastern Zaire. *African Study Monographs* 1: 55–68.

Iwasa, T., N. Motoyama, J. T. Ambrose, and R. M. Roe. 2004. Mechanism for the differential toxicity of neonicotinoid insecticides in the honey bee, *Apis mellifera*. *Crop Protection* 23: 371–378.

Jablonski, P. G., H. J. Cho, S. R. Song, C. K. Kang, et al. 2013. Warning signals confer advantage to prey in competition with predators: Bumblebees steal nests from insectivorous birds. *Behavioral Ecology and Sociobiology* 67: 1259–1267.

Jacob, F. 1977. Evolution and tinkering. *Science* 196: 1161–1166.

Jones, H. A. 1927. Pollination and life history studies of lettuce（*Lactuca sativa* L.）. *Hilgardia* 2: 425–479.

Jones, K. N., and J. S. Reithel. 2001. Pollinator-mediated selection on a flower color polymorphism in experimental populations of *Antirrhinum*（Scrophulariaceae）. *American Journal of Botany* 88: 447–454.

Kajobe, R., and D. W. Roubik. 2006. Honey-making bee colony abundance and predation by apes and humans in a Uganda forest reserve. *Biotropica* 38: 210–218.

enhance fruit set of crops regardless of honey bee abundance. *Science* 339: 1608–1611.

Gegear, R. J., and J. G. Burns. 2007. The birds, the bees, and the virtual flowers: Can pollinator behavior drive ecological speciation in flowering plants? *American Naturalist* 170. https://doi.org/10.1086/521230.

Genersch, E., C. Yue, I. Fries, and J. R. de Miranda. 2006. Detection of *Deformed wing virus*, a honey bee viral pathogen, in bumble bees (*Bombus terrestris* and *Bombus pascuorum*) with wing deformities. *Journal of Invertebrate Pathology* 91: 61–63.

Gess, S. K. 1996. *The Pollen Wasps: Ecology and Natural History of the Masarinae*. Cambridge, MA: Harvard University Press.

Gess, S. K., and F. W. Gess. 2010. *Pollen Wasps and Flowers in Southern Africa*. Pretoria: South African National Biodiversity Institute.

Ghazoul, J. 2005. Buzziness as usual? Questioning the global pollination crisis. *TRENDS in Ecology and Evolution* 20: 367–373.

Glaum, P., M. C. Simayo, C. Vaidya, G. Fitch, et al. 2017. Big city Bombus: Using natural history and land-use history to find significant environmental drivers in bumble-bee declines in urban development. *Royal Society Open Science* 4: 170156.

Goor, A. 1967. The history of the date through the ages in the Holy Land. *Economic Botany* 21: 320–340.

Goubara, M., and T. Takasaki. 2003. Flower visitors of lettuce under field and enclosure conditions. *Applied Entomology and Zoology* 38: 571–581.

Goulson, D. 2010. Impacts of non-native bumblebees in Western Europe and North America. *Applied Entomology and Zoology* 45: 7–12.

Goulson, D., E. Nicholls, C. Botías, and E. L. Rotheray. 2015. Bee declines driven by combined stress from parasites, pesticides, and lack of flowers. *Science* 347. https://doi.org/10.1126/science.1255957.

Goulson, D., and J. C. Stout. 2001. Homing ability of the bumblebee *Bombus terrestris* (Hymenoptera: Apidae). *Apidologie* 32: 105–111.

Graves, R. 1960. *The Greek Myths*. London: Penguin.（グレイヴス『ギリシア神話』高杉一郎訳、1998年、紀伊國屋書店）

Greceo, M. K., P. M. Welz, M Siegrist, S. J. Ferguson, et al. 2011. Description of an ancient social bee trapped in amber using diagnostic radioentomology. *Insectes Sociaux* 58: 487–494.

Griffin, B. 1997a. *Humblebee Bumblebee*. Bellingham, WA: Knox Cellars Publishing.

———. 1997b. *The Orchard Mason Bee*. Bellingham, WA: Knox Cellars Publishing.

Grimaldi, D. 1996. *Amber: Window to the Past*. New York: Harry N. Abrams.

———. 1999. The co-radiations of pollinating insects and angiosperms in the Cretaceous. *Annals of the Missouri Botanical Garden* 86: 373–406.

Grimaldi, D., and M. Engel. 2005. *Evolution of the Insects*. New York: Cambridge University Press.

Hallmann, C. A., R. P. B. Foppen, C. A. M. van Turnhout, H. de Kroon, et al. 2014. Declines

Doyle, J. A. 2012. Molecular and fossil evidence on the origin of angiosperms. *Annual Review of Earth and Planetary Sciences* 40: 301–326.

Driscoll, C. A., D. W. Macdonald, and S. J. O'Brian. 2009. From wild animals to domestic pets, an evolutionary view of domestication. *Proceedings of the National Academy of Sciences* 106: 9971–9978.

Eckert, J. E. 1933. The flight range of the honeybee. *Journal of Agricultural Research* 47: 257–286.

Eilers E. J., C. Kremen, S. Smith Greenleaf, A. K. Garber, et al. 2011. Contribution of pollinator-mediated crops to nutrients in the human food supply. *PLoS ONE* 6: e21363. https://doi.org/10.1371/journal.pone.0021363.

Engel, M. S. 2000. A new interpretation of the oldest fossil bee (Hymenoptera: Apidae). *American Museum Novitiates*, no. 3296, 11 pp.

———. 2001. *A monograph of the Baltic amber bees and evolution of the apoidea (Hymenoptera)*. *Bulletin of the American Museum of Natural History* 259, 192 pp.

Escobar, T. 2007. *Curse of the Nemur: In Search of the Art, Myth, and Ritual of the Ishir*. Pittsburgh: University of Pittsburgh Press.

Evangelista, C., P. Kraft, M. Dacke, J. Reinhard, et al. 2010. The moment before touchdown: Landing manoeuvres of the honeybee *Apis mellifera*. *Journal of Experimental Biology* 213: 262–270.

Evans, E., R. Thorp, S. Jepsen, and S. H. Black. 2008. *Status Review of Three Formerly Common Species of Bumble Bee in the Subgenus* Bombus. Portland, OR: Xerces Society for Invertebrate Conservation, 63 pp.

Evans, H. E., and K. M. O'Neill. 2007. *The Sand Wasps: Natural History and Behavior*. Cambridge, MA: Harvard University Press.

Fabre, J. E. 1915. *Bramble-Bees and Others*. New York: Dodd, Mead.

———. 1916. *The Mason-Bees*. New York: Dodd, Mead.

Fenster, C. B., W. X. Armbruster, P. Wilson, M. R. Dudash, et al. 2004. Pollination syndromes and floral specialization. *Annual Review of Ecology, Evolution, and Systematics* 35: 375–403.

Filella, I., J. Bosch, J. Llusià, R. Seco, et al. 2011. The role of frass and cocoon volatiles in host location by *Monodontomerus aeneus*, a parasitoid of Megachilid solitary bees. *Environmental Entomology* 40: 126–131.

Fine, J. D., D. L. Cox-Foster, and C. A. Mullein. 2017. An inert pesticide adjuvant synergizes viral pathogenicity and mortality in honey bee larvae. *Scientific Reports* 7. https://doi.org/10.1038/srep40499.

Friedman, W. E. 2009. The meaning of Darwin's "Abominable Mystery." *American Journal of Botany* 96: 5–21.

Friis, E. M., P. R. Crane, and K. R. Pedersen. 2011. *Early Flowers and Angiosperm Evolution*. Cambridge: Cambridge University Press.

Garibaldi, L. A., I. Steffan-Dewenter, R. Winfree, M. A. Aizen, et al. 2013. Wild pollinators

Crittenden, A. N., and D. A. Zess. 2015. Food sharing among Hadza hunter-gatherer children. *PLoS ONE* 10: e0131996.

Cutler, G. C., C. D. Scott-Dupree, M. Sultan, A. D. McFarlane, et al. 2014. A large-scale field study examining effects of exposure to clothianidin seed-treated canola on honey bee colony health, development, and overwintering success. *PeerJ* 2: e652. https://doi.org/10.7717/peerj.652.

D'Andrea, L., F. Felber, and R. Guadagnulo. 2008. Hybridization rates between lettuce (*Lactuca sativa*) and its wild relative (*L. serriola*) under field conditions. *Environmental Biosafety Research* 7: 61–71.

Danforth, B. N. 1999. Emergence, dynamics, and bet hedging in a desert mining bee, *Perdita portalis*. *Proceedings of the Royal Society B* 266: 1985–1994.

———. 2002. Evolution of sociality in a primitively eusocial lineage of bees. *Proceedings of the National Academy of Sciences* 99: 286–290.

Danforth, B. N., S. Cardinal, C. Praz, E. A. B. Almeida, et al. 2013. The impact of molecular data on our understanding of bee phylogeny and evolution. *Annual Review of Entomology* 58: 57–78.

Danforth, B. N., and G. O. Poinar, Jr. 2011. Morphology, classification, and antiquity of *Melittosphex burmensis* (Apoidea: Melittosphecidae) and implications for early bee evolution. *Journal of Paleontology* 85: 882–891.

Danforth, B. N., S. Sipes, J. Fang, and S. G. Brady. 2006. The history of early bee diversification based on five genes plus morphology. *Proceedings of the National Academy of Sciences* 103: 15118–15123.

Darwin, C. 1859. *On the Origin of Species by Means of Natural Selection*. (Reprint of 1859 first edition.) Mineola, NY: Dover.（ダーウィン『種の起源』渡辺政隆訳、2013年、光文社古典新訳文庫ほか）

———. 1877. *The Various Contrivances by Which Orchids Are Fertilised by Insects*, 2nd ed. New York: D. Appleton and Company.（ダーウィン『蘭の受精（ダーウィン全集III a)』正宗厳敬訳、1939年、白揚社）

Dean, W. R. J., W. R. Siegfried, and I. A. W. MacDonald. 1990. The fallacy, fact, and fate of guiding behavior in the Greater Honeyguide. *Conservation Biology* 4: 99–101.

Dicks, L. V., B. Viana, R. Bommarco, B. Brosi, et al. 2016. Ten policies for pollinators. *Science* 354: 975–976.

Dillon, M. E., and R. Dudley. 2014. Surpassing Mt. Everest: Extreme flight performance of alpine bumble-bees. *Biology Letters* 10. https://doi.org/10.1098/rsbl.2013.0922.

Di Prisco, G., D. Annoscia, M. Margiotta, R. Ferrara, et al. 2016. A mutualistic symbiosis between a parasitic mite and a pathogenic virus undermines honey bee immunity and health. *Proceedings of the National Academy of Sciences* 113: 3203–3208.

Doyle, A. C. 1917. *His Last Bow: A Reminiscence of Sherlock Holmes*. New York: Review of Reviews Company.（コナン・ドイル『シャーロック・ホームズ　最後の挨拶』深町眞理子訳、2014年、創元推理文庫ほか）

———. 2013. Bees diversified in the age of eudicots. *Proceedings of the Royal Society B* 280: 1–9.

Cardinal, S., and L. Packer. 2007. Phylogenetic analysis of the corbiculate Apinae based on morphology of the sting apparatus (Hymenoptera: Apidae). *Cladistics* 23: 99–118.

Carreck, N., T. Beasley, and R. Keynes. 2009. Charles Darwin, cats, mice, bumble bees, and clover. *Bee Craft* 91, no. 2: 4–6.

Chapman, H. A., and A. K. Anderson. 2012. Understanding disgust. *Annals of the New York Academy of Sciences* 1251: 62–76.

Chechetka, S. A., Y. Yu, M. Tange, and E. Miyako. 2017. Materially engineered artificial pollinators. *Chem* 2: 234–239.

Chittka, L., A. Schmida, N. Troje, and R. Menzel. 1994. Ultraviolet as a component of flower reflections, and the color perception of Hymenoptera. *Vision Research* 34: 1489–1508.

Chittka, L., and N. M. Wasser. 1997. Why red flowers are not invisible to bees. *Israel Journal of Plant Sciences* 45: 169–183.

Clarke, D., H. Whitney, G. Sutton, and D. Robert. 2013. Detection and learning of floral electric fields by bumblebees. *Science* 340: 66–69.

Cnaani, J., J. D. Thomson, and D. R. Papaj. 2006. Flower choice and learning in foraging bumblebees: Effects of variation in nectar volume and concentration. *Ethology* 112: 278–285.

Code, B. H., and S. L. Haney. 2006. Franklin's bumble bee inventory in the southern Cascades of Oregon. Medford, OR: Bureau of Land Management, 8 pp.

Coleridge, S. 1853. *Pretty Lessons in Verse for Good Children, with Some Lessons in Latin in Easy Rhyme*. London: John W. Parker and Son.

Correll, D. S. 1953. Vanilla: Its botany, history, cultivation and economic import. *Economic Botany* 7: 291–358.

Crane, E. 1999. *The World History of Beekeeping and Honey Hunting*. New York: Routledge.

Crepet, W. L., and K. C. Nixon. 1998. Fossil Clusiaceae from the late Cretaceous (Turonian) of New Jersey and implications regarding the history of bee pollination. *American Journal of Botany* 85: 1122–1133.

Crittenden, A. N. 2011. The importance of honey consumption in human evolution. *Food and Foodways* 19: 257–273.

———. 2016. Ethnobotany in evolutionary perspective: Wild plants in diet composition and daily use among Hadza hunter-gatherers. Pp. 319–340 in K. Hardy and L. Kubiak-Martens, eds., *Wild Harvest: Plants in the Hominin and Pre-Agrarian Human Worlds*. Oxford: Oxbow Books.

Crittenden, A. N., N. L. Conklin-Britain, D. A. Zes, M. J. Schoeninger, et al. 2013. Juvenile foraging among the Hadza: Implications for human life history. *Evolution and Human Behavior* 34: 299–304.

Crittenden, A. N., and S. L. Schnorr. 2017. Current views on hunter-gatherer nutrition and the evolution of the human diet. *Yearbook of Physical Anthropology* 162 (S63): 84–109.

Berthier, S. 2007. *Iridescences: The Physical Color of Insects*. New York: Springer.

Bland, R. 1814. *Proverbs, Chiefly Taken from the Adagia by Erasmus*. London: T. Egerton, Military Library, Whitehall.

Boyden, T. 1982. The pollination biology of *Calypso bulbosa* var. *americana* (Orchidaceae): Initial deception of bumblebee visitors. *Oecologica* 55: 178–184.

Bradshaw, H. D., Jr., and D. W. Schemske. 2003. Allele substitution at a flower colour locus produces a pollinator shift in monkeyflowers. *Nature* 426: 176–178.

Brady, S. G., S. Sipes, A. Pearson, and B. N. Danforth. 2006. Recent and simultaneous origins of eusociality in halictid bees. *Proceedings of the Royal Society B* 273: 1643–1649.

Breitkopf, H., R. E. Onstein, D. Cafasso, P. M. Schülter, et al. 2015. Multiple shifts to different pollinators fuelled rapid diversification in sexually deceptive *Ophrys* orchids. *New Phytologist* 207: 377–389.

Brine, M. D. 1883. *Jingles and Joys for Wee Girls and Boys*. New York: Cassel and Company.

Brooks, R. W. 1983. *Systematics and Bionomics of Anthophora—The Bomboides Group and Species Groups of the New World (Hymenoptera—Apoidea, Anthophoridae)*. University of California Publications in Entomology, vol. 98, 86 pp.

Buchmann, S. L., and G. P. Nabhan. 1997. *The Forgotten Pollinators*. Washington, DC: Island Press.

Budge, E. A. W., trans. 1913. *Syrian Anatomy, Pathology, and Therapeutics; or, "The Book of Medicines,"* vol. 1. London: Oxford University Press.

Burkle, L. A., J. C. Marlin, and T. M. Knight. 2013. Plant-pollinator interactions over 120 years: Loss of species, co-occurrence, and function. *Science* 339: 1611–1615.

Cameron, S. A. 1989. Temporal patterns of division of labor among workers in the primitively eusocial bumble bee *Bombus griseocollis* (Hymenoptera: Apidae). *Ethology* 80: 137–151.

Cameron, S. A., H. C. Lim, J. D. Lozier, M. A. Duennes, et al. 2016. Test of the invasive pathogen hypothesis of bumble bee decline in North America. *Proceedings of the National Academy of Sciences* 113: 4386–4391.

Cameron, S. A., J. D. Lozier, J. P. Strange, J. B. Koch, et al. 2011. Patterns of widespread decline in North American bumble bees. *Proceedings of the National Academy of Sciences* 108: 662–667.

Cane, J. H. 2008. A native ground-nesting bee (*Nomia melanderi*) sustainably managed to pollinate alfalfa across an intensively agricultural landscape. *Apidologie* 39: 315–323.

———. 2012. Dung pat nesting by the solitary bee, *Osmia (Acanthosmioides) integra* (Megachilidae: Apiformes). *Journal of the Kansas Entomological Society* 85: 262–264.

Cane, J. H., and V. J. Tepedino. 2016. Gauging the effect of honey bee pollen collection on native bee communities. *Conservation Letters* 10. https://doi.org/10.1111/conl.12263.

Cappellari, S. C., H. Schaefer, and C. C. Davis. 2013. Evolution: Pollen or pollinators—Which came first? *Current Biology* 23: R316–R318.

Cardinal, S., and B. N. Danforth. 2011. The antiquity and evolutionary history of social behavior in bees. *PLoS ONE* 6: e21086. https://doi.org/10.1371/journal.pone.0021086.

参考文献

Adler, L. S. 2000. The ecological significance of toxic nectar. *Oikos* 91: 409–420.

Alford, D. V. 1969. A study of the hibernation of bumblebees (Hymenoptera: Bombidae) in Southern England. *Journal of Animal Ecology* 38: 149–170.

Allen, T., S. Cameron, R. McGinley, and B. Heinrich. 1978. The role of workers and new queens in the ergonomics of a bumblebee colony (Hymenoptera: Apoidea). *Journal of the Kansas Entomological Society* 51: 329–342.

Altshuler, D. L., W. B. Dickson, J. T. Vance, S. R. Roberts, et al. 2005. Short-amplitude high-frequency wing strokes determine the aerodynamics of honeybee flight. *Proceedings of the National Academy of Sciences* 102: 18213–18218.

Ames, O. 1937. Pollination of orchids through pseudocopulation. *Botanical Museum Leaflets* 5: 1–29.

Aristotle. 1883. *History of Animals*. Translated by R. Cresswell. London: George Bell and Sons.（アリストテレス『動物誌』島崎三郎訳、1998年、岩波文庫ほか）

Armbruster, W. S. 1984. The role of resin in angiosperm pollination: Ecological and chemical considerations. *American Journal of Botany* 71: 1149–1160.

Baker, H. G., and I. Baker. 1975. Studies of nectar-constitution and pollinator-plant coevolution. Pp. 100–140 in L. E. Gilbert and P. H. Raven, eds., *Coevolution of Animals and Plants*. Austin: University of Texas Press.

Balzac, J.-L. G. de. 1854. *Oeuvres*, vol. 2. Paris: Jacques Lecoffre.

Barfod, A., M. Hagen, and F. Borchsenius. 2011. Twenty-five years of progress in understanding pollination mechanisms in palms (Arecaceae). *Annals of Botany* 108: 1503–1516.

Beekman, M., and F. L. W. Ratnieks. 2000. Long-range foraging by the honey-bee, *Apis mellifera* L. *Functional Ecology* 14: 490–496.

Bernardello, G., G. J. Anderson, T. F. Stuessy, and D. J. Crawford. 2001. A survey of floral traits, breeding systems, floral visitors, and pollination systems of the angiosperms of the Juan Fernández Islands (Chile). *Botanical Review* 67: 255–308.

Bernardini F., C. Tuniz, A. Coppa, L. Mancini, et al. 2012. Beeswax as dental filling on a Neolithic human tooth. *PLoS ONE* 7: e44904. https://doi.org/10.1371/journal.pone.0044904.

Bernhardt, P., R. Edens-Meier, D. Jocsun, J. Zweck, et al. 2016. Comparative floral ecology of bicolor and concolor morphs of Viola pedate (Violaceae) following controlled burns. *Journal of Pollination Ecology* 19: 57–70.

〈マ行〉

〈ヤ・ラ行〉

索引

ソーア・ハンソン（THOR HANSON）
保全生物学者。グッゲンハイム財団フェロー、スウィッツァー財団環境研究フェロー。
自然に関する著作は高い評価を受け、『羽』（白揚社）でアメリカ自然史博物館のジョン・バロウズ賞やアメリカ科学振興会のAAAS/Subaruサイエンスブックス＆フィルム賞、『種子』（白揚社）でファイ・ベータ・カッパ科学図書賞など、数々の賞を受賞。
ワシントン州にある島で、妻と息子と暮らしている。

黒沢令子（くろさわ・れいこ）
鳥類生態学研究者、翻訳者。地球環境学博士。NPO法人バードリサーチで野外鳥類調査の傍ら、翻訳に携わる。
主な訳書に『羽』、『美の進化』、『鳥の卵』（以上、白揚社）、『フィンチの嘴』（共訳、早川書房）、『落葉樹林の進化史』（築地書館）など多数。

ISBN 978-4-8269-0225-0

ハナバチがつくった美味《おい》しい食卓《しょくたく》
食と生命を支えるハチの進化と現在

二〇二一年三月十六日　第一版第一刷発行

著　者　ソーア・ハンソン
訳　者　黒《くろ》沢《さわ》令《れい》子《こ》
発行者　中村幸慈
発行所　株式会社　白揚社　©2021 in Japan by Hakuyosha
〒101-0062　東京都千代田区神田駿河台1-7
電話03-5281-9772　振替00130-1-25400
装　幀　西垂水敦（Krran）
印刷・製本　中央精版印刷株式会社